浙江省住房和城乡建设领域现场专业人员岗位培训系列教材

装饰装修

专业基础知识

主编 贾华琴 副主编 许家瑞

浙江工商大学出版社
ZHEJIANG GONGSHANG UNIVERSITY PRESS

图书在版编目(CIP)数据

装饰装修专业基础知识 / 贾华琴主编. — 杭州：浙江工商大学出版社，2016.9(2019.5 重印)

浙江省住房和城乡建设领域现场专业人员岗位培训系列教材

ISBN 978-7-5178-1243-2

Ⅰ.①装… Ⅱ.①贾… Ⅲ.①建筑装饰－岗位培训－教材 Ⅳ.①TU238

中国版本图书馆 CIP 数据核字(2015)第 193125 号

装饰装修专业基础知识

贾华琴 主编　许家瑞 副主编

责任编辑　王黎明

封面设计　林朦朦

责任印制　包建辉

出版发行　浙江工商大学出版社

(杭州市教工路 198 号　邮政编码 310012)

(E-mail:zjgsupress@163.com)

(网址:http://www.zjgsupress.com)

电话:0571-88904980,88831806(传真)

排　　版　杭州朝曦图文设计有限公司

印　　刷　杭州五象印务有限公司

开　　本　710mm×1000mm　1/16

总 印 张　37.75

总 字 数　1100 千

版 印 次　2016 年 9 月第 1 版　2019 年 5 月第 2 次印刷

书　　号　ISBN 978-7-5178-1243-2

定　　价　120.00 元(全三册)

前　　言

本教材根据《建筑与市政工程施工现场专业人员职业标准》(JGJ/T250—2011)及与其配套的施工员、质量员(装饰装修)考核评价大纲的要求编写，本教材由浙江省建筑装饰行业协会主编，主编单位组织了业内有关专家及相关大专院校学者对教材进行编写。本书为浙江省住房和城乡建设领域现场专业人员岗位培训用书。

本书作为装饰装修施工员和装饰装修质量员的专业基础知识教材，力求使学员掌握基础知识和相关专业知识，在编写过程中结合我省建筑装饰业的实际，注重理论与实践的结合，针对性和实操性较强。

本书共八章，由贾华琴任主编，许家瑞任副主编，负责统稿。其中第一章由贾华琴、金睿编写；第二章和第三章第三节由贾华琴、周朝杰编写；第三章第一节由袁海泉、姚庆编写；第四章由金睿编写；第三章第二节、第五章和第八章由胡晨、袁海泉编写；第六章、第七章由徐燏、吴建挺编写。

本书主要审查人：恽稚荣、唐晓青、章凌云、叶军献、王战、王树京、徐哲民、黄刚、楼应平、景士云、何静姿、蔡国洪、傅元宏、章建松、陈双汪等。

本书编写过程中得到了浙江省住房和城乡建设厅人教处、浙江省建筑业管理局、浙江建设职业技术学院的大力支持，谨此深表感谢。

本书编写限于时间和水平，难免有不妥甚至疏漏之处，敬请有关专家、同行和广大学员提出宝贵意见，以便进一步修订，使其不断完善。

编　者

2016 年 3 月

目　录

第一章　国家工程建设相关法律法规

本章共4节，主要内容包括《中华人民共和国建筑法》《中华人民共和国安全生产法》《建设工程安全生产管理条例》《建设工程质量管理条例》及《劳动法》《劳动合同法》等一些国家工程建设相关法律法规。要求熟悉工程建设相关法律法规。

工程建设法律法规的颁布实施，使我国建筑业走上了依法治业的轨道，工程质量整体水平稳中有升，建筑市场秩序趋于规范，安全生产形势逐步好转，重大质量安全事故有所减少，保障和促进了建筑业的快速发展。

第一节　《中华人民共和国建筑法》

《中华人民共和国建筑法》(以下简称《建筑法》)于1997年11月1日由中华人民共和国第八届全国人民代表大会常务委员会第二十八次会议通过，于1997年11月1日发布，自1998年3月1日起施行。2011年4月22日，中华人民共和国第十一届全国人民代表大会常务委员会第二十次会议通过了《全国人民代表大会常务委员会关于修改〈中华人民共和国建筑法〉的决定》，修改后的《中华人民共和国建筑法》自2011年7月1日起施行。

《建筑法》的立法目的在于加强对建筑活动的监督管理，维护建筑市场秩序，保证建筑工程的质量和安全，促进建筑业健康发展。《建筑法》共8章85条，分别从建筑许可、建筑工程发包与承包、建筑工程监理、建筑安全生产管理、建筑工程质量管理等方面做出了规定。

一、关于从业资格的规定

(一)建筑业企业的资质

《建筑法》第十二条：从事建筑活动的建筑施工企业、勘察单位、设计单位和工程监理单位，应当具备下列条件：

有符合国家规定的注册资本；有与其从事的建筑活动相适应的具有法定执业资格的专业技术人员；有从事相关建筑活动所应有的技术设备；法律、行政法规规定的其他条件。

《建筑法》第十三条：从事建筑活动的建筑施工企业、勘察单位、设计单位和工程监理单位，按照其拥有的注册资本、专业技术人员、技术装备和已完成的建筑工程业绩等资质条件，划分为不同的资质等级，经资质审查合格，取得相应等级的资质证书后，方可在其资质等级许可的范围内从事建筑活动。

1. 建筑业企业资质等级规定。

建筑业企业是指从事土木工程、建筑工程、线路管道设备安装工程、装修工程的新建、扩建、改建活动的企业。建筑业企业资质等级分为施工总承包、专业承包和劳务分包三个序列。施工总承包资质、专业承包资质、劳务分包资质序列按照工程性质和技术特点分别划分为若干资质类别，各资质类别按照规定的条件划分为若干等级，其标准由国务院建设主管部门会同国务院有关部门制定。房屋建筑工程施工总承包企业资质等级分为：特级资质、一级资质、二级资质和三级资质。

2. 资质申请与审批。

(1)资质申请：建筑业企业应当向企业注册所在地县级以上地方人民政府建设主管部门申请资质。

(2)资质审批：建筑业企业的资质实行分级审批。

建筑业企业资质，是指建筑业企业的建设业绩、人员素质、管理水平、资金数量、技术装备等的总称。建筑业企业资质等级，是指国务院行政主管部门按资质条件把企业划分成的不同等级。

(二)从业人员资格相关规定

《建筑法》第十四条规定："从事建筑活动的专业技术人员，应当依法取得相应的执业资格证书，并在执业资格证书许可的范围内从事建筑活动。"即要通过国家任职资格考试、考核，由建设行政主管部门注册并颁发资格证书，方能从业。这些职业资格主要有：注册建筑师、注册结构工程师、注册监理工程师、注册造价工程师、注册房地产估价工程师、注册规划师、注册建造师以及法律、法规规定的其他人员。

建筑工程从业者资格证件，严禁出卖、转让、出借、涂改、伪造。违反上述规定的，将视具体情节，追究法律责任。

二、关于建筑安全生产管理的有关规定

(一)法规相关条文

《建筑法》关于建筑安全生产管理的条文是第三十六条～第五十一条，其中有关建筑施工企业的条文是第三十六条、第三十八条、第三十九条、第四十一条、第四十四条～第四十八条、第五十一条。

(二)建筑安全生产管理方针

建筑安全生产管理是指建设行政主管部门、建筑安全监督管理机构、建筑施工企业及有关单位对建筑生产过程中的安全工作，进行计划、组织、指挥、控制、监督等一系列的管理活动。

《建筑法》第三十六条规定，"建筑工程安全生产管理必须坚持安全第一、预防为主的方针"。

安全生产关系到人民群众生命和财产安全，关系到社会稳定和经济健康发展，建设工程安全生产管理必须坚持安全第一、预防为主的方针。"安全第一"是安全生产方针的基础；"预防为主"是安全生产方针的核心和具体体现，是实现安全生产的根本途径，生产必须安全，安全促进生产。

安全第一，是从保护和发展生产力的角度，表明在生产范围内安全与生产的关系，肯定安全在建筑生产活动中的首要位置和重要性。预防为主，是指在建设工程生产活动中，针对建设工程生产的特点，对生产要素采取管理措施，有效地控制不安全因素的发展与扩大，把可能发生的事故消灭在萌芽状态。以保证生产活动中人的安全与健康。

"安全第一"还反映了当安全与生产发生矛盾的时候，应该服从安全，消灭隐患，保证建设工程在安全的条件下生产。"预防为主"则体现在事先策划、事中控制、事后总结，通过信息收集，归类分析，制订预案，控制防范。安全第一、预防为主的方针，体现了国家在建设工程安全生产过程中"以人为本"的思想，也体现了国家对保护劳动者权利、保护社会生产力的高度重视。

(三)建设工程安全生产基本制度

1. 安全生产责任制度。

安全生产责任制度是将企业各级负责人、各职能机构及其工作人员和各岗位作业人员在安全生产方面应做的工作及应负的责任加以明确规定的一种制度。

《建筑法》第三十六条规定,建筑工程安全生产管理必须建立健全安全生产的责任制度和群防群治制度。

第四十四条规定,建筑施工企业必须依法加强对建筑安全生产的管理,执行安全生产责任制度,采取有效措施,防止伤亡和其他安全生产事故的发生。

安全生产责任制度是建筑生产中最基本的安全管理制度,是所有安全规章制度的核心,是安全第一、预防为主方针的具体体现。通过制定安全生产责任制,建立一种分工明确、运行有效、责任落实,能够充分发挥作用的、长效的安全生产机制,把安全生产工作落到实处。认真落实安全生产责任制,不仅是为了保证在发生生产安全事故时,可以追究责任,更重要的是通过日常或定期检查、考核,奖优罚劣,提高全体从业人员执行安全生产责任制的自觉性,使安全生产责任制真正落实到安全生产工作中去。

建筑施工单位的安全生产责任制主要包括企业各级领导人员的安全职责、企业各有关职能部门的安全生产职责以及施工现场管理人员及作业人员的安全职责三个方面。

2. 群防群治制度是职工群众进行预防和治理安全的一种制度。

《建筑法》第三十六条规定,建筑工程安全生产管理必须建立健全安全生产的责任制度和群防群治制度。

群防群治制度也是“安全第一、预防为主”的具体体现,同时也是群众路线在安全工作中的具体体现,是企业进行民主管理的重要内容。这一制度要求建筑企业职工在施工中应当遵守有关生产的法律、法规和建筑行业的安全规章、规程,不得违章作业;对于危及生命安全和身体健康的行为有权提出批评、检举和控告。

3. 安全生产教育培训制度。

安全生产教育培训制度是对广大建筑干部职工进行安全教育培训,提高安全意识,增加安全知识和技能的制度。

《建筑法》第四十六条规定,建筑施工企业应当建立健全劳动安全生产教育培训制度,加强对职工安全生产的教育培训;未经安全生产教育培训的人员,不得上岗作业。

安全生产,人人有责。只有通过对广大职工进行安全教育、培训,才能使广大职工真正认识到安全生产的重要性、必要性,才能使广大职工掌握更多更有效的安全生产的科学技术知识,牢固树立安全第一的思想,自觉遵守各项安全生产和规章制度。

4. 伤亡事故处理报告制度。

伤亡事故处理报告制度是指施工中发生事故时,建筑企业应当采取紧急措施减少人员伤亡和事故损失,并按照国家有关规定及时向有关部门报告的制度。

《建筑法》第五十一条规定,施工中发生事故时,建筑施工企业应当采取紧急措施减少人员伤亡和事故损失,并按照国家有关规定及时向有关部门报告。

事故处理必须遵循一定的程序,坚持“四不放过”原则,即事故原因不清不放过,事故责任者和群众没有受到教育不放过,事故隐患不整改不放过,事故的责任者没有受到处理不放过。通过对事故的严格处理,可以总结出教训,为制定规范、规章提供第一手素材,做到亡羊补牢。

5. 安全生产检查制度。

安全生产检查制度是上级管理部门或企业自身对安全生产状况进行定期或不定期检查的制度。

通过检查可以发现问题，查出隐患，从而采取有效措施，堵塞漏洞，把事故消灭在发生之前，做到防患于未然，是"预防为主"的具体体现。通过检查，还可总结出好的经验加以推广，为进一步搞好安全工作打下基础。安全检查制度是安全生产的保障。

6. 安全责任追究制度。

建设单位、设计单位、施工单位、监理单位，由于没有履行职责造成人员伤亡和事故损失的，视情节给予相应处理；情节严重的，责令停业整顿，降低资质等级或吊销资质证书；构成犯罪的，依法追究刑事责任。

(四)建筑施工企业的安全生产责任

《建筑法》第三十八条、第三十九条、第四十一条、第四十四条、第四十五条、第四十六条、第四十七条、第四十八条、第五十一条规定了建筑施工企业的安全生产责任。根据这些规定，《建设工程质量管理条例》等法规做了进一步细化和补充，具体见《建设工程质量管理条例》部分相关内容。

三、关于质量管理的规定

(一)法规相关条文

《建筑法》关于质量管理的条文是第五十二条～第六十二条，其中有关建筑施工企业的条文是第五十二条、第五十四条、第五十五条、第五十八条～第六十二条。

(二)建设工程竣工验收制度

《建筑法》第六十一条规定，交付竣工验收的建筑工程，必须符合规定的建筑工程质量标准，有完整的工程技术经济资料和经签署的工程保修书，并具备国家规定的其他竣工条件。

建筑工程竣工经验收合格后，方可交付使用；未经验收或者验收不合格的，不得交付使用。

建设工程项目的竣工验收，指在建筑工程已按照设计要求完成全部施工任务，准备交付给建设单位投入使用时，由建设单位或有关主管部门依照国家关于建筑工程竣工验收制度的规定，对该项工程是否符合设计要求和工程质量标准所进行的检查、考核工作。工程项目的竣工验收是施工全过程的最后一道工序，也是工程项目管理的最后一项工作。它是建设投资成果转入生产或使用的标志，也是全面考核投资效益、检验设计和施工质量的重要环节。认真做好工程项目的竣工验收工程，对保证工程项目的质量具有重要意义。

(三)建设工程质量保修制度

建设工程质量保修制度，是指建设工程竣工经验收后，在规定的保修期限内，因勘察、设计、施工、材料等原因造成的质量缺陷，应当由施工承包单位负责维修、返工或更换，由责任单位负责赔偿损失的法律制度。建设工程质量保修制度对于促进建设各方加强质量管理，保护用户及消费者的合法权益可起到重要的保障作用。

《建筑法》第六十二条规定，建筑工程实行质量保修制度。同时，还对质量保修的范围和期限做了规定：建筑工程的保修范围应当包括地基基础工程、主体结构工程、屋面防水工程和其他土建工程，以及电气管线、上下水管线的安装工程，供热、供冷系统工程等项目；保修的期限应当按照保证建筑物合理寿命年限内正常使用，维护使用者合法权益的原则确定。具体的保修范围和最低保修期限由国务院规定。据此，国务院在《建设工程质量管理条例》中做了明确规定，详见《建设工程质量管理条例》部分相关内容。

(四)建筑施工企业的质量责任与义务

《建筑法》第五十四条、第五十五条、第五十八条～第六十二条规定了建筑施工企业的质量责任与义务。据此,《建设工程质量管理条例》做了进一步细化,见《建设工程质量管理条例》部分相关内容。

第二节 《中华人民共和国安全生产法》

《中华人民共和国安全生产法》(以下简称《安全生产法》),由中华人民共和国第九届全国人民代表大会常务委员会第二十八次会议于 2002 年 6 月 29 日通过,自 2002 年 11 月 1 日起施行。2014 年 8 月 31 日,第十二届全国人民代表大会常务委员会第十次会议通过全国人民代表大会常务委员会关于修改《中华人民共和国安全生产法》的决定,自 2014 年 12 月 1 日施行。

《安全生产法》的立法目的,是为了加强安全生产监督管理,防止和减少生产安全事故,保障人民群众生命和财产安全,促进经济发展。《安全生产法》包括总则、生产经营单位的安全生产保障、从业人员的安全生产权利义务、安全生产的监督管理、生产安全事故的应急救援与调查处理、法律责任、附则 7 章,共 99 条。对生产经营单位的安全生产保障、从业人员的安全生产权利义务、安全生产的监督管理、生产安全事故的应急救援与调查处理四个主要方面做出了规定。

一、生产经营单位的安全生产保障的有关规定

(一)法规相关条文

《安全生产法》关于生产经营单位的安全生产保障的条文是第十七条～第四十八条。

(二)组织保障措施

1. 建立安全生产管理机构。

《安全生产法》第二十一条规定,矿山、金属冶炼、建筑施工、道路运输单位和危险物品的生产、经营、储存单位,应当设置安全生产管理机构或者配备专职安全生产管理人员。

2. 明确岗位责任。

(1)生产经营单位的主要负责人的职责。

《安全生产法》第十八条规定,生产经营单位的主要负责人对本单位安全生产工作负有下列职责:

①建立、健全本单位安全生产责任制;

②组织制定本单位安全生产规章制度和操作规程;

③组织制订并实施本单位安全生产教育和培训计划;

④保证本单位安全生产投入的有效实施;

⑤督促、检查本单位的安全生产工作,及时消除生产安全事故隐患;

⑥组织制定并实施本单位的生产安全事故应急救援预案;

⑦及时、如实报告生产安全事故。

同时,第四十七条规定,生产经营单位发生生产安全事故时,单位的主要负责人应当立即组织抢救,并不得在事故调查处理期间擅离职守。

(2)生产经营单位的安全生产管理人员的职责。

《安全生产法》第四十三条规定，生产经营单位的安全生产管理人员应当根据本单位的生产经营特点，对安全生产状况进行经常性检查；对检查中发现的安全问题，应当立即处理；不能处理的，应当及时报告本单位有关负责人，有关负责人应当及时处理。检查及处理情况应当如实记录在案。

生产经营单位的安全生产管理人员在检查中发现重大事故隐患，依照前款规定向本单位有关负责人报告，有关负责人不及时处理的，安全生产管理人员可以向主管的负有安全生产监督管理职责的部门报告，接到报告的部门应当依法及时处理。

(3)对安全设施、设备的质量负责的岗位。

①对安全设施的设计质量负责的岗位。

《安全生产法》第三十条规定，建设项目安全设施的设计人、设计单位应当对安全设施设计负责。

矿山、金属冶炼建设项目和用于生产、储存危险物品的建设项目的安全设施设计应当按照国家有关规定报经有关部门审查，审查部门及其负责审查的人员对审查结果负责。

②对安全设施的施工负责的岗位。

《安全生产法》第三十一条规定，矿山、金属冶炼建设项目和用于生产、储存、装卸危险物品的建设项目的施工单位必须按照批准的安全设施设计施工，并对安全设施的工程质量负责。

③对安全设施的竣工验收负责的岗位。

《安全生产法》第三十一条规定，矿山、金属冶炼建设项目和用于生产、储存危险物品的建设项目竣工投入生产或者使用前，应当由建设单位负责组织对安全设施进行验收；验收合格后，方可投入生产和使用。安全生产监督管理部门应当加强对建设单位验收活动和验收结果的监督核查。

④对安全设备质量负责的岗位。

《安全生产法》第三十四条规定，生产经营单位使用的危险物品的容器、运输工具，以及涉及人身安全、危险性较大的海洋石油开采特种设备和矿山井下特种设备，必须按照国家有关规定，由专业生产单位生产，并经具有专业资质的检测、检验机构检测、检验合格，取得安全使用证或者安全标志，方可投入使用。检测、检验机构对检测、检验结果负责。

(三)管理保障措施

1. 人力资源管理。

(1)对主要负责人和安全生产管理人员的管理。

《安全生产法》第二十三条规定，生产经营单位的安全生产管理机构以及安全生产管理人员应当恪尽职守，依法履行职责。

生产经营单位做出涉及安全生产的经营决策，应当听取安全生产管理机构以及安全生产管理人咒的意见。

生产经营单位不得因安全生产管理人员依法履行职责而降低其工资、福利等待遇或者解除与其订立的劳动合同。

危险物品的生产、储存单位以及矿山、金属冶炼单位的安全生产管理人员的任免，应当告知主管的负有安全生产监督管理职责的部门。

(2)对一般从业人员的管理。

《安全生产法》第二十五条规定，生产经营单位应当对从业人员进行安全生产教育和培训，保证从业人员具备必要的安全生产知识，熟悉有关的安全生产规章制度和安全操作规程，掌握本岗位的安全操作技能，了解事故应急处理措施，知悉自身在安全生产方面的权利和义务。未经安全生产教育和培训合格的从业人员，不得上岗作业。

生产经营单位使用被派遣劳动者的，应当将被派遣劳动者纳入本单位从业人员统一管理，对被派遣劳动者进行岗位安全操作规程和安全操作技能的教育和培训。劳务派遣单位应当对被派遣劳动者进行必要的安全生产教育和培训。

生产经营单位接收中等职业学校、高等学校学生实习的，应当对实习学生进行相应的安全生产教育和培训，提供必要的劳动防护用品。学校应当协助生产经营单位对实习学生进行安全生产教育和培训。

生产经营单位应当建立安全生产教育和培训档案，如实记录安全生产教育和培训的时间、内容、参加人员以及考核结果等情况。

(3)对特种作业人员的管理。

《安全生产法》第二十三条规定，生产经营单位的特种作业人员必须按照国家有关规定经专门的安全作业培训，取得相应资格，方可上岗作业。

2. 物力资源管理。

(1)设备的日常管理。

《安全生产法》第三十二条规定，生产经营单位应当在有较大危险因素的生产经营场所和有关设施、设备上，设置明显的安全警示标志。

《安全生产法》第三十三条规定，安全设备的设计、制造、安装、使用、检测、维修、改造和报废，应当符合国家标准或者行业标准。

生产经营单位必须对安全设备进行经常性维护、保养，并定期检测，保证正常运转。

维护、保养、检测应当做好记录，并由有关人员签字。

(2)设备的淘汰制度。

《安全生产法》第三十五条规定，对严重危及生产安全的工艺、设备实行淘汰制度，具体目录由国务院安全生产监督管理部门会同国务院有关部门制定并公布。法律、行政法规对目录的制定另有规定，适用其规定。

省、自治区、直辖市人民政府可以根据本地区实际情况制定并公布具体目录，对前款规定以外的危及生产安全的工艺、设备予以淘汰。

生产经营单位不得使用应当淘汰的危及生产安全的工艺、设备。

(3)生产经营项目、场所、设备的转让管理。

《安全生产法》第四十六条规定，生产经营单位不得将生产经营项目、场所、设备发包或者出租给不具备安全生产条件或者相应资质的单位或者个人。

(4)生产经营项目、场所的协调管理。

《安全生产法》第四十六条规定，生产经营项目、场所发包或者出租给其他单位的，生产经营单位应当与承包单位、承租单位签订专门的安全生产管理协议，或者在承包合同、租赁合同中约定各自的安全生产管理职责。

生产经营单位对承包单位、承租单位的安全生产工作统一协调、管理，定期进行安全检查，发现安全问题的，应当及时督促整改。

(四)经济保障措施

1. 保证安全生产所必需的资金。

《安全生产法》第二十条规定，生产经营单位应当具备的安全生产条件所必需的资金投入，由生产经营单位的决策机构、主要负责人或者个人经营的投资人予以保证，并对由于安全生产所必需的资金投入不足导致的后果承担责任。

有关生产经营单位应当按照规定提取和使用安全生产费用，专门用于改善安全生产条件。安全生产费用在成本中据实列支。安全生产费用提取、使用和监督管理的具体办法由国务院财政部门会同国务院安全生产监督管理部门征求国务院有关部门意见后制定。

2. 保证安全设施所需要的资金。

《安全生产法》第二十八条规定，生产经营单位新建、改建、扩建工程项目（以下统称建设项目）的安全设施，必须与主体工程同时设计、同时施工、同时投入生产和使用。安全设施投资应当纳入建设项目概算。

3. 保证劳动防护用品、安全生产培训所需要的资金。

《安全生产法》第四十二条规定，生产经营单位必须为从业人员提供符合国家标准或者行业标准的劳动防护用品，并监督、教育从业人员按照使用规则佩戴、使用。

《安全生产法》第四十四条规定，生产经营单位应当安排用于配备劳动防护用品、进行安全生产培训的经费。

4. 保证工伤社会保险所需要的资金。

《安全生产法》第四十八条规定，生产经营单位必须依法参加工伤保险，为从业人员缴纳保险费。国家鼓励生产经营单位投保安全生产责任保险。

（五）技术保障措施

1. 对新工艺、新技术、新材料或者使用新设备的管理。

《安全生产法》第二十六条规定，生产经营单位采用新工艺、新技术、新材料或者使用新设备，必须了解、掌握其安全技术特性，采取有效的安全防护措施，并对从业人员进行专门的安全生产教育和培训。

2. 对安全条件论证和安全评价的管理。

《安全生产法》第二十九条规定，矿山、金属冶炼建设项目和用于生产、储存、装卸危险物品的建设项目，应当分别按照国家有关规定进行安全评价。

3. 对废弃危险物品的管理。

《安全生产法》第三十六条规定，生产、经营、运输、储存、使用危险物品或者处置废弃危险物品的，由有关主管部门依照有关法律、法规的规定和国家标准或者行业标准审批并实施监督管理。

生产经营单位生产、经营、运输、储存、使用危险物品或者处置废弃危险物品，必须执行有关法律、法规和国家标准或者行业标准，建立专门的安全管理制度，采取可靠的安全措施，接受有关主管部门依法实施的监督管理。

4. 对重大危险源的管理。

《安全生产法》第三十七条规定，生产经营单位对重大危险源应当登记建档，进行定期检测、评估、监控，并制订应急预案，告知从业人员和相关人员在紧急情况下应当采取的应急措施。

生产经营单位应当按照国家有关规定将本单位重大危险源及有关安全措施、应急措施报有关地方人民政府负责安全生产监督管理的部门和有关部门备案。

5. 对员工宿舍的管理。

《安全生产法》第三十九条规定，生产、经营、储存、使用危险物品的车间、商店、仓库不得与员工宿舍在同一座建筑物内，并应当与员工宿舍保持安全距离。

生产经营场所和员工宿舍应当设有符合紧急疏散要求、标志明显、保持畅通的出口。

禁止锁闭、封堵生产经营场所或者员工宿舍的出口。

6. 对危险作业的管理。

《安全生产法》第四十条规定，生产经营单位进行爆破、吊装以及国务院安全生产监督管理部门会同国务院有关部门规定的其他危险作业，应当安排专门人员进行现场安全管理，确保操作规程的遵守和安全措施的落实。

7. 对安全生产操作规程的管理。

《安全生产法》第四十一条规定，生产经营单位应当教育和督促从业人员严格执行本单位的安全生产规章制度和安全操作规程；并向从业人员如实告知作业场所和工作岗位存在的危险因素、防范措施以及事故应急措施。

8. 对施工现场的管理。

《安全生产法》第四十五条规定，两个以上生产经营单位在同一作业区域内进行生产经营活动，可能危及对方生产安全的，应当签订安全生产管理协议，明确各自的安全生产管理职责和应当采取的安全措施，并指定专职安全生产管理人员进行安全检查与协调。

二、从业人员的安全生产权利义务的有关规定

（一）法规相关条文

《安全生产法》关于从业人员的安全生产权利义务的条文分别是第二十五条、第四十二条、第四十九条～第五十八条。

（二）安全生产中从业人员的权利

生产经营单位的从业人员，是指该单位从事生产经营活动各项工作的所有人员，包括管理人员、技术人员和各岗位的工人，也包括生产经营单位临时聘用的人员。

生产经营单位的从业人员依法享有以下权利：

1. 知情权。《安全生产法》第五十条规定，从业人员享有了解其作业场所和工作岗位存在的危险因素、防范措施及事故应急措施的权利，以及对本单位的安全生产工作提出建议的权利。

2. 批评权和检举、控告权。《安全生产法》第五十一条规定，从业人员享有对本单位安全生产工作中存在的问题提出批评、检举、控告的权利。

3. 拒绝权。《安全生产法》第五十一条规定，从业人员享有拒绝违章指挥和强令冒险作业的权利。生产经营单位不得因从业人员对本单位安全生产工作提出批评、检举、控告或者拒绝违章指挥、强令冒险作业而降低其工资、福利等待遇或者解除与其订立的劳动合同。

4. 紧急避险权。《安全生产法》第五十二条规定，从业人员发现直接危及人身安全的紧急情况时，有权停止作业或者在采取可能的应急措施后撤离作业场所。生产经营单位不得因此而降低其工资、福利等待遇或者解除与其订立的劳动合同。

5. 请求赔偿权。《安全生产法》第五十三条规定，因生产安全事故受到损害的从业人员，除依法享有工伤社会保险外，依照有关民事法律尚有获得赔偿的权利的，有权向本单位提出赔偿要求。

《安全生产法》第四十九条规定，生产经营单位与从业人员订立的劳动合同，应当载明依法为从业人员办理工伤社会保险的事项。

第四十九条还规定，生产经营单位不得以任何形式与从业人员订立协议，免除或者减轻其对从业人员因生产安全事故伤亡依法应承担的责任。

6. 获得劳动防护用品的权利。《安全生产法》第四十二条规定，生产经营单位必须为从业人员提供符合国家标准或者行业标准的劳动防护用品，并监督、教育从业人员按照使用规则佩戴、使用。

7. 获得安全生产教育和培训的权利。《安全生产法》第二十五条规定，生产经营单位应当对从业人员进行安全生产教育和培训，保证从业人员具备必要的安全生产知识，熟悉有关的安全生产规章制

度和安全操作规程，掌握本岗位的安全操作技能。

（三）安全生产中从业人员的义务

1. 自律遵规的义务。《安全生产法》第五十四条规定，从业人员在作业过程中，应当严格遵守本单位的安全生产规章制度和操作规程，服从管理，正确佩戴和使用劳动防护用品。

2. 自觉学习安全生产知识的义务。《安全生产法》第五十五条规定，从业人员应当接受安全生产教育和培训，掌握本职工作所需的安全生产知识，提高安全生产技能，增强事故预防和应急处理能力。

3. 危险报告义务。《安全生产法》第五十六条规定，从业人员发现事故隐患或者其他不安全因素，应当立即向现场安全生产管理人员或者本单位负责人报告；接到报告的人员应当及时予以处理。

三、安全生产的监督管理的有关规定

（一）法规相关条文

《安全生产法》关于安全生产的监督管理的条文是第五十九条～第七十五条。

（二）安全生产监督管理部门

根据《安全生产法》第九条和《建设工程安全生产管理条例》有关规定，国务院负责安全生产监督管理的部门对全国安全生产工作实施综合监督管理。国务院建设行政主管部门对全国建设工程安全生产实施监督管理。国务院铁路、交通、水利等有关部门按照国务院的职责分工，负责有关专业建设工程安全生产的监督管理。

（三）安全生产监督管理措施

《安全生产法》第六十条规定，负有安全生产监督管理职责的部门依照有关法律、法规的规定，对涉及安全生产的事项需要审查批准（包括批准、核准、许可、注册、认证、颁发证照等，下同）或者验收的，必须严格依照有关法律、法规和国家标准或者行业标准规定的安全生产条件和程序进行审查；不符合有关法律、法规和国家标准或者行业标准规定的安全生产条件的，不得批准或者验收通过。对未依法取得批准或者验收合格的单位擅自从事有关活动的，负责行政审批的部门发现或者接到举报后应当立即予以取缔，并依法予以处理。对已经依法取得批准的单位，负责行政审批的部门发现其不再具备安全生产条件的，应当撤销原批准。

（四）安全生产监督管理部门的职权

《安全生产法》第六十二条规定，安全生产监督管理部门和其他负有安全生产监督管理职责的部门依法开展安全生产行政执法工作，对生产经营单位执行有关安全生产的法律、法规和国家标准或者行业标准的情况进行监督检查，行使以下职权：

1. 进入生产经营单位进行检查，调阅有关资料，向有关单位和人员了解情况；

2. 对检查中发现的安全生产违法行为，当场予以纠正或者要求限期改正；对依法应当给予行政处罚的行为，依照本法和其他有关法律、行政法规的规定做出行政处罚决定；

3. 对检查中发现的事故隐患，应当责令立即排除；重大事故隐患排除前或者排除过程中无法保证安全的，应当责令从危险区域内撤出作业人员，责令暂时停产停业或者停止使用；重大事故隐患排除后，经审查同意，方可恢复生产经营和使用；

4.对有根据认为不符合保障安全生产的国家标准或者行业标准的设施、设备、器材以及违法生产、储存、使用、经营、运输的危险物品予以查封或者扣押，对违法生产、储存、使用、经营危险物品的作业场所予以查封，并依法作出处理决定。

监督检查不得影响被检查单位的正常生产经营活动。

(五)安全生产监督检查人员的义务

《安全生产法》第六十四条规定了安全生产监督检查人员的义务：

1.应当忠于职守，坚持原则，秉公执法；

2.执行监督检查任务时，必须出示有效的监督执法证件；

3.对涉及被检查单位的技术秘密和业务秘密，应当为其保密。

四、生产安全事故的应急救援与调查处理的有关规定

(一)法规相关条文

《安全生产法》关于生产安全事故的应急救援与调查处理的条文是第七十六条～第八十六条。

(二)生产安全事故的等级划分标准

国务院《生产安全事故报告和调查处理条例》规定，生产安全事故(以下简称事故)根据其造成的人员伤亡或者直接经济损失，一般分为以下等级：

1.特别重大事故，是指造成 30 人及以上死亡，或者 100 人及以上重伤(包括急性工业中毒，下同)，或者 1 亿元及以上直接经济损失的事故；

2.重大事故，是指造成 10 人及以上 30 人以下死亡，或者 50 人及以上 100 人以下重伤，或者 5000 万元及以上 1 亿元以下直接经济损失的事故；

3.较大事故，是指造成 3 人及以上 10 人以下死亡，或者 10 人及以上 50 人以下重伤，或者 1000 万元及以上 5000 万元以下直接经济损失的事故；

4.一般事故，是指造成 3 人以下死亡，或者 10 人以下重伤，或者 1000 万元以下直接经济损失的事故。

(三)施工生产安全事故报告

《安全生产法》第七十条～第七十二条规定，生产经营单位发生生产安全事故后，事故现场有关人员应当立即报告本单位负责人。单位负责人接到事故报告后，应当按照国家有关规定立即如实报告当地负有安全生产监督管理职责的部门。负有安全生产监督管理职责的部门接到事故报告后，应当立即按照国家有关规定上报事故情况。

《建设工程安全生产管理条例》进一步规定，施工单位发生生产安全事故，应当按照国家有关伤亡事故报告和调查处理的规定，及时、如实地向负责安全生产监督管理的部门、建设行政主管部门或者其他有关部门报告；特种设备发生事故的，还应当同时向特种设备安全监督管理部门报告。实行施工总承包的建设工程，由总承包单位负责上报事故。

(四)应急抢救工作

《安全生产法》第七十条规定，单位负责人接到事故报告后，应当迅速采取有效措施，组织抢救，防止事故扩大，减少人员伤亡和财产损失。第七十二条规定，有关地方人民政府和负有安全生产监督管

理职责的部门的负责人接到重大生产安全事故报告后，应当立即赶到事故现场，组织事故抢救。

（五）事故的调查

《安全生产法》第八十三条规定，事故调查处理应当按照科学严谨、依法依规、实事求是、注重实效的原则，及时、准确地查清事故原因，查明事故性质和责任，总结事故教训，提出整改措施，并对事故责任者提出处理意见。事故调查报告应当依法及时向社会公布。事故调查和处理的具体办法由国务院制定。

事故发生单位应当及时全面落实整改措施，负有安全生产监督管理职责的部门应当加强监督检查。

《生产安全事故报告和调查处理条例》规定了事故调查的管辖。特别重大事故由国务院或者国务院授权有关部门组织事故调查组进行调查。重大事故、较大事故、一般事故分别由事故发生地省级人民政府、设区的市级人民政府、县级人民政府负责调查。省级人民政府、设区的市级人民政府、县级人民政府可以直接组织事故调查组进行调查，也可以授权或者委托有关部门组织事故调查组进行调查。未造成人员伤亡的一般事故，县级人民政府也可以委托事故发生单位组织事故调查组进行调查。上级人民政府认为必要时，可以调查由下级人民政府负责调查的事故。特别重大事故以下等级事故，事故发生地与事故发生单位不在同一个县级以上行政区域的，由事故发生地人民政府负责调查，事故发生单位所在地人民政府应当派人参加。

第三节　《建设工程安全生产管理条例》与《建设工程质量管理条例》(2017 年 10 月 7 日修正版)

《建设工程安全生产管理条例》（以下简称《安全生产管理条例》）于 2003 年 11 月 12 日国务院第 28 次常务会议通过，自 2004 年 2 月 1 日起施行。《安全生产管理条例》包括总则，建设单位的安全责任，勘察、设计、工程监理及其他有关单位的安全责任，施工单位的安全责任，监督管理，生产安全事故的应急救援和调查处理，法律责任，附则 8 章，共 71 条。

《安全生产管理条例》的立法目的，是为了加强建设工程安全生产监督管理，保障人民群众生命和财产安全。

《建设工程质量管理条例》（2017 年 10 月 7 日修正版）（以下简称《质量管理条例》）于 2000 年 1 月 10 日国务院第 25 次常务会议通过，按 2017 年 10 月 7 日《国务院关于修改部分行政法规的决定》（中华人民共和国国务院令第 687 号）修改，于 2017 年 10 月 7 日生效。《质量管理条例》包括总则，建设单位的质量责任和义务，勘察、设计单位的质量责任和义务，施工单位的质量责任和义务，工程监理单位的质量责任和义务，建设工程质量保修，监督管理，罚则，附则 9 章，共 82 条。

《质量管理条例》的立法目的，是为了加强对建设工程质量的管理，保证建设工程质量，保护人民生命和财产安全。

一、《建设工程安全生产管理条例》关于施工单位的安全责任的有关规定

（一）法规相关条文

《安全生产管理条例》关于施工单位的安全责任的条文是第二十条～第三十八条。

(二)施工单位的安全责任

1. 有关人员的安全责任。

(1)施工单位主要负责人。

施工单位主要负责人不仅仅指法定代表人，而是指对施工单位全面负责、有生产经营决策权的人。

《安全生产管理条例》第二十一条规定，施工单位主要负责人依法对本单位的安全生产工作全面负责。具体包括：

①建立健全安全生产责任制度和安全生产教育培训制度；

②制定安全生产规章制度和操作规程；

③保证本单位安全生产条件所需资金的投入；

④对所承建的建设工程进行定期和专项安全检查，并做好安全检查记录。

(2)施工单位的项目负责人。

项目负责人主要指项目经理，在工程项目中处于中心地位。《安全生产管理条例》第二十一条规定，施工单位的项目负责人对建设工程项目的安全全面负责。鉴于项目负责人对安全生产的重要作用，该条同时规定施工单位的项目负责人应当由取得相应执业资格的人员担任。这里，"相应执业资格"目前指建造师执业资格。

根据《安全生产管理条例》第二十一条，项目负责人的安全责任主要包括：

①落实安全生产责任制度、安全生产规章制度和操作规程；

②确保安全生产费用的有效使用；

③根据工程的特点组织制定安全施工措施，消除安全事故隐患；

③及时、如实报告生产安全事故。

(3)专职安全生产管理人员。

《安全生产管理条例》第二十三条规定，施工单位应当设立安全生产管理机构，配备专职安全生产管理人员。专职安全生产管理人员是指经建设主管部门或者其他有关部门安全生产考核合格，并取得安全生产考核合格证书在企业从事安全生产管理工作的专职人员，包括施工单位安全生产管理机构的负责人及其工作人员和施工现场专职安全生产管理人员。

专职安全生产管理人员的安全责任主要包括：对安全生产进行现场监督检查。发现安全事故隐患，应当及时向项目负责人和安全生产管理机构报告；对于违章指挥、违章操作的，应当立即制止。

2. 总承包单位和分包单位的安全责任。

《安全生产管理条例》第二十四条规定，建设工程实行施工总承包的，由总承包单位对施工现场的安全生产负总责。为了防止违法分包和转包等违法行为的发生，真正落实施工总承包单位的安全责任，该条进一步规定：总承包单位应当自行完成建设工程主体结构的施工。该条同时规定，总承包单位依法将建设工程分包给其他单位的，分包合同中应当明确各自的安全生产方面的权利、义务。总承包单位和分包单位对分包工程的安全生产承担连带责任。

但是，总承包单位与分包单位在安全生产方面的责任也不是固定不变的，需要视具体情况确定。《安全生产管理条例》第二十四条还规定：分包单位应当服从总承包单位的安全生产管理，分包单位不服从管理导致生产安全事故的，由分包单位承担主要责任。

3. 安全生产教育培训。

(1)管理人员的考核。

《安全生产管理条例》第三十六条规定，施工单位的主要负责人、项目负责人、专职安全生产管理人员应当经建设行政主管部门或者其他有关部门考核合格后方可任职。

(2)作业人员的安全生产教育培训。

①日常培训。

《安全生产管理条例》第三十六条规定，施工单位应当对管理人员和作业人员每年至少进行一次安全生产教育培训，其教育培训情况记入个人工作档案。安全生产教育培训考核不合格的人员，不得上岗。

②新岗位培训。

《安全生产管理条例》第三十七条对新岗位培训做了两方面规定。一是作业人员进入新的岗位或者新的施工现场前，应当接受安全生产教育培训。未经教育培训或者教育培训考核不合格的人员，不得上岗作业；二是施工单位在采用新技术、新工艺、新设备、新材料时，应当对作业人员进行相应的安全生产教育培训。

(3)特种作业人员的专门培训。

《安全生产管理条例》第二十五条规定，垂直运输机械作业人员、安装拆卸工、爆破作业人员、起重信号工、登高架设作业人员等特种作业人员，必须按照国家有关规定经过专门的安全作业培训，并取得特种作业操作资格证书后，方可上岗作业。

4. 施工单位应采取的安全措施。

(1)编制安全技术措施、施工现场临时用电方案和专项施工方案。

《安全生产管理条例》第二十六条规定，施工单位应当在施工组织设计中编制安全技术措施和施工现场临时用电方案。同时规定，对下列达到一定规模的危险性较大的分部分项工程编制专项施工方案，并附具安全验算结果，经施工单位技术负责人、总监理工程师签字后实施，由专职安全生产管理人员进行现场监督：

①基坑支护与降水工程；

②土方开挖工程；

③模板工程；

④起重吊装工程；

⑤脚手架工程；

⑥拆除、爆破工程；

⑦国务院建设行政主管部门或者其他有关部门规定的其他危险性较大的工程。

(2)安全施工技术交底。

施工前的安全施工技术交底的目的就是让所有的安全生产从业人员都对安全生产有所了解，最大限度避免安全事故的发生。因此，第二十七条规定，建设工程施工前，施工单位负责项目管理的技术人员应当对有关安全施工的技术要求向施工作业班组、作业人员做出详细说明，并由双方签字确认。

(3)施工现场安全警示标志的设置。

《安全生产管理条例》第二十八条规定，施工单位应当在施工现场入口处、施工起重机械、临时用电设施、脚手架、出入通道口、楼梯口、电梯井口、孔洞口、桥梁口、隧道口、基坑边沿、爆破物及有害危险气体和液体存放处等危险部位，设置明显的安全警示标志。安全警示标志必须符合国家标准。

(4)施工现场的安全防护。

《安全生产管理条例》第二十八条规定，施工单位应当根据不同施工阶段和周围环境及季节、气候的变化，在施工现场采取相应的安全施工措施。施工现场暂时停止施工的，施工单位应当做好现场防护，所需费用由责任方承担，或者按照合同约定执行。

(5)施工现场的布置应当符合安全和文明施工要求。

《安全生产管理条例》第二十九条规定，施工单位应当将施工现场的办公、生活区与作业区分开设置，并保持安全距离；办公、生活区的选址应当符合安全性要求。职工的膳食、饮水、休息场所等应当符合卫生标准。施工单位不得在尚未竣工的建筑物内设置员工集体宿舍。

施工现场临时搭建的建筑物应当符合安全使用要求。施工现场使用的装配式活动房屋应当具有产品合格证。临时建筑物一般包括施工现场的办公用房、宿舍、食堂、仓库、卫生间等。

(6)对周边环境采取防护措施。

《安全生产管理条例》第三十条规定，施工单位对因建设工程施工可能造成损害的毗邻建筑物、构筑物和地下管线等，应当采取专项防护措施。施工单位应当遵守有关环境保护法律、法规的规定，在施工现场采取措施，防止或者减少粉尘、废气、废水、固体废物、噪声、振动和施工照明对人和环境的危害和污染。在城市市区内的建设工程，施工单位应当对施工现场实行封闭围挡。

(7)施工现场的消防安全措施。

《安全生产管理条例》第三十一条规定，施工单位应当在施工现场建立消防安全责任制度，确定消防安全责任人，制定用火、用电、使用易燃易爆材料等各项消防安全管理制度和操作规程，设置消防通道、消防水源，配备消防设施和灭火器材，并在施工现场入口处设置明显标志。

(8)安全防护设备管理。

《安全生产管理条例》第三十三条规定，作业人员应当遵守安全施工的强制性标准、规章制度和操作规程，正确使用安全防护用具、机械设备等。

《安全生产管理条例》第三十四条规定，施工单位采购、租赁的安全防护用具、机械设备、施工机具及配件，应当具有生产(制造)许可证、产品合格证，并在进入施工现场前进行查验；施工现场的安全防护用具、机械设备、施工机具及配件必须由专人管理，定期进行检查、维修和保养，建立相应的资料档案，并按照国家有关规定及时报废。

(9)起重机械设备管理。

《安全生产管理条例》第三十五条对起重机械设备管理做了如下规定：

①施工单位在使用施工起重机械和整体提升脚手架、模板等自升式架设设施前，应当组织有关单位进行验收，也可以委托具有相应资质的检验检测机构进行验收；使用承租的机械设备和施工机具及配件的，由施工总承包单位、分包单位、出租单位和安装单位共同进行验收。验收合格的方可使用。

②《特种设备安全监察条例》规定的施工起重机械，在验收前应当经有相应资质的检验检测机构监督检验合格。这里"作为特种设备的施工起重机械"是指"涉及生命安全、危险性较大的"起重机械。

③施工单位应当在施工起重机械和整体提升脚手架、模板等自升式架设设施验收合格之日起30日内，向建设行政主管部门或者其他有关部门登记。登记标志应当置于或者附着于该设备的显著位置。

(10)办理意外伤害保险。

《安全生产管理条例》第三十八条规定，施工单位应当为施工现场从事危险作业的人员办理意外伤害保险。同时还规定，意外伤害保险费由施工单位支付。实行施工总承包的，由总承包单位支付意外伤害保险费。意外伤害保险期限自建设工程开工之日起至竣工验收合格止。

二、《建设工程质量管理条例》(2017年10月7日修正版)关于施工单位的质量责任和义务的有关规定

(一)法规相关条文

《质量管理条例》关于施工单位的质量责任和义务的条文是第二十五条～第三十三条。

(二)施工单位的质量责任和义务

1. 依法承揽工程。

《质量管理条例》第二十五条规定,施工单位应当依法取得相应等级的资质证书,并在其资质等级许可的范围内承揽工程。

禁止施工单位超越本单位资质等级许可的业务范围或者以其他施工单位的名义承揽工程。禁止施工单位允许其他单位或者个人以本单位的名义承揽工程。施工单位不得转包或者违法分包工程。

2. 建立质量保证体系。

《质量管理条例》第二十六条规定,施工单位对建设工程的施工质量负责。施工单位应当建立质量责任制,确定工程项目的项目经理、技术负责人和施工管理负责人。建设工程实行总承包的,总承包单位应当对全部建设工程质量负责;建设工程勘察、设计、施工、设备采购的一项或者多项实行总承包的,总承包单位应当对其承包的建设工程或者采购的设备的质量负责。

《质量管理条例》第二十七条规定,总承包单位依法将建设工程分包给其他单位的,分包单位应当按照分包合同的约定对其分包工程的质量向总承包单位负责,总承包单位与分包单位对分包工程的质量承担连带责任。

3. 按图施工。

《质量管理条例》第二十八条规定,施工单位必须按照工程设计图纸和施工技术标准施工,不得擅自修改工程设计,不得偷工减料。但是,施工单位在施工过程中发现设计文件和图纸有差错的,应当及时提出意见和建议。

4. 对建筑材料、构配件和设备进行检验的责任。

《质量管理条例》第二十九条规定,施工单位必须按照工程设计要求、施工技术标准和合同约定,对建筑材料、建筑构配件、设备和商品混凝土进行检验,检验应当有书面记录和专人签字;未经检验或者检验不合格的,不得使用。

5. 对施工质量进行检验的责任。

《质量管理条例》第三十条规定,施工单位必须建立、健全施工质量的检验制度,严格工序管理,做好隐蔽工程的质量检查和记录。隐蔽工程在隐蔽前,施工单位应当通知建设单位和建设工程质量监督机构。

6. 见证取样。

在工程施工过程中,为了控制工程施工质量,需要依据有关技术标准和规定的方法,对用于工程的材料和构件抽取一定数量的样品进行检测,并根据检测结果判断其所代表部位的质量。《质量管理条例》第三十一条规定,施工人员对涉及结构安全的试块、试件以及有关材料,应当在建设单位或者工程监理单位监督下现场取样,并送具有相应资质等级的质量检测单位进行检测。

7. 保修。

《质量管理条例》第三十二条规定,施工单位对施工中出现质量问题的建设工程或者竣工验收不合格的建设工程,应当负责返修。

在建设工程竣工验收合格前,施工单位应对质量问题履行返修义务;建设工程竣工验收合格后,施工单位应对保修期内出现的质量问题履行保修义务。《合同法》第二百八十一条对施工单位的返修义务也有相应规定:“因施工人原因致使建设工程质量不符合约定的,发包人有权要求施工人在合理期限内无偿修理或者返工、改建。经过修理或者返工、改建后，造成逾期交付的，施工人应当承担违约责任。”返修包括修理和返工。

第四节　《劳动法》与《劳动合同法》

《中华人民共和国劳动法》（以下简称《劳动法》）于1994年7月5日第八届全国人民代表大会常务委员会第八次会议通过，自1995年1月1日起施行。

《劳动法》分为总则、促进就业、劳动合同和集体合同、工作时间和休息休假、工资、劳动安全卫生、女职工和未成年工特殊保护、职业培训、社会保险和福利、劳动争议、监督检查、法律责任、附则13章，共107条。

《劳动法》的立法目的，是为了保护劳动者的合法权益，调整劳动关系，建立和维护适应社会主义市场经济的劳动制度，促进经济发展和社会进步。

《中华人民共和国劳动合同法》（以下简称《劳动合同法》）于2007年6月29日第十届全国人民代表大会常务委员会第二十八次会议通过，从2008年1月1日起施行。《全国人民代表大会常务委员会关于修改〈中华人民共和国劳动法〉的决定》于2012年12月28日通过，自2013年7月1日起施行。《劳动合同法》包括总则、劳动合同的订立、劳动合同的履行和变更、劳动合同的解除和终止、特别规定、监督检查、法律责任、附则8章，共98条。

《劳动合同法》的立法目的，是为了完善劳动合同制度，明确劳动合同双方当事人的权利和义务，保护劳动者的合法权益，构建和发展和谐稳定的劳动关系。

《劳动合同法》在《劳动法》的基础上，对劳动合同的订立、履行、终止等内容做出了更为详尽的规定。

一、《劳动法》与《劳动合同法》关于劳动合同的有关规定

（一）法规相关条文

《劳动法》关于劳动合同的条文是第十六条～第三十二条。

《劳动合同法》关于劳动合同的条文是第七条～第五十条。

（二）劳动合同的概念

劳动合同是劳动者与用人单位确立劳动关系、明确双方权利和义务的协议。这里的劳动关系，是指劳动者与用人单位（包括各类企业、个体工商户、事业单位等）在实现劳动过程中建立的社会经济关系。

劳动合同分为固定期限劳动合同、无固定期限劳动合同和以完成一定工作任务为期限的劳动合同。固定期限劳动合同是指用人单位与劳动者约定合同终止时间的劳动合同。无固定期限劳动合同是指用人单位与劳动者约定无确定终止时间的劳动合同。以完成一定工作任务为期限的劳动合同是指用人单位与劳动者约定以某项工作的完成为合同期限的劳动合同。

（三）劳动合同的订立

1. 劳动合同当事人。

《劳动法》第十六条规定，劳动合同的当事人为用人单位和劳动者。

《中华人民共和国劳动合同法实施条例》进一步规定了劳动合同法规定的用人单位设立的分支机构，依法取得营业执照或者登记证书的，可以作为用人单位与劳动者订立劳动合同；未依法取得营业执照或者登记证书的，受用人单位委托可以与劳动者订立劳动合同。

2. 劳动合同的类型。

劳动合同分为以下三种类型：一是固定期限劳动合同，即用人单位与劳动者约定合同终止时间的劳动合同；二是以完成一定工作任务为期限的劳动合同，即用人单位与劳动者约定以某项工作的完成为合同期限的劳动合同；三是无固定期限劳动合同，即用人单位与劳动者约定无明确终止时间的劳动合同。

有下列情形之一，劳动者提出或者同意续订、订立劳动合同的，除劳动者提出订立固定期限劳动合同外，应当订立无固定期限劳动合同：

(1)劳动者在该用人单位连续工作满十年的；

(2)用人单位初次实行劳动合同制度或者国有企业改制重新订立劳动合同时，劳动者在该用人单位连续工作满十年且距法定退休年龄不足十年的；

(3)连续订立两次固定期限劳动合同，且劳动者没有《劳动合同法》第三十九条(即用人单位可以解除劳动合同的条件)和第四十条第一项、第二项规定(即劳动者患病或者非因工负伤，在规定的医疗期满后不能从事原工作，也不能从事由用人单位另行安排的工作的，劳动者不能胜任工作，经过培训或者调整工作岗位，仍不能胜任工作的)的情形，续订劳动合同的。

若劳动者依据此处的规定提出订立无固定期限劳动合同的，用人单位应当与其订立无固定期限劳动合同。对劳动合同的内容，双方应当按照合法、公平、平等自愿、协商一致、诚实信用的原则协商确定。

劳动者非因本人原因从原用人单位被安排到新用人单位工作的，劳动者在原用人单位的工作年限合并计算为新用人单位的工作年限。原用人单位已经向劳动者支付经济补偿的，新用人单位在依法解除、终止劳动合同计算支付经济补偿的工作年限时，不再计算劳动者在原用人单位的工作年限。

3. 订立劳动合同的时间限制。

《劳动合同法》第十九条规定，建立劳动关系，应当订立书面劳动合同。已建立劳动关系，未同时订立书面劳动合同的，应当自用工之日起一个月内订立书面劳动合同。

因劳动者的原因未能订立劳动合同的，自用工之日起一个月内，经用人单位书面通知后，劳动者不与用人单位订立书面劳动合同的，用人单位应当书面通知劳动者终止劳动关系，无须向劳动者支付经济补偿，但是应当依法向劳动者支付其实际工作时间的劳动报酬。

因用人单位的原因未能订立劳动合同的，用人单位自用工之日起超过一个月不满一年未与劳动者订立书面劳动合同的，应当依照《劳动合同法》第八十二条的规定向劳动者每月支付两倍的工资，并与劳动者补订书面劳动合同；劳动者不与用人单位订立书面劳动合同的，用人单位应当书面通知劳动者终止劳动关系，并依照《劳动合同法》第四十七条的规定支付经济补偿。

4. 劳动合同的生效。

劳动合同由用人单位与劳动者协商一致，并经用人单位与劳动者在劳动合同文本上签字或者盖章生效。

劳动合同文本由用人单位和劳动者各执一份。

(四)劳动合同的条款

《劳动法》第十九条规定，劳动合同应当具备以下条款：

1. 用人单位的名称、住所和法定代表人或者主要负责人；

2.劳动者的姓名、住址和居民身份证或者其他有效身份证件号码；

3.劳动合同期限；

4.工作内容和工作地点；

5.工作时间和休息休假；

6.劳动报酬；

7.社会保险；

8.劳动保护、劳动条件和职业危害防护；

9.法律、法规规定应当纳入劳动合同的其他事项。

劳动合同除前款规定的必备条款外，用人单位与劳动者可以约定试用期、培训、保守秘密、补充保险和福利待遇等其他事项。

《劳动合同法》第十九条规定，劳动合同对劳动报酬和劳动条件等标准约定不明确，引发争议的，用人单位与劳动者可以重新协商；协商不成的，适用集体合同规定；没有集体合同或者集体合同未规定劳动报酬的，实行同工同酬；没有集体合同或者集体合同未规定劳动条件等标准的，适用国家有关规定。

（五）试用期

1.试用期的最长时间。

《劳动法》第二十一条规定，试用期最长不得超过六个月。

《劳动合同法》第十九条进一步明确：劳动合同期限三个月以上不满一年的，试用期不得超过一个月；劳动合同期限一年以上不满三年的，试用期不得超过两个月；三年以上固定期限和无固定期限的劳动合同，试用期不得超过六个月。

2.试用期的次数限制。

《劳动合同法》第十九条规定，同一用人单位与同一劳动者只能约定一次试用期。

以完成一定工作任务为期限的劳动合同或者劳动合同期限不满三个月的，不得约定试用期。

试用期包含在劳动合同期限内。劳动合同仅约定试用期的，试用期不成立，该期限为劳动合同期限。

3.试用期内的最低工资。

《劳动合同法》第二十条规定，劳动者在试用期的工资不得低于本单位相同岗位最低档工资或者劳动合同约定工资的百分之八十，并不得低于用人单位所在地的最低工资标准。

《中华人民共和国劳动合同法实施条例》对此做了进一步明确：劳动者在试用期的工资不得低于本单位相同岗位最低档工资的百分之八十或者不得低于劳动合同约定工资的百分之八十，并不得低于用人单位所在地的最低工资标准。

4.试用期内合同解除条件的限制。

在试用期中，除劳动者有《劳动合同法》第三十九条（即用人单位可以解除劳动合同的条件）和第四十条第一项、第二项（即劳动者患病或者非因工负伤，在规定的医疗期满后不能从事原工作，也不能从事由用人单位另行安排的工作的；劳动者不能胜任工作，经过培训或者调整工作岗位，仍不能胜任工作的）规定的情形外，用人单位不得解除劳动合同。用人单位在试用期解除劳动合同的，应当向劳动者说明理由。

（六）劳动合同的无效

《劳动合同法》第二十六条规定，下列劳动合同无效或者部分无效：

1. 以欺诈、胁迫的手段或者乘人之危，使对方在违背真实意思的情况下订立或者变更劳动合同的；

2. 用人单位免除自己的法定责任、排除劳动者权利的；

3. 违反法律、行政法规强制性规定的。

对劳动合同的无效或者部分无效有争议的，由劳动争议仲裁机构或者人民法院确认。

劳动合同部分无效，不影响其他部分效力的，其他部分仍然有效。

劳动合同被确认无效，劳动者已付出劳动的，用人单位应当向劳动者支付劳动报酬。

劳动报酬的数额，参照本单位相同或者相近岗位劳动者的劳动报酬确定。

（七）劳动合同的变更

用人单位变更名称、法定代表人、主要负责人或者投资人等事项，不影响劳动合同的履行。

用人单位发生合并或者分立等情况，原劳动合同继续有效，劳动合同由承继其权利和义务的用人单位继续履行。

用人单位与劳动者协商一致，可以变更劳动合同约定的内容。变更劳动合同，应当采用书面形式。

变更后的劳动合同文本由用人单位和劳动者各执一份。

（八）劳动合同的解除

用人单位与劳动者协商一致，可以解除劳动合同。用人单位向劳动者提出解除劳动合同并与劳动者协商一致解除劳动合同的，用人单位应当向劳动者给予经济补偿。

劳动者提前三十日以书面形式通知用人单位，可以解除劳动合同。劳动者在试用期内提前三日通知用人单位，可以解除劳动合同。

1. 劳动者解除劳动合同的情形。

《劳动合同法》第三十八条规定，用人单位有下列情形之一的，劳动者可以解除劳动合同，用人单位应当向劳动者支付经济补偿：

（1）未按照劳动合同约定提供劳动保护或者劳动条件的；

（2）未及时足额支付劳动报酬的；

（3）未依法为劳动者缴纳社会保险费的；

（4）用人单位的规章制度违反法律、法规的规定，损害劳动者权益的；

（5）因《劳动合同法》第二十六条第一款（即：以欺诈、胁迫的手段或者乘人之危，使对方在违背真实意思的情况下订立或者变更劳动合同的）规定的情形致使劳动合同无效的；

（6）法律、行政法规规定劳动者可以解除劳动合同的其他情形。

用人单位以暴力、威胁或者非法限制人身自由的手段强迫劳动者劳动的，或者用人单位违章指挥、强令冒险作业危及劳动者人身安全的，劳动者可以立即解除劳动合同，不需事先告知用人单位。

2. 用人单位可以解除劳动合同的情形。

除用人单位与劳动者协商一致，用人单位可以与劳动者解除合同外，下列情形，用人单位也可以与劳动者解除合同。

（1）随时解除。

《劳动合同法》第三十九条规定，劳动者有下列情形之一的，用人单位可以解除劳动合同：

①在试用期间被证明不符合录用条件的；

②严重违反用人单位的规章制度的；

③严重失职，营私舞弊，给用人单位造成重大损害的；

④劳动者同时与其他用人单位建立劳动关系，对完成本单位的工作任务造成严重影响，或者经用人单位提出，拒不改正的；

⑤因《劳动合同法》第二十六条第一款第一项（即：以欺诈、胁迫的手段或者乘人之危，使对方在违背真实意思的情况下订立或者变更劳动合同的）规定的情形致使劳动合同无效的；

⑥被依法追究刑事责任的。

（2）预告解除。

《劳动合同法》第四十条规定，有下列情形之一的，用人单位提前三十日以书面形式通知劳动者本人或者额外支付劳动者一个月工资后，可以解除劳动合同，用人单位应当向劳动者支付经济补偿：

①劳动者患病或者非因工负伤，在规定的医疗期满后不能从事原工作，也不能从事由用人单位另行安排的工作的；

②劳动者不能胜任工作，经过培训或者调整工作岗位，仍不能胜任工作的；

③劳动合同订立时所依据的客观情况发生重大变化，致使劳动合同无法履行，经用人单位与劳动者协商，未能就变更劳动合同内容达成协议的。

用人单位依照此规定，选择额外支付劳动者一个月工资解除劳动合同的，其额外支付的工资应当按照该劳动者上一个月的工资标准确定。

（3）经济性裁员。

《劳动合同法》第四十一条规定，有下列情形之一，需要裁减人员二十人以上或者裁减不足二十人但占企业职工总数百分之十以上的，用人单位提前三十日向工会或者全体职工说明情况，听取工会或者职工的意见后，裁减人员方案经向劳动行政部门报告，可以裁减人员，用人单位应当向劳动者支付经济补偿：

①依照企业破产法规定进行重整的；

②生产经营发生严重困难的；

③企业转产、重大技术革新或者经营方式调整，经变更劳动合同后，仍需裁减人员的；

④其他因劳动合同订立时所依据的客观经济情况发生重大变化，致使劳动合同无法履行的。

（4）用人单位不得解除劳动合同的情形。

《劳动合同法》第四十二条规定，劳动者有下列情形之一的，用人单位不得依照本法第四十条、第四十一条的规定解除劳动合同：

①从事接触职业病危害作业的劳动者未进行离岗前职业健康检查，或者疑似职业病病人在诊断或者医学观察期间的；

②且在本单位患职业病或者因工负伤并被确认丧失或者部分丧失劳动能力的；

③患病或者非因工负伤，在规定的医疗期内的；

④女职工在孕期、产期、哺乳期的；

⑤在本单位连续工作满十五年，且距法定退休年龄不足五年的；

⑥法律、行政法规规定的其他情形。

（九）劳动合同终止

《劳动合同法》规定，有下列情形之一的，劳动合同终止。用人单位与劳动者不得在劳动合同法规定的劳动合同终止情形之外约定其他的劳动合同终止条件：

1. 劳动者达到法定退休年龄的，劳动合同终止。

2. 劳动合同期满的。除用人单位维持或者提高劳动合同约定条件续订劳动合同，劳动者不同意续订的情形外，依照本项规定终止固定期限劳动合同的，用人单位应当向劳动者支付经济补偿。

3. 劳动者开始依法享受基本养老保险待遇的。

4.劳动者死亡，或者被人民法院宣告死亡或者宣告失踪的。

5.用人单位被依法宣告破产的；依照本项规定终止劳动合同的，用人单位应当向劳动者支付经济补偿。

6.用人单位被吊销营业执照、责令关闭、撤销或者用人单位决定提前解散的；依照本项规定终止劳动合同的，用人单位应当向劳动者支付经济补偿。

7.法律、行政法规规定的其他情形。

二、《劳动法》关于劳动安全卫生的有关规定

（一）法规相关条文

《劳动法》关于劳动安全卫生的条文是第五十二条～第五十七条。

（二）劳动安全卫生

劳动安全卫生又称劳动保护，是指直接保护劳动者在劳动中的安全和健康的法律保护。

根据《劳动法》的有关规定，用人单位和劳动者应当遵守如下有关劳动安全卫生的法律规定：

1.用人单位必须建立、健全劳动安全卫生制度，严格执行国家劳动安全卫生规程和标准，对劳动者进行劳动安全卫生教育，防止劳动过程中的事故，减少职业危害。

2.劳动安全卫生设施必须符合国家规定的标准。

新建、改建、扩建工程的劳动安全卫生设施必须与主体工程同时设计、同时施工、同时投入生产和使用。

3.用人单位必须为劳动者提供符合国家规定的劳动安全卫生条件和必要的劳动防护用品，对从事有职业危害作业的劳动者应当定期进行健康检查。

4.从事特种作业的劳动者必须经过专门培训并取得特种作业资格。

5.劳动者在劳动过程中必须严格遵守安全操作规程。劳动者对用人单位管理人员违章指挥、强令冒险作业，有权拒绝执行；对危害生命安全和身体健康的行为，有权提出批评、检举和控告。

思考题

1.简述《建筑法》规定从事建筑活动企业应具备的条件。

2.生产安全事故的等级划分为哪几级？

3.简述施工单位的质量责任和义务。

4.根据《劳动法》规定，试用期最长的时间为多久？

第二章　装饰装修相关力学知识

本章共3节，主要介绍了平面力系中力的基本性质，力矩、力偶的性质和平面力系的平衡方程式及应用；单跨及多跨静定梁和静定平面桁架的内力分析；杆件强度、刚度和稳定性的概念。要求熟悉装饰装修相关力学知识。

力学是研究有关物质宏观运动规律及其应用的科学。工程给力学提出问题，力学的研究成果改进工程设计思想，通过力学知识来掌握力学在装饰装修工程中起到的作用。

第一节　平面力系

一、力的基本性质

（一）力的作用效果

促使或限制物体运动状态的改变，称力的运动效果；促使物体发生变形或破坏，称为力的变形效果。

（二）力的三要素

力的大小、力的方向和力的作用点的位置称为力的三要素。

（三）作用与反作用原理

力是物体之间的作用，其作用力与反作用力总是大小相等，方向相反，沿同一作用线相互作用于两个物体。

（四）力的合成与分解

作用在物体上的两个力用一个力来代替称为力的合成。力可以用线段表示，线段长短表示力的大小，起点表示作用点，箭头表示力的作用方向。力的合成可用平行四边形法则，如图2.1，P_1与P_2合成R。利用平行四边形法则也可将一个力分解为两个力，如将R分解为P_1、P_2。但是力的合成只有一个结果，而力的分解会有多种结果。

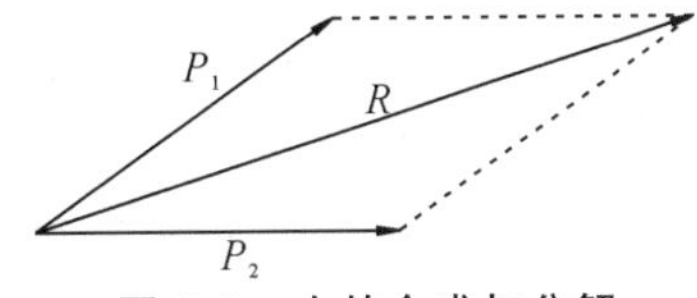

图2.1　力的合成与分解

(五)约束与约束反力

工程结构是由很多杆件组成的一个整体,其中每一个杆件的运动都要受到相连杆件、节点或支座的限制称约束。约束杆件对被约束杆件的反作用力,称约束反力。

二、力矩、力偶的性质

(一)力矩的性质

力使物体绕某点转动的效果要用力矩来度量。力矩=力×力臂,$M = P \cdot a$。转动中心称为力矩中心,力臂是力矩中心 O 点至力 P 的作用线的垂直距离 a。力矩的单位是 $N \cdot m$ 或 $KN \cdot m$。

(二)力矩的平衡

物体绕某点没有转动的条件是,对该点的顺时针力矩之和等于逆时针力矩之和,即 $\sum M = 0$,称力矩平衡方程。

(三)力偶的性质

两个大小相等,方向相反,作用线平行的特殊力系称为力偶。力偶矩等于力偶的一个力乘力偶臂,即 $M = \pm P \times d$。力偶矩的单位是 $N \cdot m$ 或 $KN \cdot m$。

三、平面力系的平衡方程及应用

物体在平面力系作用下处于平衡,就意味着物体相对于地球表面不能有任何运动产生,既不能移动,又不能有转动。不能移动,就要求所有力在水平方向和铅垂方向投影的代数和等于零;不能转动,就要求所有力对任意点的力矩的代数和等于零。因此得出平面力系平衡时必须满足的平衡方程式的三种表达方式。如表 2.1 所示。

表 2.1　平面力系平衡方程式

名称	平面汇交力系	平面平行力系
特点	各力的作用线既分布在同平面内又汇交于一点,如果取汇交点为力矩中心 O,则力系中所有力对 O 点之矩都等于零。 一定能够满足力矩方程式: $\sum M(P) = 0$	各力的作用线既分布在同一平面内又互相平行。 如果选投影坐标轴 x 与力垂直,则所有力在 x 轴上的投影的代数和必然等于零。
平衡方程式	只有如下两个方程: $\sum P_x = 0$ $\sum P_y = 0$	只有如下两个方程: $\sum P = 0$ $\sum M(P) = 0$
说明	满足以上两个方程式,就表示汇交力系的合力 R 等于零,物体在任何方向都不会移动。	满足以上两个方程,物体在任何方向都不会移动,也不会转动。
备注	应用平面汇交力系或平面平行力系的平衡方程式可解决两个未知力。	

第二节　静定结构的内力分析

一、单跨及多跨静定梁的内力分析

(一)单跨静定梁

单跨静定梁在工程中应用很广，是常用的简单结构，也是组成各种结构的基本构件之一，其受力分析是各种结构受力分析的基础。

1. 用截面法求指定截面的内力。

平面结构在任意荷载作用下，其杆件横截面上一般有三种内力，即弯矩 M、剪力 F_Q 和轴力 F_N，如图 2.2 所示。计算内力的基本方法是截面法。

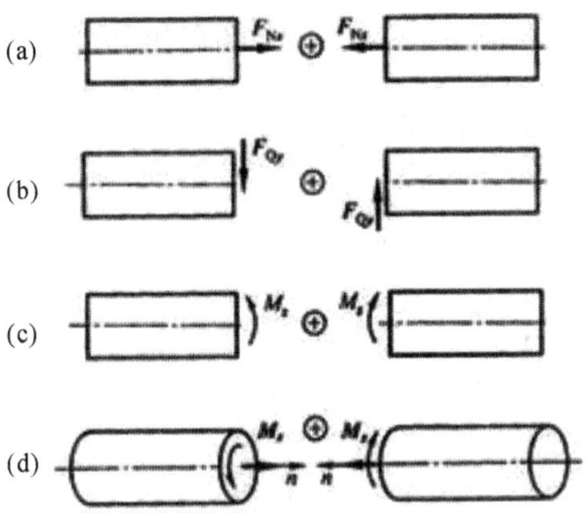

图 2.2　截面法杆件内力示意图

2. 内力图。

在建筑工程中，弯矩图规定一律画在杆件受拉的一侧，在图上不标正、负号。而对于剪力图和轴力图，可作在杆轴的任一侧(在梁上通常把正号内力作于上方)，但需注明正、负号。

作内力图的基本方法是根据内力方程作图。但通常更多采用的是利用 $M(x)$、$F_Q(x)$ 与 $q(x)$ 三者微分关系来作内力图的简捷法。

用简捷法作内力图的步骤：

求反力→分段→定点→连线

3. 用叠加法作弯矩图。

梁弯矩图相应的竖标叠加。应当注意，这里所述弯矩图的叠加是指纵坐标的叠加，即纵坐标代数相加。

利用相应简支梁弯矩图的叠加来作直杆某一区段弯矩图的方法，称为区段叠加法。

步骤如下：

(1)分段，求出控制截面的弯矩值。

(2)作弯矩图。当控制截面间无荷载时，用直线连接两控制截面的弯矩值，即得该段的弯矩图；当控制截面间有荷载作用时，先用虚直线连接两控制截面的弯矩值，然后以此虚直线为基线，再叠加这段相应简支梁的弯矩图，从而作出最后的弯矩图。

(二)多跨静定梁

1. 多跨静定梁的几何组成特点。

多跨静定梁是由若干根梁用铰相连,并用若干支座与基础相连而组成的静定结构。在工程结构中,常用它来跨越几个相连的跨度。

多跨静定梁可分为基本部分和附属部分。所谓基本部分,是指不依赖于其他部分的存在,独立地与基础组成一个几何不变的部分,或者说本身就能独立地承受荷载并能维持平衡的部分。所谓附属部分,是指需要依赖基本部分才能保持其几何不变形的部分。显然,若附属部分被破坏或撤除,基本部分仍为几何不变;反之,若基本部分被破坏,则附属部分必随之连同倒塌。为了更清晰地表示各部分之间的支承关系,可以把基本部分画在下层,而把附属部分画在上层,这称为层次图。

2. 分析多跨静定梁的原则和步骤。

多跨静定梁可拆成若干单跨静定梁。荷载作用在基本部分时,附属部分不受力。荷载作用于附属部分时,其作用力将通过铰接处传给基本部分,使基本部分也受力。

因此多跨静定梁的计算顺序应该是先附属部分,后基本部分,也就是说,与几何组成的分析顺序相反。遵循这样的顺序进行计算,则每次的计算都与单跨静定梁相同,最后把各单跨静定梁的内力图连在一起,就得到了多跨静定梁的内力图。

这种先附属部分后基本部分的计算原则,也适用于由基本部分和附属部分组成的其他类型的结构。

由上述可知,分析多跨静定梁的步骤可归纳为:

(1)先确定基本部分和附属部分,作出层次图。

(2)依次计算各梁的反力。

(3)按照作单跨梁内力图的方法,作出各根梁的内力图,然后再将其连在一起,即得多跨静定梁的内力图。

二、静定平面桁架的内力分析

(一)桁架的特征及分类

桁架是土木工程中广泛使用的一种结构。图 2.3(a)与 2.3(b)都为桁架实例。

桁架的计算简图往往都是理想化的桁架,称为理想桁架。所谓理想桁架,就是全部由等直杆(其重量可忽略不计)在两端用理想的光滑铰连成的几何不变体系,而所有外力都作用在铰结点上。事实上,与任何其他结构一样,实际桁架结构的精确分析计算既不可能也无必要。我们只有忽略一些次要的方面,把实际桁架简化、抽象为适当的理想桁架,画出计算简图,才能进行分析计算。当然,这样得到的计算结果是近似的。但只要能满足工程上的精度要求,就可以在工程实践中应用。

理想桁架的特征是:所有的杆都是链杆,所有结点都是理想的光滑铰结点,结点上各杆轴线都汇交于结点中心,所有外力都作用在结点上。

桁架中各杆可按所处位置分为弦杆(上边的叫上弦杆,下边的叫下弦杆)和腹杆(上下弦杆之间的杆,又可分为斜杆和竖杆)。弦杆上两相邻结点间的区间叫节间,其长度称为节间长度如图 2.4(c)所示。

平面桁架按外轮廓形状可分为平行弦桁架(上下弦平行)、三角形桁架(上弦呈人字坡,下弦水平)、折线形桁架(上弦呈折线,下弦水平)和抛物线桁架(上弦结点位于一抛物线上,下弦水平)。

平面桁架还可按其几何体系的构成方法分为三类:

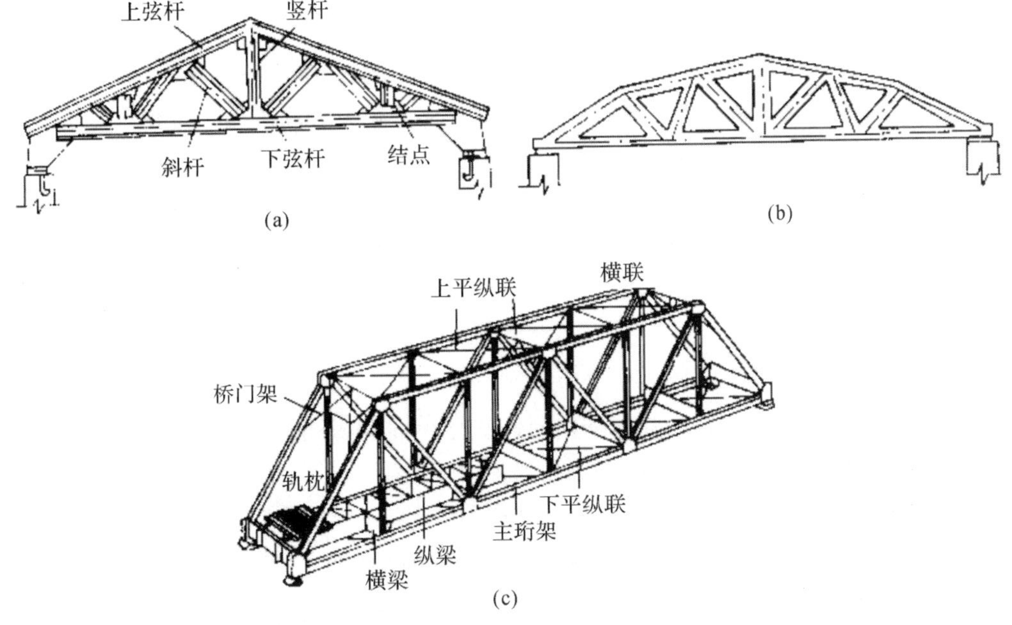

图 2.3 桁架平面、立体图

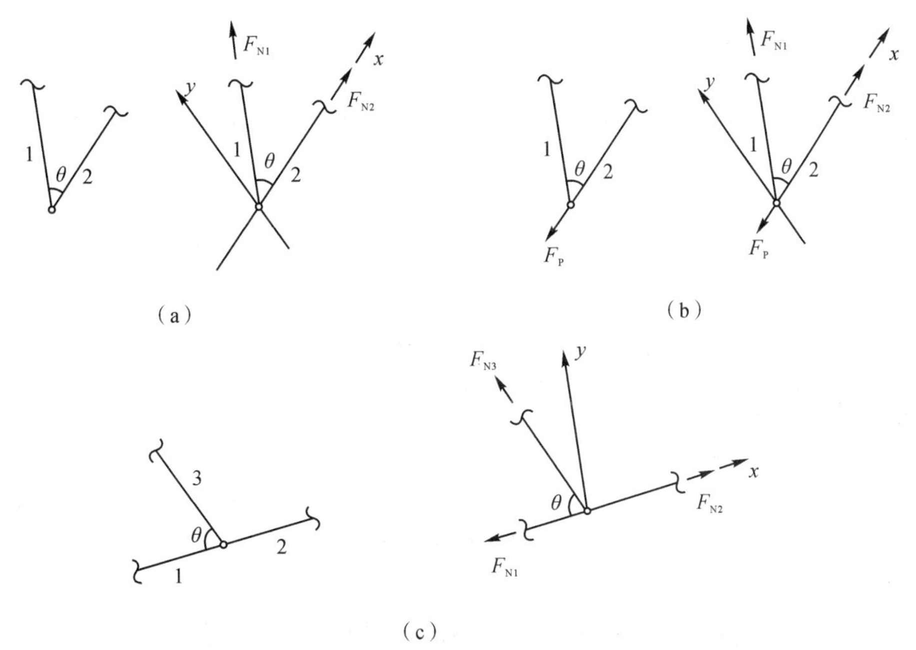

图 2.4 桁架结构计算简图

1.简单桁架:在“基础”刚片或一个铰接三角形上依次增加二元体而构成的铰接三角形体系。

2.联合桁架:由两个以上“简单桁架”刚片按无多余约束几何不变体系组成规则组成的体系。

3.复杂桁架:不属于上述两种情况的无多余约束的几何不变体系。

(二)静定平面桁架的内力计算

桁架内力就是指桁架各杆的内力。由于桁架各杆都是链杆,其内力只有轴力,故桁架内力也就是各杆的轴力。

桁架内力计算的方法主要有结点法和截面法。

1. 结点法。

结点法的要点是：一般先以整个桁架为研究对象，列出桁架整体的平衡方程，解出支座的约束反力，然后按照前述的顺序取各结点为研究对象，并据此建立平衡方程求解桁架杆件的轴力。由于桁架的外力（荷载和支座反力）都作用于铰结点上，而各杆件轴线又都汇交于铰结点，故铰结点所受的各力构成一平面汇交力系。因此，以铰结点为分析对象时，只能列出两个平衡方程，最多只能求出两个未知轴力。故用结点法计算桁架内力时，选取的分析结点上未知轴力一般不能超过两个。另外，画受力图时，未知轴力一般设为正向（拉力）。

2. 零杆与等力杆。

(1)零杆。

桁架中轴力为零的杆称为零杆。在桁架内力计算时，如果能事先判断出零杆，则可以简化计算步骤，提高计算效率。下面介绍几种特殊结点上的零杆判断规律。

二元体结点上不受外力时，两杆均为零杆。又称“V”结点。如图 2.5(a)所示。

二元体结点上受一外力作用，且外力沿其中一杆，则该杆有轴力，且轴力的绝对值等于该外力的大小，另一杆必为零杆。如图 2.5(b)所示。

三杆汇交的结点不受外力时，若其中两杆共线，则第三杆必为零杆。如图 2.5(c)所示。

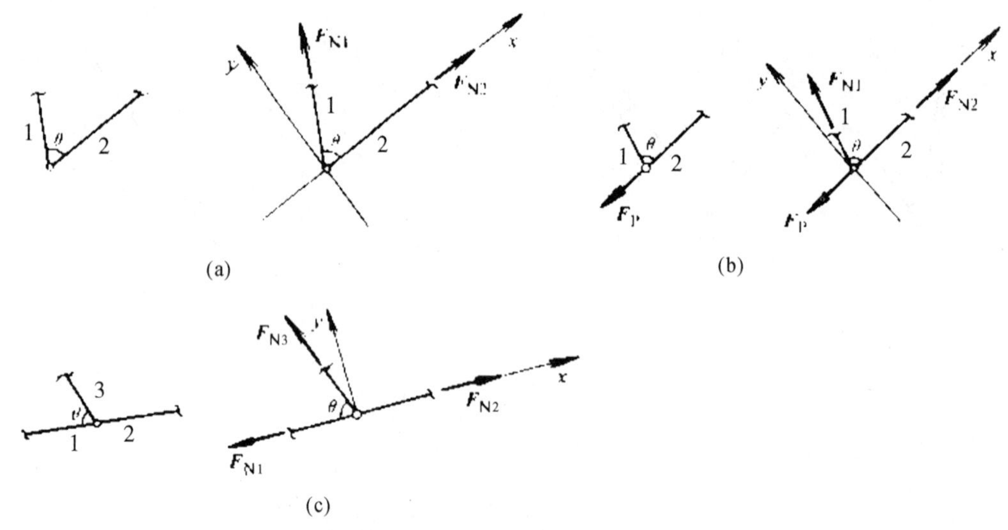

图 2.5　零杆判断简图

(2)等力杆。

桁架中，轴力绝对值相等的杆称为等力杆。下面介绍几种特殊结点上等力杆的判断规律。

四杆汇交结点，若杆轴两两共线，形成“X”形结点，且不受外力，则每对共线杆都为等力杆，且每对等力杆轴力符号也相同。

四杆汇交结点，若其中两杆共线，另两杆位于同侧，且与两共线杆夹角相等，形成“K”形结点，且不受外力，则同侧两杆为等力杆，且轴力符号相反。

三杆汇交结点，若其中两杆与第三杆夹角相同，且不受外力，则该两杆为等力杆，且轴力符号相同。

3. 截面法。

这种方法是用某一截面（可为平面或曲面）截取桁架的一部分为分析对象，画出其受力图，并据此建立平衡方程来求解桁架杆件的轴力。截面法的分析对象是桁架的一部分，它可以是一个铰或一根杆，也可以是联系在一起的多个铰或多根杆。所谓“截取”，就是假想地截断所选定的部分与周围其余部分联系的杆件来取出分析对象。

截面法截取的分析对象通常不是单个铰，而是含铰和杆件的更大的部分。这样才能发挥截面法的优势。此时，分析对象所受的力系通常是平面一般力系，故能且只能列出三个独立的平衡方程，最多可求解三个未知轴力。同时通过选取适当的投影轴与矩心，可使一个平衡方程只含一个未知量，简化计算过程。

第三节　杆件强度、刚度和稳定性

一、杆件变形的基本形式

作用在杆上的外力是多种多样的，杆件相应产生的变形也有各种形式。经过分析，杆的变形可归纳为四种基本变形的形式，或是某几种基本变形的组合。四种变形的基本形式为拉伸或压缩、剪切、扭转、弯曲。

(一)拉伸或压缩

这类变形是由大小相等，方向相反，作用线与杆件轴线重合的一对力所引起的，表现为杆件的长度发生伸长或缩短，杆的任意两横截面仅产生相对的纵向线位移。

(二)剪切

这类变形是由大小相等，方向相反，作用线垂直于杆的轴线且距离很近的一对横力引起的，其变形表现为杆件左百两部分沿外力作用方向发生相对的错动。

(三)扭转

这类变形是由大小相等，转向相反，两作用面都垂直于轴线的两个力偶引起的，变形表现为杆件的任意两横截面发生绕轴线的相对转动(即相对角位移)，在杆件表面的直线扭曲成螺旋线。

(四)弯曲

这类变形是由垂直于杆件的横向力，或由作用于包含杆轴的纵向平面内的一对大小相等、转向相反的力引起的，表现为杆的轴线由直线变为曲线。

二、应力、应变

(一)应力

杆件在受到外力后，其内部各界面上也会受到力的作用。这一内力可通过截面法求得。

我们知道：同种材料而粗细不同的两杆，在同步增大轴向拉力时，细杆将首先被拉断。这是因为细杆横截面上内力的分布集度较大而造成的。因此，解决杆件的强度问题，还需要进一步研究内力在横截面上的分布集度。内力在一点处的集度成为该点的应力。

不同的基本变形，内力是不同的，其应力也是不同的。

(二)应变

下面以轴向拉伸(压缩)杆为例,说明应变的概念。

轴向拉(压)杆变形特点是:杆件沿轴线方向拉长或缩短。沿轴线方向的变形,称为纵向变形。另外,横截面同时也会变细或变粗,这一变形称为横向变形。如图 2.6 所示。

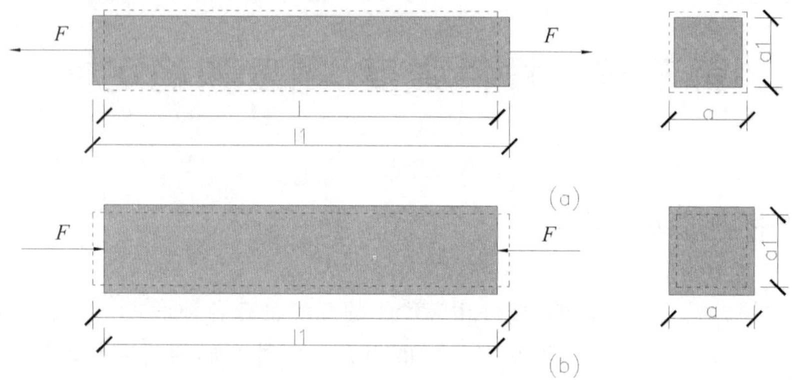

图 2.6　轴向拉(压)杆变形示意图

设杆件变形前长为 l,变形后长为 l_1,杆的纵向变形为

$$\Delta l = l_1 - l$$

显然,Δl 在拉伸时为正,压缩时为负。纵向变形的单位为米或毫米。

Δl 反映了杆件的总的纵向变形量,不能反映杆件的变形程度。若将 Δl 与杆的原长 l 相比,得到单位长度的纵向变形,则可以表明杆件的变形程度。单位长度的纵向变形,称为纵向线应变,简称线应变,用 ε 表示。其表达式为

$$\varepsilon = \frac{\Delta l}{l}$$

线应变 ε 的正负号与 Δl 相同,拉伸时为正,压缩时为负,ε 是一个无量纲的量。

三、杆件强度

杆件的强度是指结构杆件在规定的荷载作用下,保证不因材料强度发生破坏的要求。即必须保证杆件内的工作应力不超过杆件的许用应力,满足公式 $\sigma = N/A \leqslant [\sigma]$。

四、杆件刚度和压杆稳定性

结构杆件在规定的荷载作用下,虽有足够的强度,但其变形不能过大,超过了允许的范围,也会影响正常地使用,限制过大变形的要求即为刚度要求。即必须保证杆件的工作变形不超过许用变形,满足公式 $f \leqslant [f]$。

在工程结构中,受压杆件如果比较细长,受力达到一定的数值(这时一般未达到强度破坏)时,杆件突然发生弯曲,以致引起整个结构的破坏,这种现象称为失稳。因此,受压杆件要有稳定的要求。

为了保证结构和构件具有足够的承载力,一般来说,都要选择较好的材料和截面较大的构件,这样才能保证建筑的安全。但一味地选用较好的材料和过大的截面,势必会大材小用、优材劣用,造成不必要的浪费,不够经济。

思考题

1. 简述平面力系中力的基本性质及平面力系的平衡方程和应用。
2. 简述静定梁的内力分析。
3. 简述静定平面桁架的内力分析。
4. 简述杆件变形的基本形式。
5. 简述杆件刚度和压杆稳定性。

第三章　建筑构造、结构的基本知识

本章共3节，它的主要内容包括建筑的基本构造、幕墙构造及建筑结构等基本知识。要求熟悉建筑构造、结构的基本知识。

构造是研究建筑物的构成、各组成部分的组合原理和构造方法的学科。主要任务是根据建筑物的使用功能、技术经济和艺术造型要求提供合理的构造方案，作为建筑设计的依据。

第一节　建筑构造的基本知识

一、民用建筑的基本构造组成

(一)建筑的类型

1. 按建筑用途分为民用建筑、工业建筑、农业建筑三类。

2. 按建筑层数或高度分类。

(1)住宅建筑的分类：

低层住宅 1～3 层的住宅；

多层住宅 4～6 层的住宅；

中高层住宅 7～9 层的住宅；

高层住宅 10 层以上的住宅。

(2)公共建筑的分类：

高层建筑高度超过 24 m 的建筑(不包括高度超过 24 m 的单层建筑)。

非高层建筑高度小于或等于 24 m 的建筑。

建筑物层数超过 40 层或高度超过 100 m 时，不论居住建筑或公共建筑均为超高层建筑。

3. 按建筑承重结构的材料可分为木结构建筑、混合结构建筑、钢筋混凝土结构建筑、钢结构建筑等。

4. 按建筑结构形式分为墙承重建筑、骨架承重建筑、空间受力体系承重建筑等。

(二)建筑的等级

1. 按耐火极限分。

从耐火极限分，建筑被分为四级。其中Ⅰ级建筑耐火极限时间最长，Ⅳ级建筑耐火极限时间最短。构件耐火极限是指对任一构件进行耐火试验，从受到火的作用起，到失去支持能力或完整性破坏或失去隔火作用时止的这段时间，用小时表示。

2. 按建筑的设计使用年限分为四级。

按建筑的设计使用年限分成下述四类：

(1)1 类设计使用年限为 5 年，适用于临时性建筑。

(2)2 类设计使用年限为 25 年，适用于易于替换结构构件的建筑。

(3)3 类设计使用年限为 50 年，适用于普通建筑和构筑物。

(4)4 类设计使用年限为 100 年，适用于纪念性建筑和特别重要的建筑。

3. 按建筑的重要性和规模分为六级。

建筑按其重要性、规模的大小、使用要求、层数、高度、跨度、技术复杂程度等不同，分成特级(如以国际性活动为主的特高级大型公共建筑)；一级(如高级大型公共建筑)；二级(如中高级、大中型建筑)；三级(中级、中型公共建筑)；四级(如一般中小型公共建筑)；五级(一或二层单功能、一般小跨度结构建筑)。

有些同类建筑还根据其规模和设施的不同档次进行分级，如剧场分特、甲、乙、丙四个等级，涉外旅馆分一至五星共五个等级，社会旅馆分一至六级共六个等级。另外，根据建筑的重要性，在考虑抗震设计烈度时，把建筑分成甲、乙、丙、丁四个等级。

在实际工程中，重要的、对社会影响大的建筑，其设计建造的耐久年限长、耐火等级高，相应地，其建筑构件和设备的标准及可靠性也高，抵抗破坏能力强，施工难度大，造价也高。

(三)建筑的构造组成

一般建筑通常由几部分组成，如图 3.1 所示。

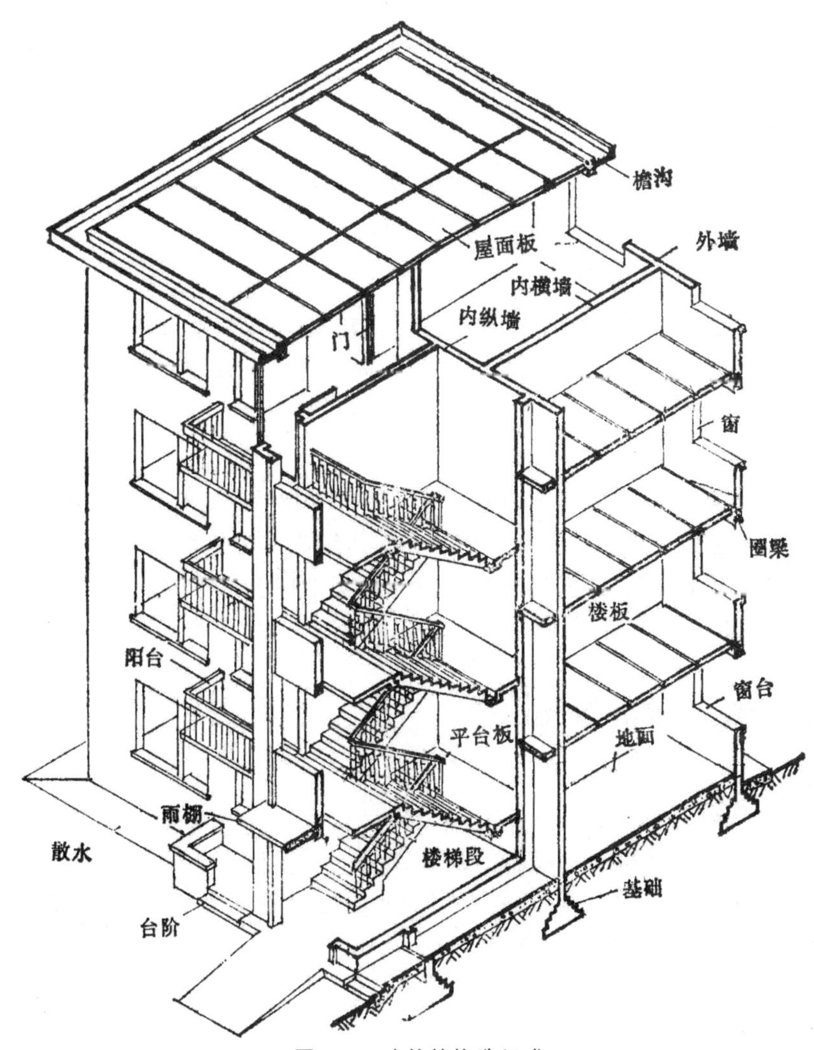

图 3.1　建筑的构造组成

1. 基础。

基础是建筑最下部一般埋在土中的部分，它承担建筑全部荷载，并把这些荷载有效地传给地基。基础应具有足够的强度、刚度及耐久性，并能抵抗各种不良因素的侵袭。

2. 墙体和柱。

墙体和柱是建筑竖向的构件，要承受屋盖和楼盖传来的荷载，并把它们传给基础。墙体应该具有足够的保温、隔热、隔声、防水、防潮等围护空间的性能，并能抵御自然界和相邻空间各种不良因素对室内的侵袭。墙体、柱还在水平方向分隔建筑内外空间。墙体往往是建筑中自重最大、材料和资金消耗相当多、施工量相当大的组成部分。墙体、柱应该具有足够的强度、刚度和稳定性。

3. 楼盖、屋盖。

楼盖、屋盖是建筑在水平方向的承重构件，它们分别承受楼面、屋面的荷载，并把这些荷载传给墙柱。同时还兼有在竖向分隔空间和围护(如保温、隔热、防水等)功能。楼盖、屋盖对墙体、柱起水平支撑作用。楼盖、屋盖应具有足够的强度、刚度。

基础、承重墙体与柱、楼盖、屋盖是组成建筑承重骨架必不可少的构件。为了满足使用要求，建筑需要酌情设置下述构、配件。

4. 楼梯、电梯、坡道。

这些是楼层建筑中联系上下各层的竖直交通设施，平时供人们交通使用，在特殊情况下供人紧急疏散。楼梯、电梯、坡道的情况关系到建筑使用的舒适和安全，在数量、位置、宽度、坡度、细部构造等方面都有严格的要求。

5. 门窗。

门联系和分隔水平方向两个相邻的空间，供人通行和疏散。窗主要用来采光和通风，也供人眺望。门窗都应该具有一定的保温、隔热、隔声、防火等能力。

6. 其他。

一般建筑还应该根据需要设置阳台、雨篷、遮阳、通风道、台阶等设施。

上述这些为满足使用要求而设置的构、配件都依附在建筑结构骨架上，它们不同程度地或者加重建筑结构骨架的负担(如挑阳台)，或者削弱了建筑结构(如门窗)，对建筑的结构存在不利的影响。

为了保证建筑的结构安全，一幢建筑的所有构、配件必须牢固，变形被控制在允许的范围内，但仅仅做到这一点是远远不够的，由这些构、配件相互连接而组成的建筑整体必须具有足够的整体性、空间刚度和稳定性。非但如此，而且还要保证在施工的过程中每个阶段的建筑半成品都具有足够的整体性、空间刚度和稳定性。

二、民用建筑室内地面的装饰构造

(一)楼地面的组成

楼地面构造基本上可以分为基层和面层两个主要部分。有时为了满足找平、结合、防水、防潮、弹性、保温隔热及管线敷设等功能上的要求，在基层和面层之间还要增加相应的附加构造层，又称为中间层。图 3.2 为楼地面的主要构造层示意图。

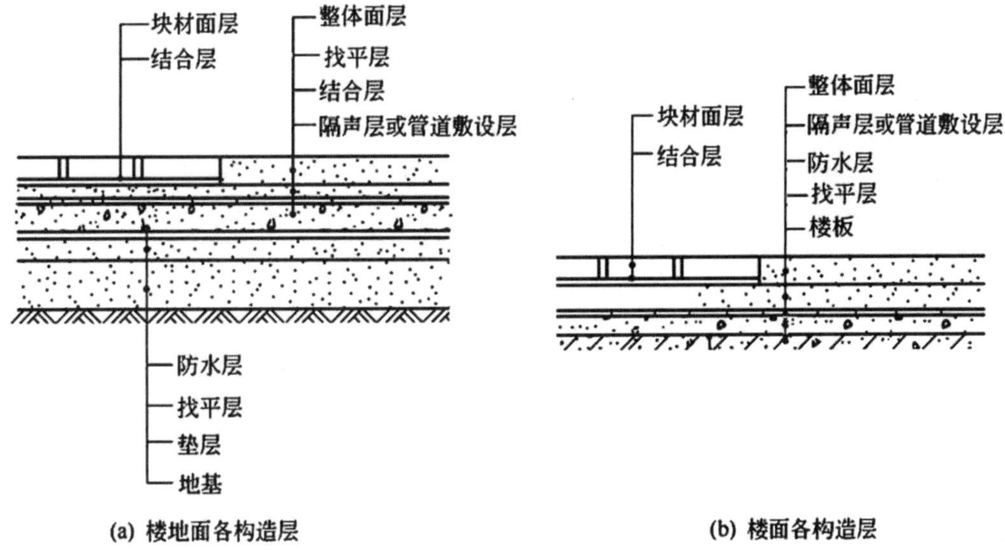

(a) 楼地面各构造层　　(b) 楼面各构造层

图 3.2　楼地面构造示意图

(二)楼地面的类型及构造

1. 现浇水磨石楼地面。

现浇水磨石楼地面的构造一般分为底层找平和面层两部分，如图 3.3 所示。

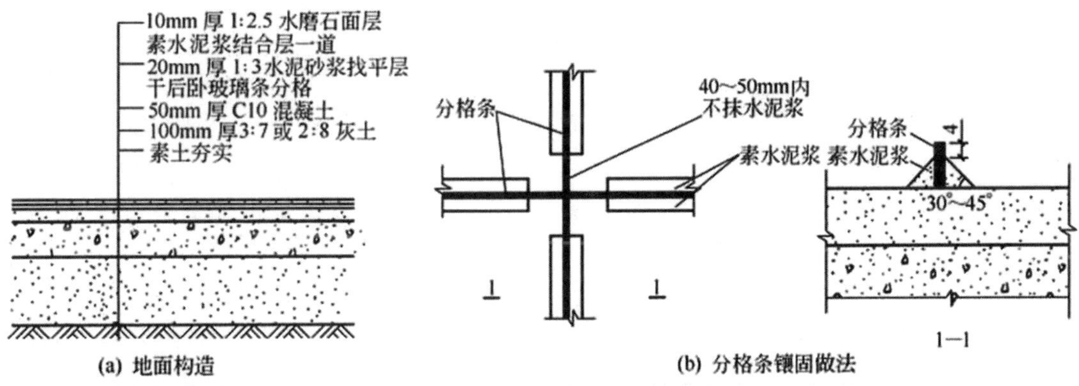

(a) 地面构造　　(b) 分格条镶固做法

图 3.3　现浇水磨石楼地面的构造

2. 涂布楼地面。

涂布楼地面就是为改善水泥地面在使用和装饰质量方面的某些不足，在水泥楼地面面层之上加做的各种涂层饰面。主要构造如表 3.1 所示。

表 3.1　涂布楼地面构造

简　图	构　造　做　法
	1. 环氧树脂自流层 2. 环氧树脂底漆层 3. 1∶2.5 水泥砂浆找平层，厚度根据设计定 4. 水泥砂浆(掺建筑胶)一道 5. 钢筋混凝土楼板

续表

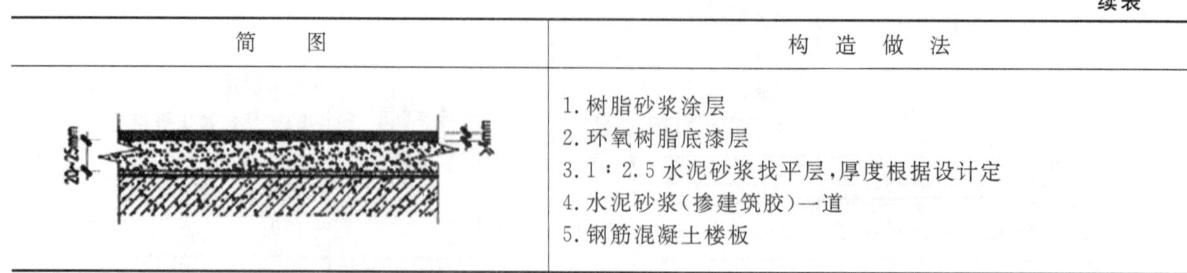

简　图	构　造　做　法
20~25mm　4mm	1. 树脂砂浆涂层 2. 环氧树脂底漆层 3. 1∶2.5 水泥砂浆找平层，厚度根据设计定 4. 水泥砂浆（掺建筑胶）一道 5. 钢筋混凝土楼板

3. 陶瓷地砖地面基本构造如表 3.2 所示。

表 3.2　陶瓷地砖地面基本构造

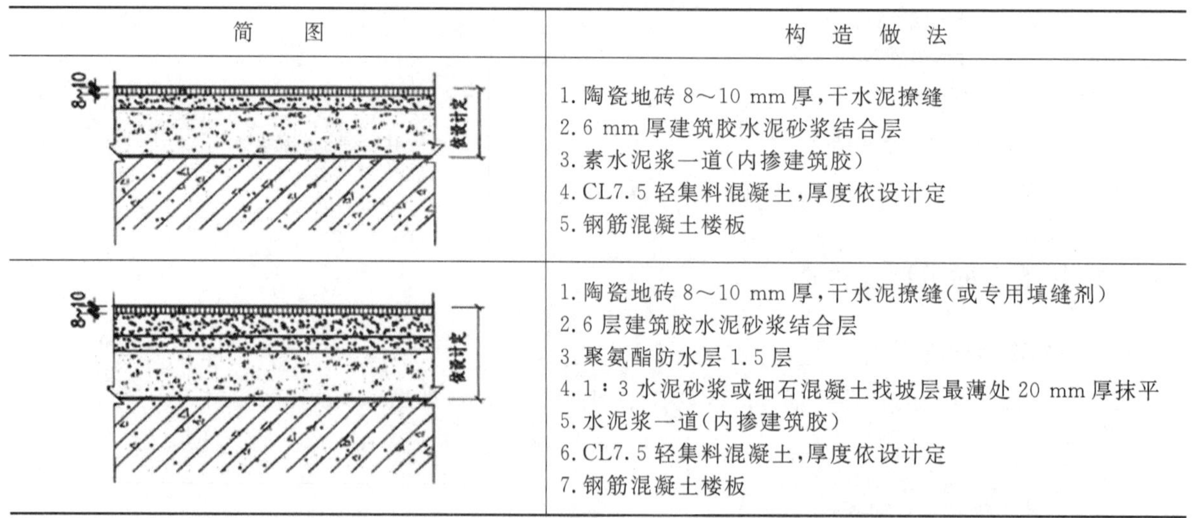

简　图	构　造　做　法
8~10　依设计定	1. 陶瓷地砖 8～10 mm 厚，干水泥擦缝 2. 6 mm 厚建筑胶水泥砂浆结合层 3. 素水泥浆一道（内掺建筑胶） 4. CL7.5 轻集料混凝土，厚度依设计定 5. 钢筋混凝土楼板
8~10　依设计定	1. 陶瓷地砖 8～10 mm 厚，干水泥擦缝（或专用填缝剂） 2. 6 层建筑胶水泥砂浆结合层 3. 聚氨酯防水层 1.5 层 4. 1∶3 水泥砂浆或细石混凝土找坡层最薄处 20 mm 厚抹平 5. 水泥浆一道（内掺建筑胶） 6. CL7.5 轻集料混凝土，厚度依设计定 7. 钢筋混凝土楼板

4. 花岗岩、大理石楼地面面层是在结合层上铺设而成的。基本构造如表 3.3 所示。

利用大理石的边角料，还可做成碎拼大理石地面，其铺贴形式如图 3.4 所示。板的接缝有干接缝和拉缝两种形式，干接缝宽 1～2 mm，用水泥浆擦缝；拉缝又分为平缝和凹缝，平缝宽 15～30 mm，用水磨石面层石渣浆灌缝。凹缝宽 10～15 mm，凹进表面 3～4 mm，水泥砂浆勾缝。

表 3.3　花岗岩、大理石楼地面面层基本构造

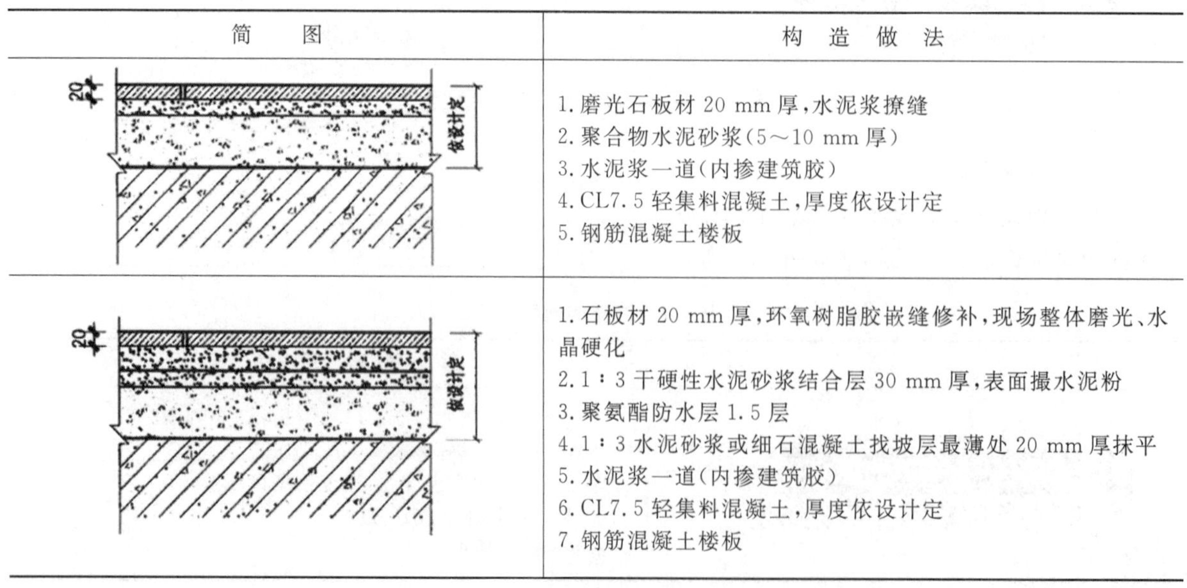

简　图	构　造　做　法
20　依设计定	1. 磨光石板材 20 mm 厚，水泥浆擦缝 2. 聚合物水泥砂浆（5～10 mm 厚） 3. 水泥浆一道（内掺建筑胶） 4. CL7.5 轻集料混凝土，厚度依设计定 5. 钢筋混凝土楼板
20　依设计定	1. 石板材 20 mm 厚，环氧树脂胶嵌缝修补，现场整体磨光、水晶硬化 2. 1∶3 干硬性水泥砂浆结合层 30 mm 厚，表面撒水泥粉 3. 聚氨酯防水层 1.5 层 4. 1∶3 水泥砂浆或细石混凝土找坡层最薄处 20 mm 厚抹平 5. 水泥浆一道（内掺建筑胶） 6. CL7.5 轻集料混凝土，厚度依设计定 7. 钢筋混凝土楼板

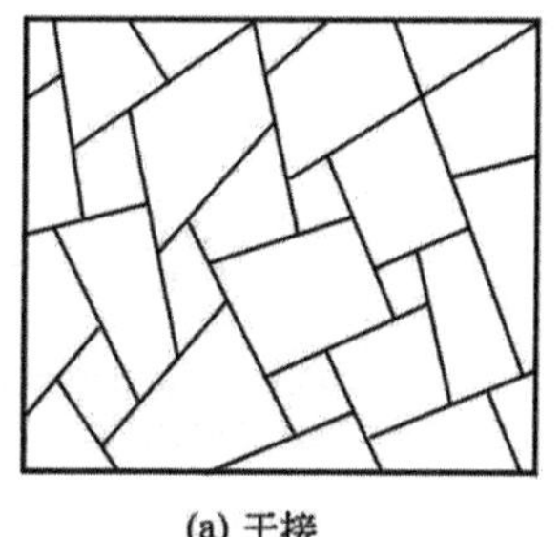

(a) 干接

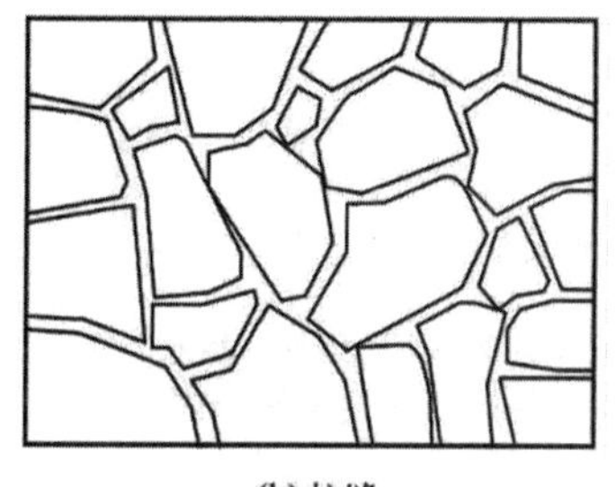

(b) 拉缝

图 3.4　大理石地面铺贴形式

5. 塑胶地面基本构造。

表 3.4　塑胶地面基本构造

简　　图	构　造　做　法
	1. 塑胶地板(D 为塑胶地板厚度,厚度根据选材定) 2. 涂布胶黏剂 3. 1∶2.5 水泥砂浆找平层,厚度根据设计定 4. 水泥砂浆(掺建筑胶)一道 5. 钢筋混凝土楼板
	1. 氧化聚乙烯卷材(D 为氧化聚乙烯卷材厚度) 2. 胶黏剂 3. 1∶2.5 水泥砂浆找平层,厚度根据设计定 4. 水泥砂浆(掺建筑胶)一道 5. 钢筋混凝土楼板
	1. 塑胶地板(D 为塑胶地板厚度,厚度根据选材定) 2. 涂布胶黏剂 3. 1∶2.5 水泥砂浆找平层,厚度根据设计定 4. 水泥砂浆(掺建筑胶)一道 5. 钢筋混凝土楼板

6. 地毯楼地面。

铺设地毯的基层即楼地面面层,底层地面的基层应做防潮处理。

地毯的铺设可分为满铺和局部铺设两种,铺设方式有固定式与不固定式之分。

常用做法如图 3.5 所示。

7. 木地板构造。

木地板有复合木地板与实木地板两类。

复合木地板构造如表 3.5 所示,实木地板构造如表 3.6 所示。

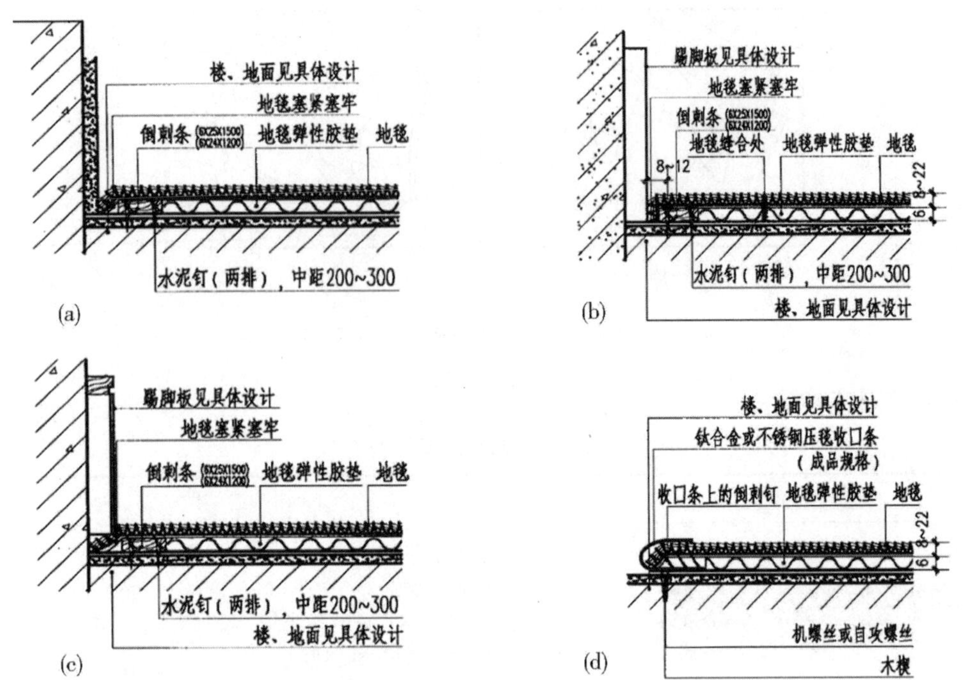

图 3.5　踢脚板处地毯固定构造

表 3.5　复合木地板基本构造

简　图	构 造 及 做 法
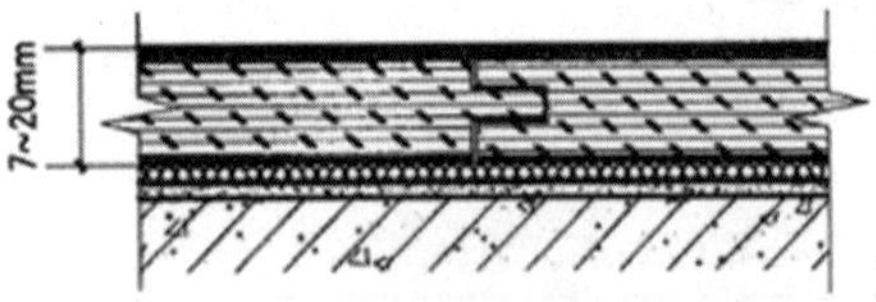 7~20mm	1. 企口型复合木地板 2. 浮铺防潮垫 3. 1∶2.5 水泥砂浆找平层 20 mm 厚 4. 钢筋混凝土楼板
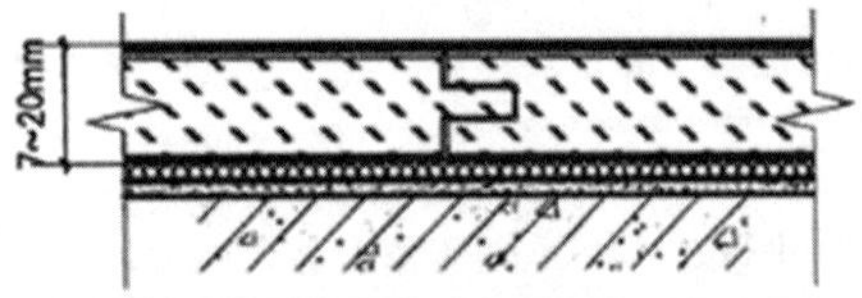 7~20mm	1. 软木复合木地板 2. 浮铺防潮垫 3. 1∶2.5 水泥砂浆找平层 20 mm 厚 4. 钢筋混凝土楼板
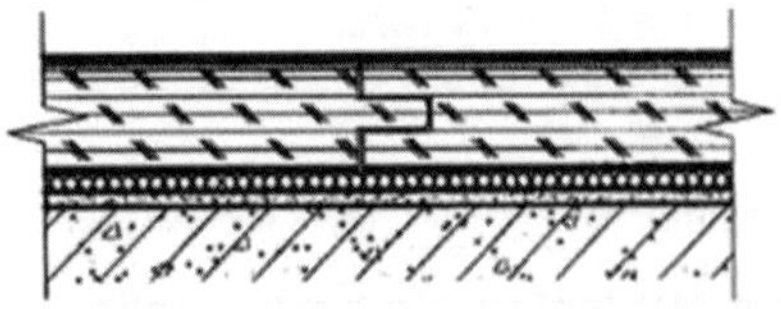	1. 浸渍强化木地板 2. 浮铺防潮垫 3. 1∶2.5 水泥砂浆找平层 20 mm 厚 4. 钢筋混凝土楼板

表 3.6　实木地板基本构造

简　图	构 造 及 做 法
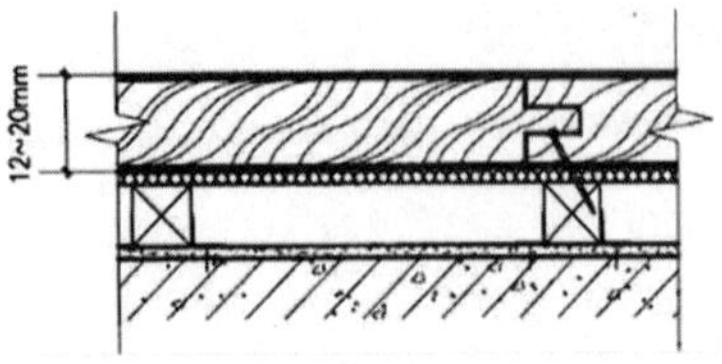 12~20mm	1. 实木地板 2. 50 mm×50 mm 木龙骨(中距 400 mm,刷防腐及防火剂) 3. 1∶2.5 水泥砂浆找平层 20 mm 厚 4. 钢筋混凝土楼板

续表

简　　图	构　造　及　做　法
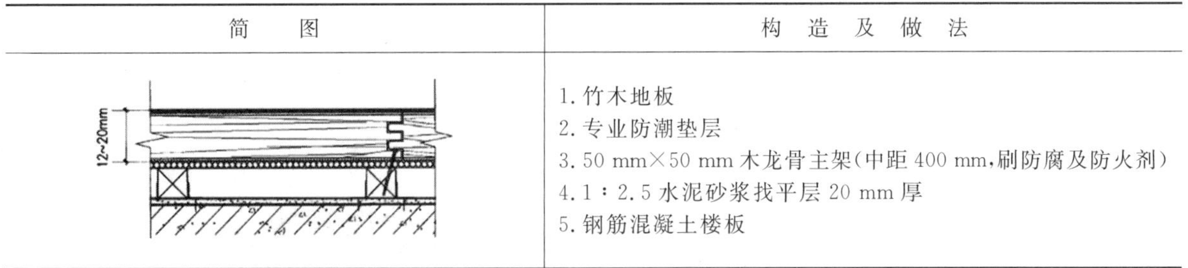	1. 竹木地板 2. 专业防潮垫层 3. 50 mm×50 mm 木龙骨主架（中距 400 mm，刷防腐及防火剂） 4. 1：2.5 水泥砂浆找平层 20 mm 厚 5. 钢筋混凝土楼板

8. 楼地面特殊部位的装饰构造。

（1）楼地面变形缝。

楼地面的变形缝应结合建筑物变形缝设置，一般分为伸缩缝、沉降缝和抗震缝三种。楼地面基层中的变形缝可采用沥青木丝板、金属调节片等材料做封缝处理；面层处覆以盖缝板，在构造上应以允许构件之间能自由伸缩、沉降为原则。如图 3.6 所示为一种楼地面抗震缝构造，如图 3.7 所示为几种楼地面变形缝构造。

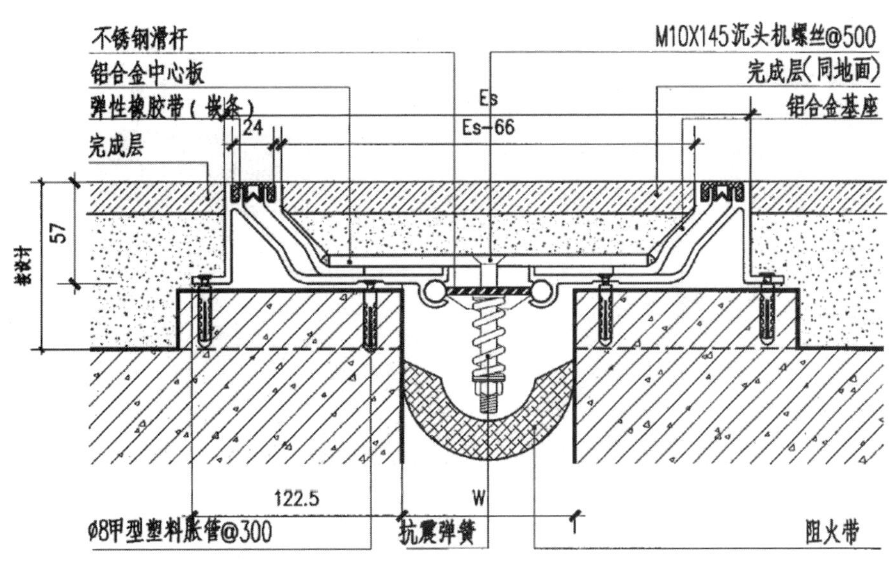

图 3.6　楼地面抗震缝构造

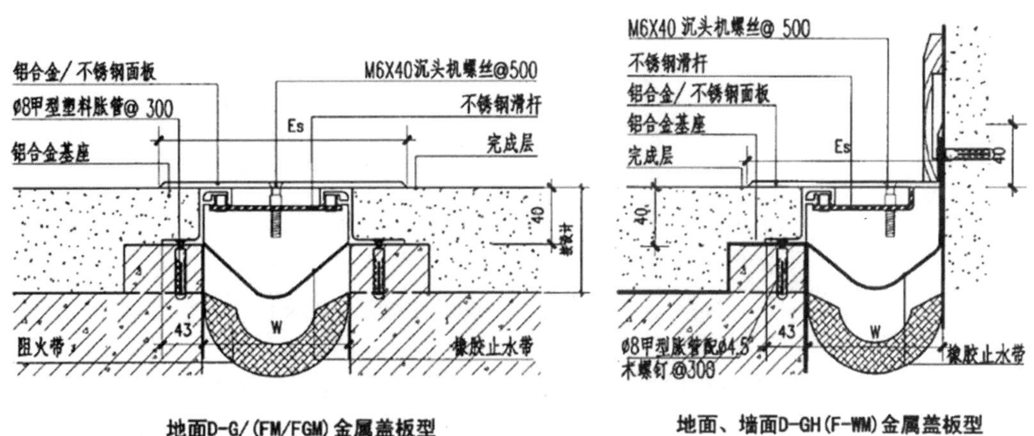

图 3.7　楼地面变形缝构造

(2)不同材质地面的交接处理。

不同材质地面之间的交接处，应采用坚固材料做边缘构件，如硬木、铜条、铝条等做过渡交接处理，避免产生起翘或不齐现象。常见不同材质地面交接处理构造如图 3.8 所示。

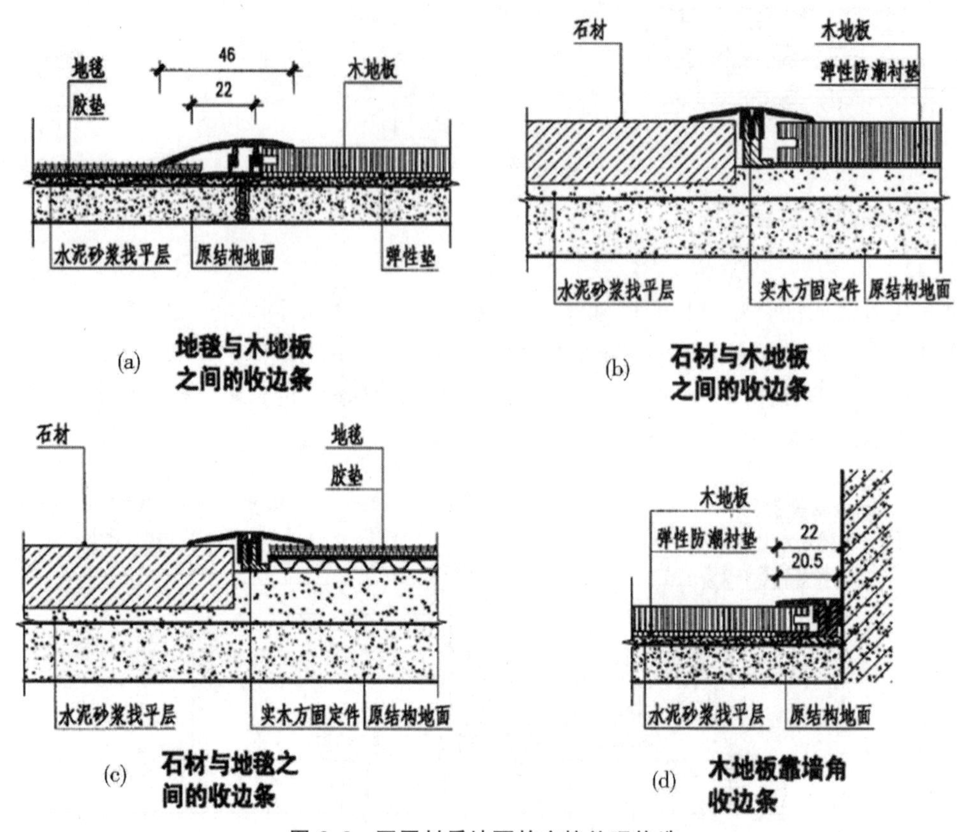

图 3.8 不同材质地面的交接处理构造

(3)踢脚板。

踢脚板构造处理主要解决两个问题：踢脚板的固定，踢脚板与地面、墙面相交处的处理。常见的实木踢脚板及塑胶地板踢脚板构造处理如图 3.9 所示。

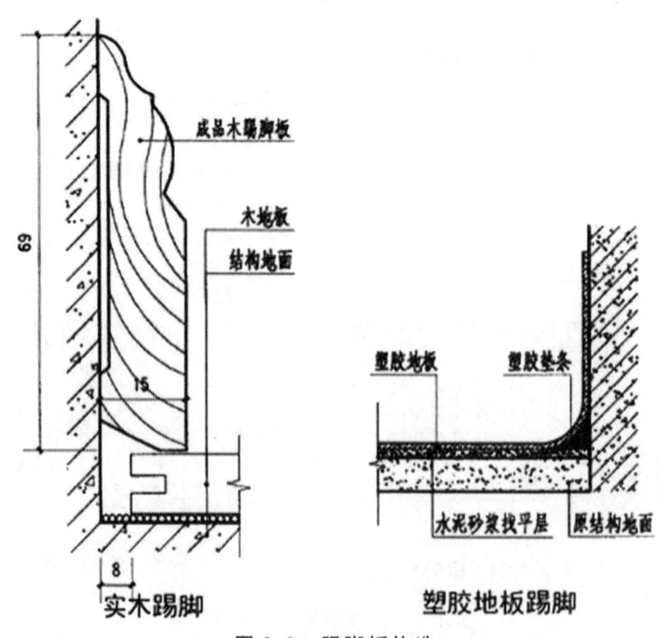

图 3.9 踢脚板构造

(三)特种楼地面构造

1. 防水楼地面。

楼地面防水构造一般是在结构层上做找平层，然后做防水层，再做楼地面面层。

2. 活动夹层楼地板。

活动夹层楼地板是以特制刨花板为基材，表面覆以高压三聚氢胺优质装饰板，底层用镀锌钢板，经高分子合成胶黏剂胶合而成的活动地板，配以龙骨、橡胶垫、橡胶条和可供调节的金属支架等组成，架空地板铺设在水泥类楼地面上。其构造如图 3.10。

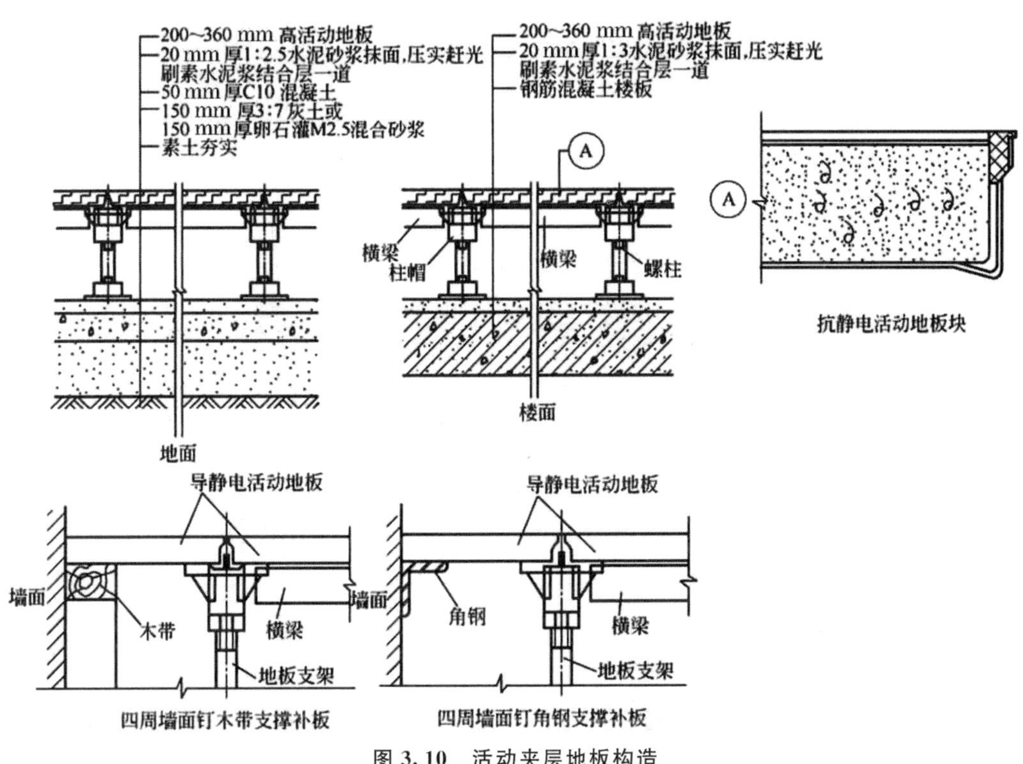

图 3.10　活动夹层地板构造

3. 隔声楼地面。

隔声楼地面常见构造处理方法有：

(1)在楼地面上铺设弹性面层材料。弹性面层材料一般有地毯、橡皮、塑料等，这种方法简单，隔声效果好，应用广泛。

(2)设置块状、条状等弹性垫层，其上做成浮筑式楼板。

(3)设置隔声吊顶构造。通常在吊顶棚上铺设吸声材料，加强隔声效果。

4. 发光楼地面。

发光楼地面是指地面采用透光材料，光线由架空地面的内部向室内空间透射的地面。发光楼地面是由架空支承结构、搁栅和透光面板等组成。发光楼地面构造如图 3.11 所示。

5. 弹性木地面和弹簧木地面。

(1)弹性木地面。

弹性木地面从构造上可分为衬垫式和弓式。

衬垫式木地面构造与实铺式木地面构造基本相同，所不同的是在木搁栅下增设了弹性衬垫，衬垫一般是橡胶、软木、泡沫塑料或其他弹性好的材料。衬垫可以按条状或块状布置，如图 3.12 所示。

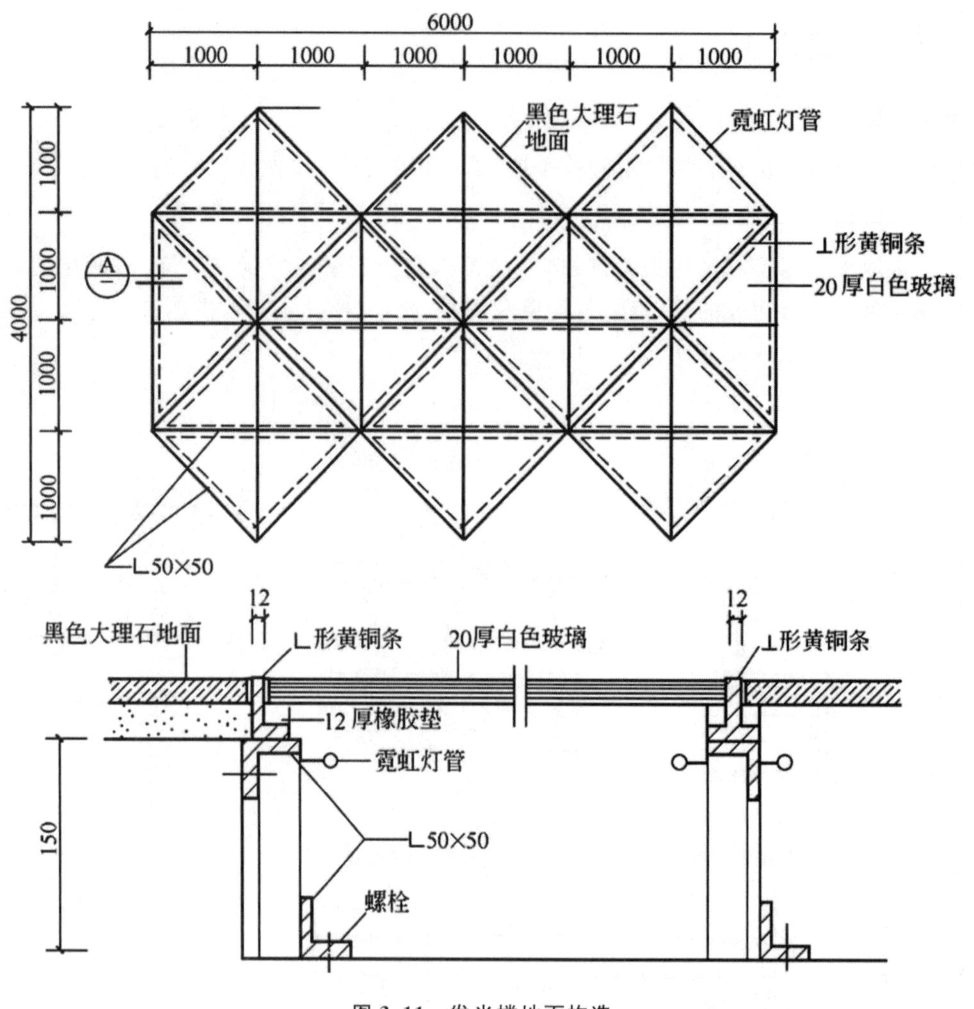

图 3.11　发光楼地面构造

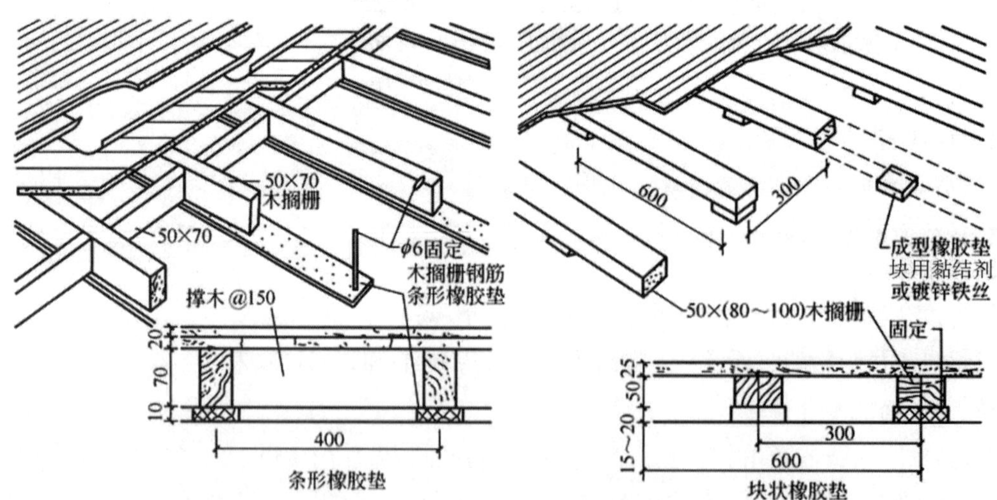

图 3.12　衬垫式弹性木地面构造

弓式弹性木地面有木弓式和钢弓式两种。木弓式弹性木地面是利用木弓支托搁栅来增加弹性的，搁栅上铺毛板、油纸，最后铺钉硬木地板。木弓下设通长垫木，垫木用螺栓固定在结构基层上，木弓长 1000～1300 mm，高度根据需要的弹性，通过实验而定。弓式弹性木地面构造如图 3.13 所示。

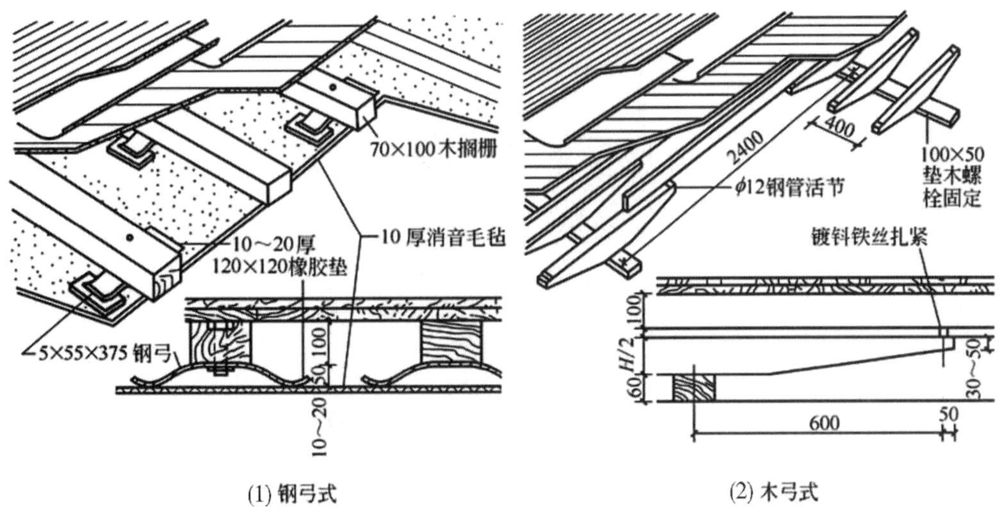

(1) 钢弓式　　(2) 木弓式

图 3.13　弓式弹性木地面构造

(2)弹簧木地面。

弹簧木地面是由许多弹簧支承的整体式骨架地面，比弹性木楼地面的弹性更佳。弹簧木地板常与电子开关连用，构造如图 3.14 所示。

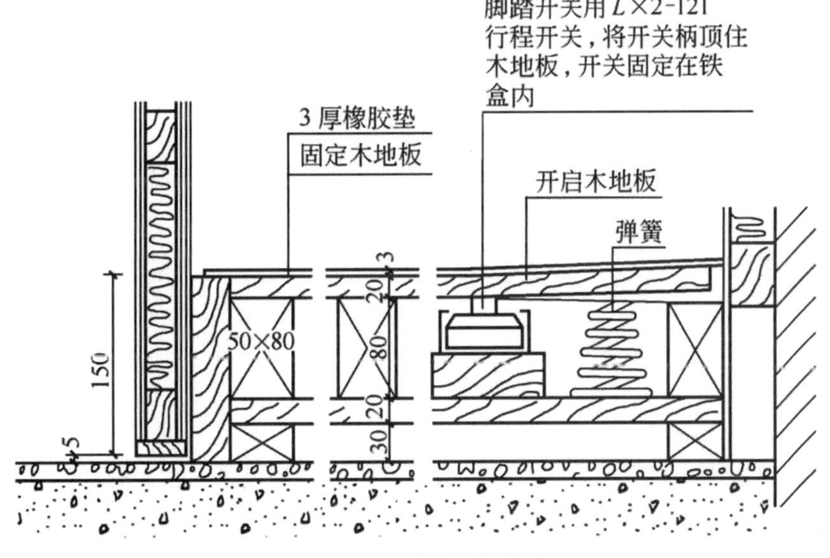

图 3.14　弹簧木地板构造

三、民用建筑室内墙面的装饰构造

(一)涂料类

1. 一般抹灰饰面。

墙面抹灰一般是由底层抹灰、中间抹灰和面层抹灰三部分组成，基本构造如图 3.15 所示。

2. 装饰抹灰饰面。

(1)拉条抹灰饰面。

拉条抹灰饰面是用杉木板制作的刻有凹凸形状的模具，沿贴在墙面上的木导轨，在抹灰面层上通过上下拉动而形成规则的细条、粗条、波形条等图案效果。

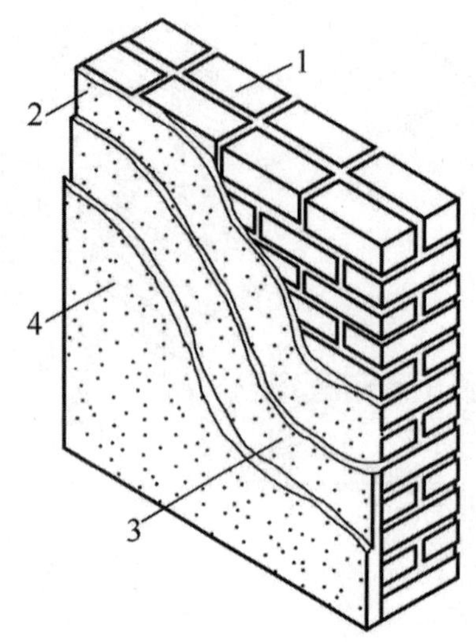

图 3.15　抹灰的构造组成

1—基层；2—底层；3—中间层；4—面层

拉条抹灰的基层处理与一般抹灰类同，面层砂浆根据所拉条形的粗细有不同的配比。

(2)拉毛、甩毛、扫毛及搓毛饰面。

①拉毛饰面　拉毛饰面是用抹子或硬毛棕刷等工具将砂浆拉出波纹或突起的毛头而做成的装饰面层，有小拉毛和大拉毛两种做法。在外墙还有先拉出大拉毛再用铁抹子压平毛尖的做法。

②甩毛饰面　甩毛饰面是将面层灰浆用工具甩在抹灰中层上，形成大小不一但又有规律的毛面的饰面做法。

③扫毛饰面　扫毛饰面是进行水泥砂浆抹灰后，在其面层砂浆凝固前，按设计图案，用毛柴帚扫出条纹。

④搓毛饰面　搓毛饰面是用水泥石灰砂浆打底，罩面也用水泥石灰砂浆，最后进行搓毛。

(3)假面砖饰面。

假面砖饰面是用掺氧化铁黄、氧化铁红等颜料的彩色水泥砂浆作面层，通过手工操作达到模拟面砖装饰效果的饰面做法。

(4)聚合物水泥砂浆的喷涂、弹涂、滚涂饰面。

聚合物水泥砂浆是在普通水泥砂浆中掺入适量有机聚合物，从而改善原来材料的性能。

3. 石渣类饰面。

石渣类饰面是用以水泥为胶结材料、石渣为骨料的水泥石渣浆抹于墙体的表面，然后用水洗、斧剁、水磨等工艺除去表面水泥皮，露出以石渣的颜色和质感为主的饰面做法。

(二)贴面类墙体饰面构造

常用的贴面材料由于块料的形状、重量、适用部位不同，其构造方法也有一定差异。

1. 面砖、瓷砖、马赛克。

轻而小的块面可以直接镶贴，构造比较简单，由底层砂浆、黏结层砂浆和块状贴面材料面层组成；图 3.16 为面砖饰面构造。

2. 大而厚重的块材则必须采用一定的构造连接措施，用贴挂等方式加强与主体结构连接。

大理石和花岗岩饰面板材的构造方法一般有：钢筋网固定挂贴法、金属件锚固挂贴法、干挂法、聚酯砂浆固定法、树脂胶黏结法等几种。

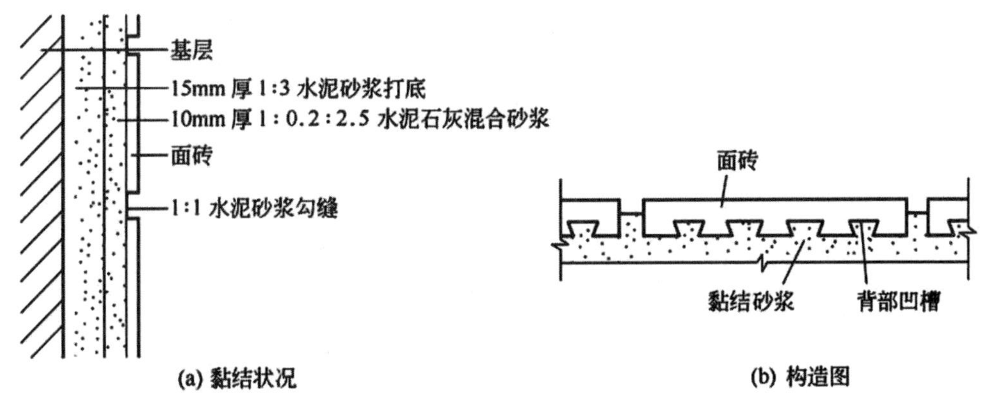

图 3.16　面砖饰面构造

(1)钢筋网固定挂贴法。

首先凿出在结构中预留的钢筋头或预埋铁环钩,绑扎或焊接与板材相应尺寸的钢筋网,按施工要求在板材侧面打孔洞;然后,将加工成型的石材绑扎在钢筋网上,或用不锈钢挂钩与基层的钢筋网套紧,石材与墙面之间的距离一般为 30～50 mm,墙面与石材之间灌注水泥砂浆,第三层灌浆至板材上口 80～100 mm,所留余量为上排板材灌浆的结合层,以使上下排连成整体。钢筋网固定挂贴法构造如图 3.17 所示。

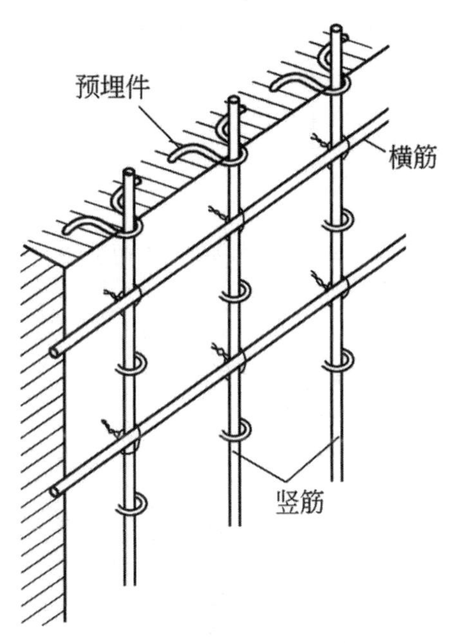

图 3.17　钢筋网固定挂贴法构造

(2)金属件锚固挂贴法。

金属件挂贴法又称木楔固定法,其主要构造做法:首先对石板钻孔和提槽,对应板块上孔的位置对基体进行钻孔;板材安装定位后将 U 形钉端钩进石板直孔,并随即用硬木楔楔紧,U 形钉另一端钩入基体上的斜孔内,调整定位后用木楔塞紧基体斜孔内的 U 形钉部分,接着用大木楔塞紧于石板与基体之间;最后分层浇注水泥砂浆,其做法与钢筋网固定挂贴法相同。

木楔固定法构造如图 3.18 所示。

(3)干挂法。

直接用不锈钢型材或金属连接件将石板材支托并锚固在墙体基面上,而不采用灌浆湿作业的方法称为干挂法。干挂法构造要点是,首先按照设计在墙体基面上电钻打孔,固定不锈钢膨胀螺栓;将不锈钢挂件安装在膨胀螺栓上;安装石板,并调整固定。其基本构造如图 3.19 所示。目前干挂法流行构造是板销式做法,如图 3.20 所示。

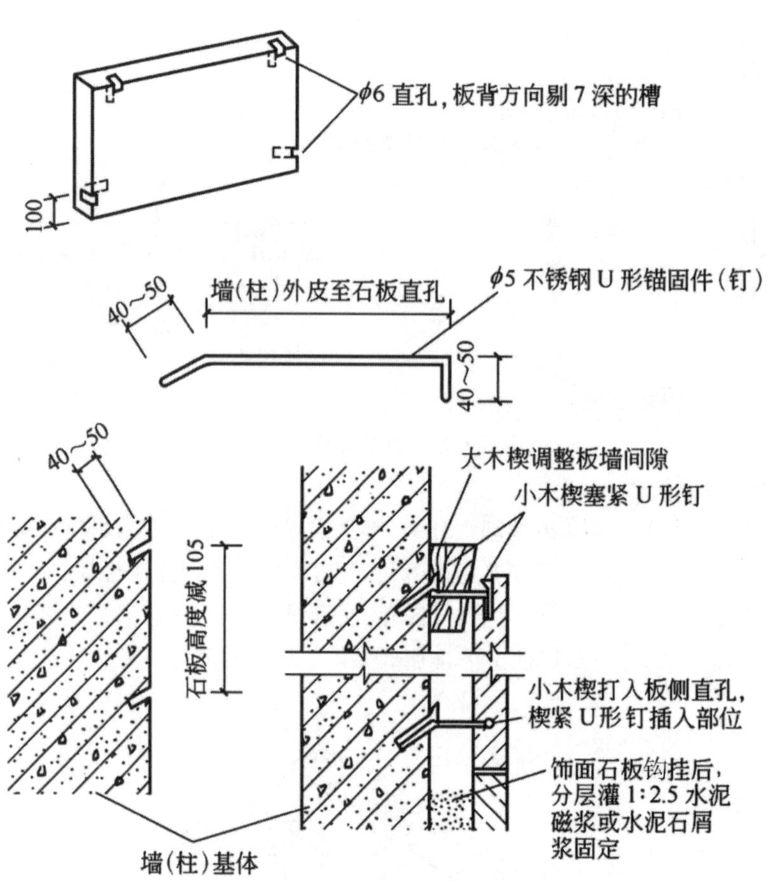

图 3.18　U 形钉锚固石材板构造

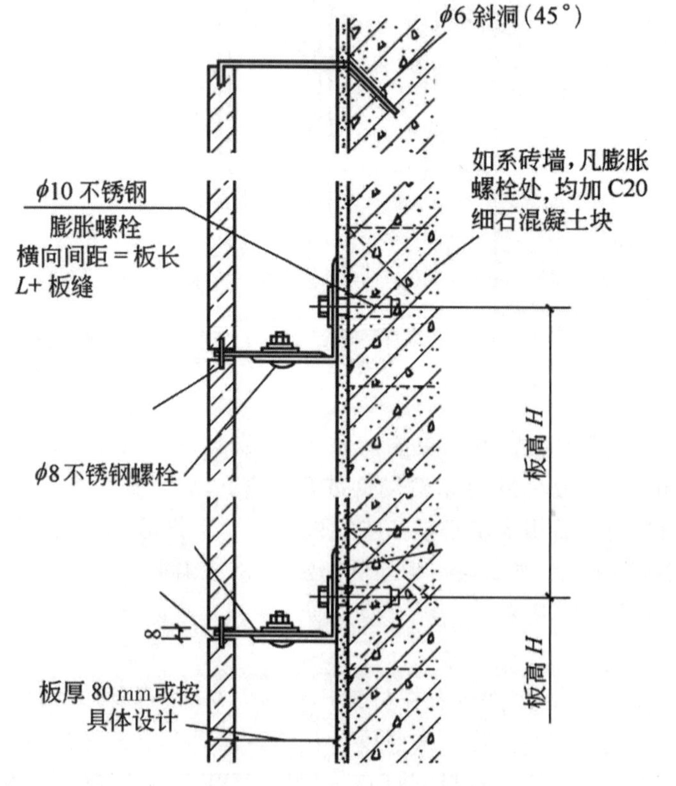

图 3.19　石材板干挂基本构造

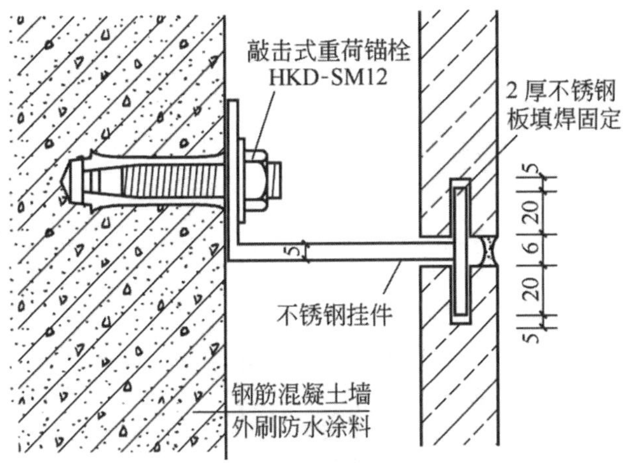

图 3.20 石材板干挂法构造

(4)聚酯砂浆固定法。

用聚酯砂浆固定饰面石材具体做法是:在灌浆前先用聚酯砂浆固定板材四角并填满板材之间的缝隙,待聚酯砂浆固化并能起到固定拉紧作用以后,再进行分层灌浆操作。分层灌浆的高度每层不能超过 15 cm,初凝后方能进行第二次灌浆。不论灌浆次数及高度如何,每层板上口应留 5 cm 余量作为上层板材灌浆的结合层。

(5)树脂胶黏结法。

树脂胶黏结法具体构造做法是:在清理好的基层上,先将胶凝剂涂在板背面相应的位置,尤其是悬空板材胶量必须饱满,然后将带胶黏剂的板材就位,挤紧找平、校正、扶直后,立刻进行预、卡固定。挤出缝外的胶黏剂,随即清除干净。待胶黏剂固化至与饰面石材完全牢固贴于基层后,方可拆除固定支架。

3. 细部构造。

板材类饰面构造,除了应解决饰面板与墙体之间的固定技术外,还应处理好窗台、窗过梁底、门窗侧边、出檐、勒脚以及各种凹凸面的交接和拐角等处的细部构造。

(1)转折交接处的细部构造。

①墙面阴阳角的细部构造处理方法如图 3.21 所示。

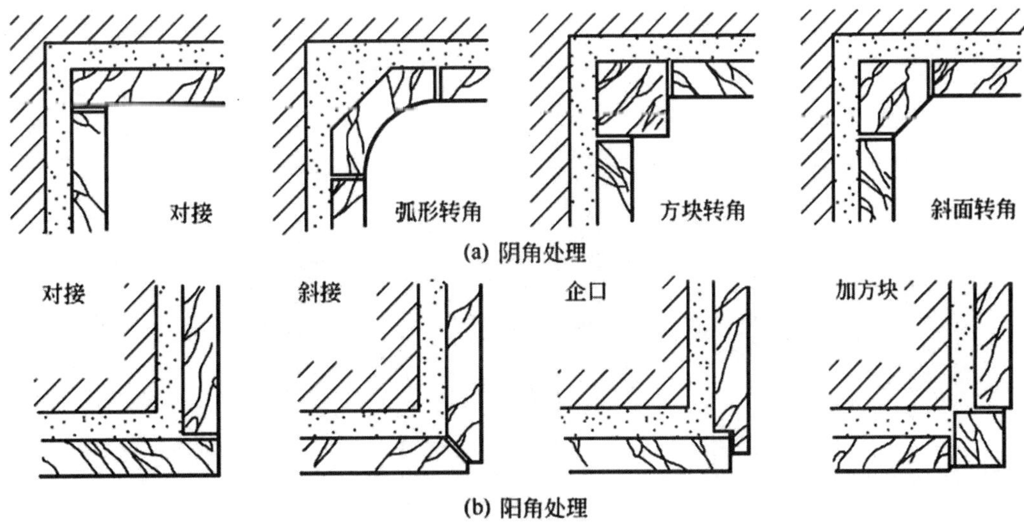

图 3.21 墙面阴阳角构造处理方法

②饰面板墙面与踢脚板交接处的细部构造。

饰面板墙面与踢脚板交接处理方法有：一种是墙面凸出踢脚板，另一种方法是踢脚板凸出墙面。图 3.22 为饰面板墙面与踢脚板交接的构造处理。

③饰面板墙面与地面交接的细部构造。

大理石、花岗岩墙面或柱面与地面的交接，一般采用踢脚板或饰面板直接落在地面饰面层上的方法，使接缝比较隐蔽，略有间缝可用相同色彩的水泥浆封闭。其构造如图 3.23 所示。

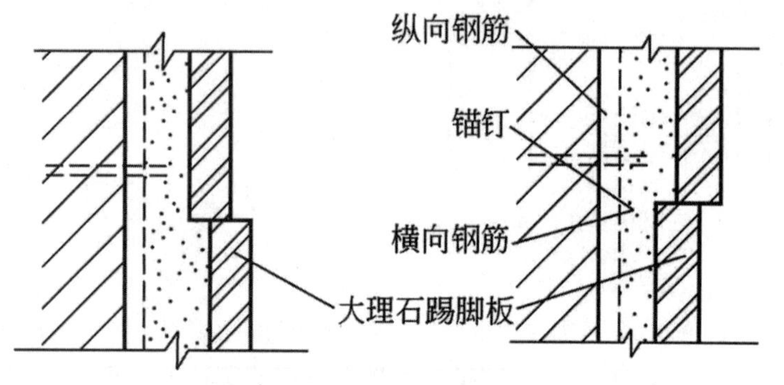

图 3.22 饰面板墙面与踢脚板交接构造

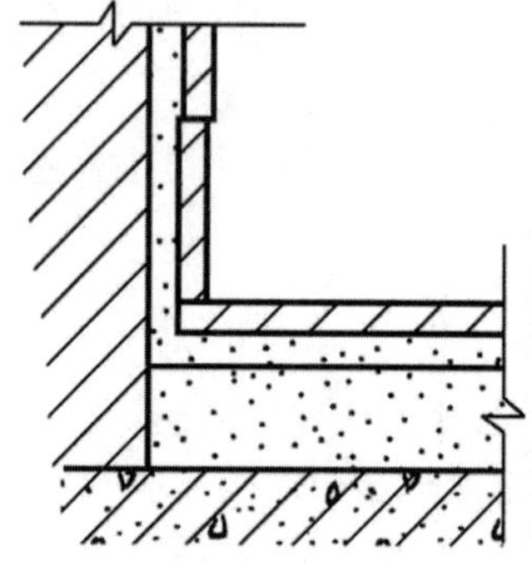

图 3.23 饰面板墙面与地面交接构造

④饰面板墙面与顶棚交接的细部构造。

饰面板墙面与顶棚交接时，可采用多线角曲线抹灰的方式（也可做成装饰抹灰），将顶棚与墙面衔接；或者采用凹嵌的手法，将顶部最后一块板改用薄板（或贴面砖），并采用聚合物水泥砂浆进行粘贴，在保证黏结力的条件下使灌浆砂缝的厚度减薄，从而使顶部最后一块板凹陷进去一段距离。这两种方法的具体做法如图 3.24 所示。

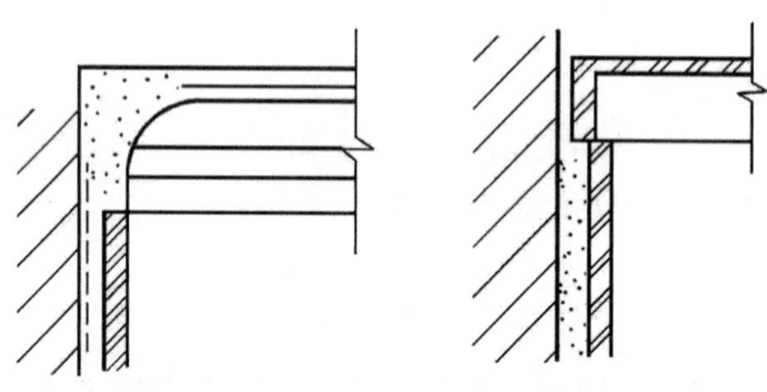

图 3.24 饰面板墙面与顶棚交接构造

(2)小规格板材饰面构造。

小规格饰面板通常直接用水泥浆、水泥砂浆等粘贴，必要时可辅以铜丝绑扎或连接，如图 3.25 所示。

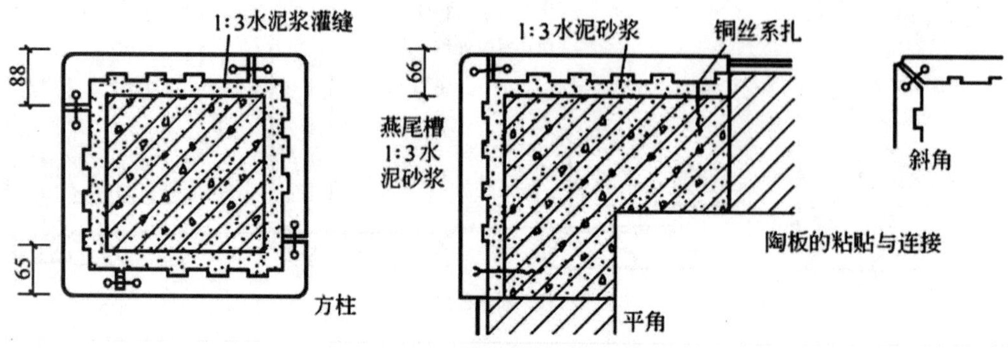

图 3.25 小规格板材饰面构造

(3)拼缝。

饰面板的拼缝对装饰效果影响很大，常见的拼缝方式有平接、对接、搭接、L形错搭接和45°斜口对接等，如图3.26所示。

(4)灰缝。

板材类饰面通常都留有较宽的灰缝，灰缝的形式有凸形、凹形、圆弧形等。常将饰面板材、块材的周边凿琢成斜口或凹口等不同的形式。

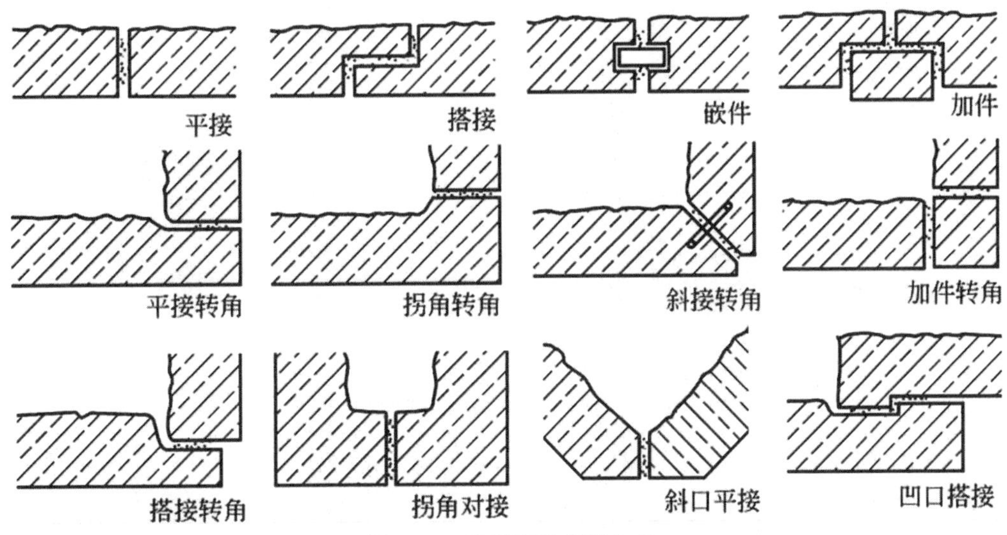

图3.26　饰面板的拼缝方式

(三)涂刷类墙体饰面构造

涂刷类饰面一般分为刷浆类饰面、涂料类饰面、油漆类饰面，其涂层构造一般可分为三层，即底层、中间层和面层。

用油漆做墙面装饰时，要求基层平整，充分干燥，且无任何细小裂纹。油漆墙面一般构造做法是，先在墙面上用水泥石灰砂浆打底，再用水泥、石灰膏、细黄砂粉面两层，总厚度20 mm左右，最后刷油漆，一般油漆至少涂刷一底二度。

(四)镶板(材)类墙体饰面构造

1. 镶板类饰面。

镶板类饰面面板通过镶、钉、拼、贴等构造方法与墙体基层固定，虽然施工技术要求较高，但现场湿作业量少，安全简便。

2. 木质类饰面。

(1)木与木制品护壁的基本构造。

光洁坚硬的原木、胶合板、装饰板、硬质纤维板等可用作墙面护壁，其构造方法是：先在墙内钉双向木墙筋，再铺上面板。木护壁构造如图3.27所示。

(2)吸声、消声、扩声墙面的基本构造。

对胶合板、硬质纤维板、装饰吸音板等进行打洞，使之成为多孔板，可以装饰成吸声墙面，孔的部位与数量根据声学要求确定。在板的背后、木筋之间要求补填玻璃棉、矿棉、石棉或泡沫塑料块等吸声材料，松散材料应先用玻璃丝布、石棉布等进行包裹。其构造与木护壁板相同，如图3.28所示。

用胶合板做成半圆柱的凸出墙面作为扩声墙面，可用于要求反射声音的墙面，如录音室、播音室等。扩声墙面构造如图3.29所示。

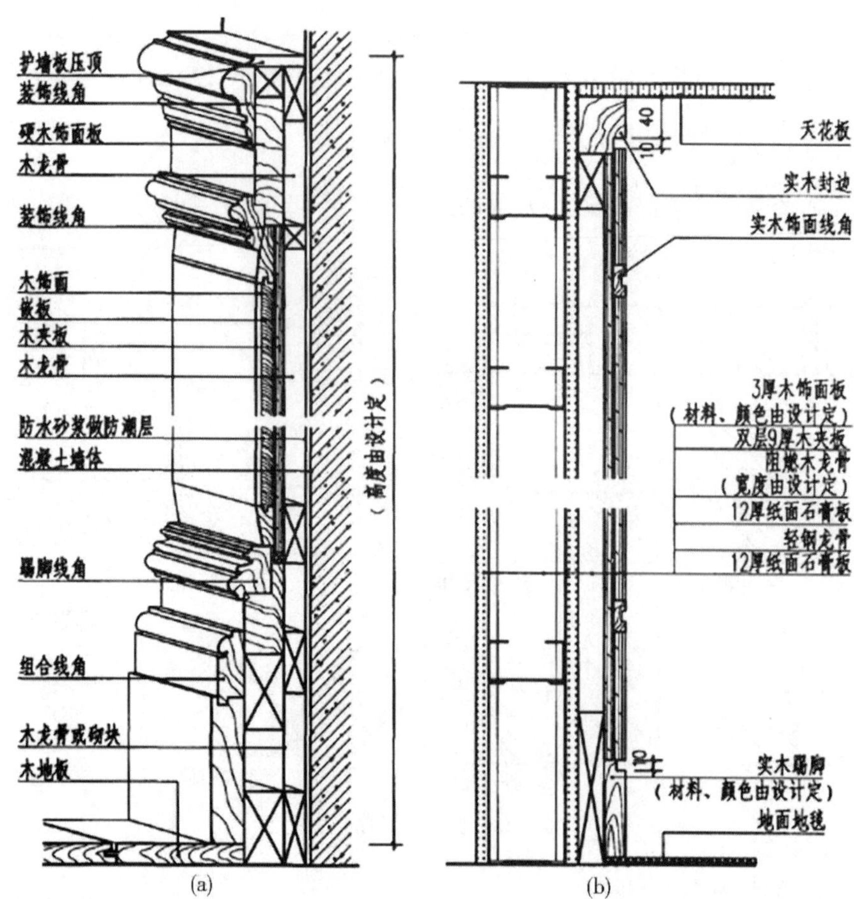

图 3.27　木护壁构造

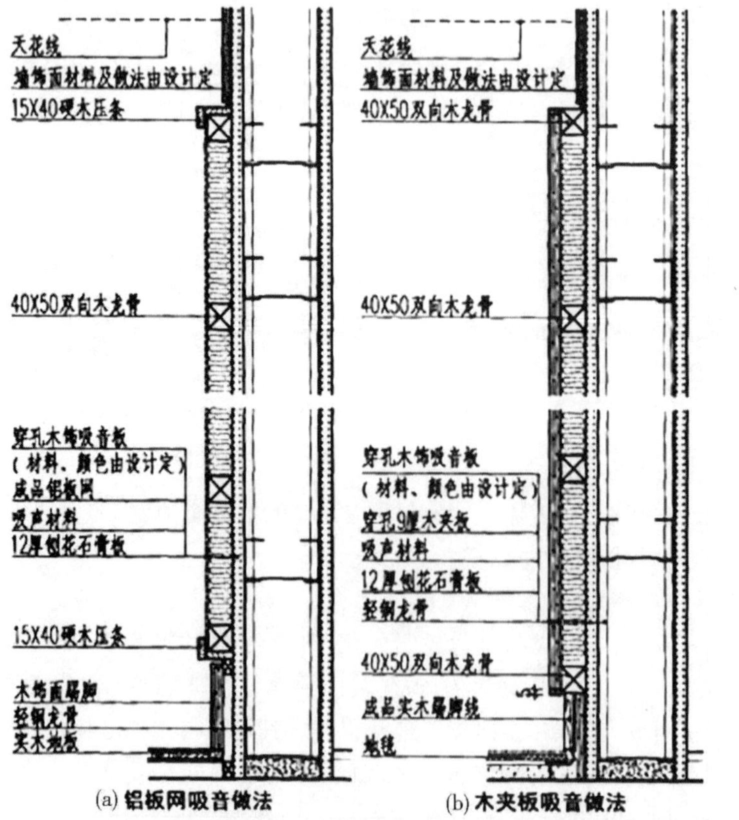

图 3.28　吸声墙面构造

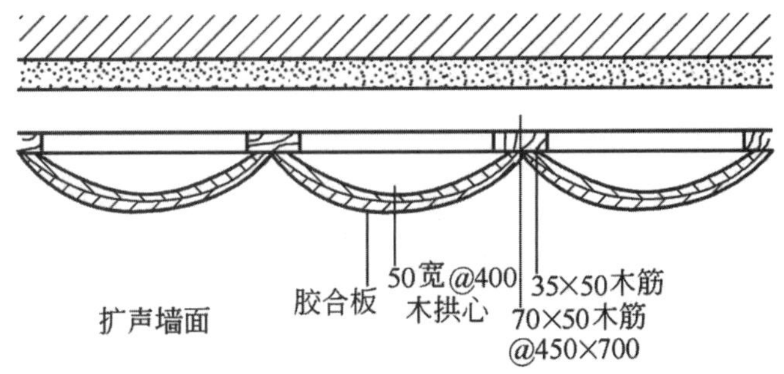

图 3.29　扩声墙面构造

(3)竹护壁饰面的基本构造。

一般应选用直径均匀的竹材，Φ20 mm 左右的整圆或半圆使用，较大直径的竹材可剖成竹片使用，取其竹青做面层，根据设计尺寸固定在木框上，再嵌在墙面上。做法如图 3.30 所示。

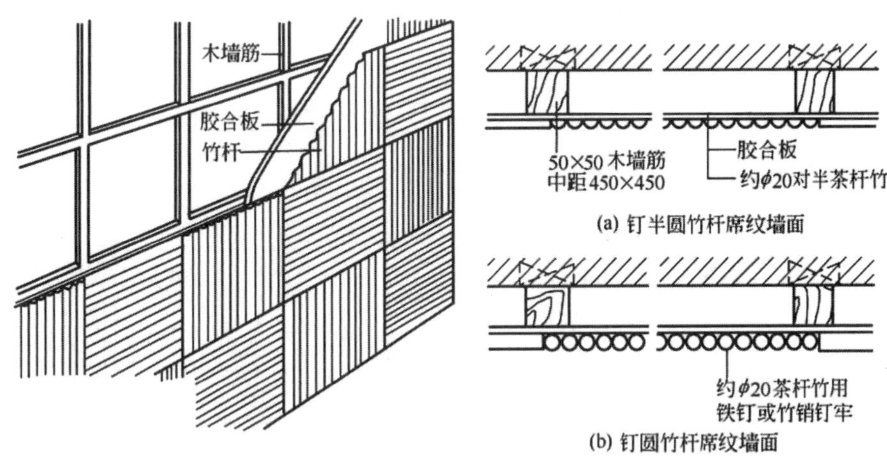

图 3.30　竹木护壁构造

(4)细部构造处理。

板与板的拼接构造：按拼缝的处理方法，可分为平缝、高低缝、压条、密缝、离缝等方式。如图 3.31 所示。

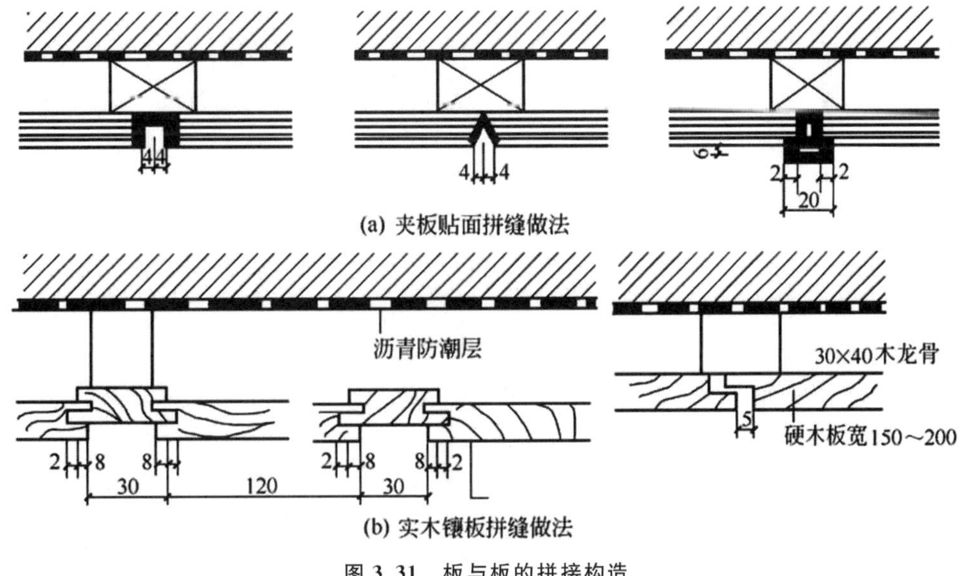

图 3.31　板与板的拼接构造

①踢脚板构造：踢脚板的处理主要有外凸式与内凹式两种方式。当护墙板与墙之间距离较大时，一般宜采用内凹式处理，踢脚板与地面之间宜平接。如图 3.32 所示。

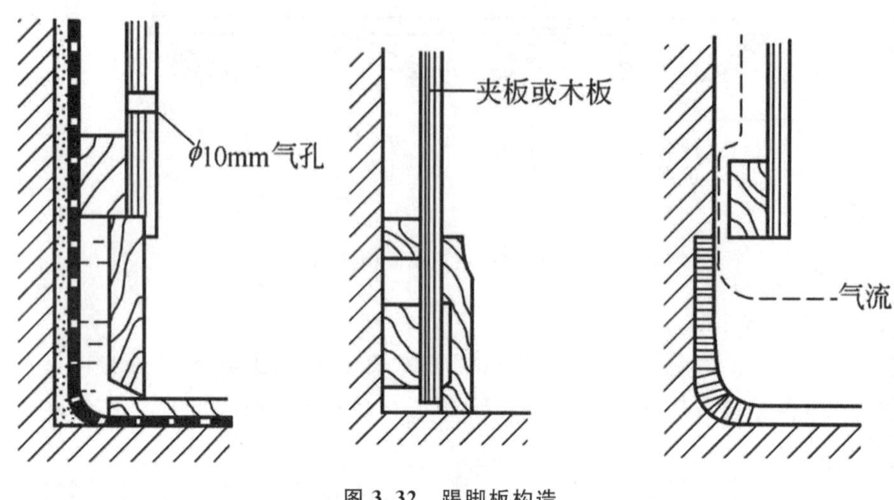

图 3.32　踢脚板构造

②护墙板与顶棚交接处构造：护墙板与顶棚交接处的收口以及木墙裙的上端，一般宜做压顶或压条处理。如图 3.33 所示。

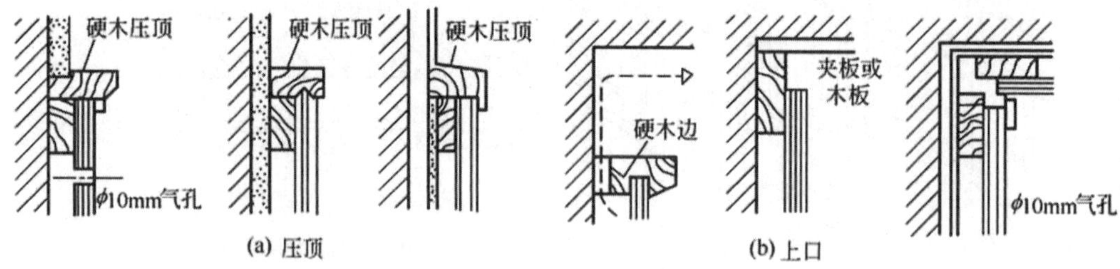

图 3.33　护墙板与顶棚交接构造

③拐角构造：阴角和阳角的拐角可采用对接、斜口对接、企口对接、填块等方法。如图 3.34 所示。

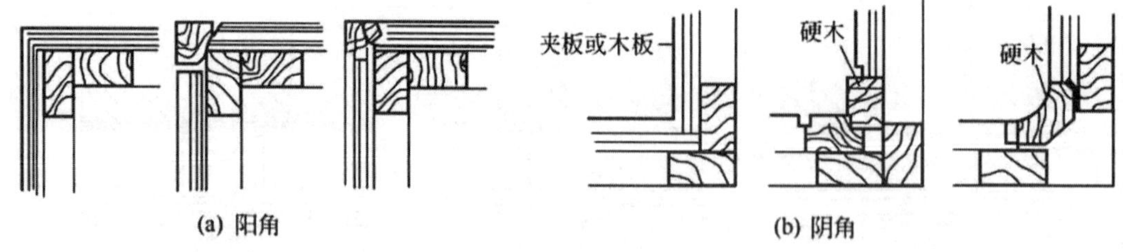

图 3.34　拐角构造

3. 金属薄板饰面。

金属薄板饰面的构造层次与木质类饰面基本相同，在具体连接固定和用料上又有区别。

(1)铝合金饰面板。

铝合金饰面板一般安装在型钢或铝合金型材所构成的骨架上，由于型钢强度高、焊接方便、价格便宜、操作简便，所以用型钢做骨架的较多。

铝合金饰面板构造连接方式通常有两种：一是直接固定，将铝合金板块用螺栓直接固定在型钢上，因其耐久性好，常用于外墙饰面工程；二是利用铝合金板材压延、拉伸、冲压成型的特点，做成各种形状.然后将其压卡在特制的龙骨上，这种连接方式适应于内墙装饰。

(2)不锈钢板饰面。

不锈钢板的构造固定与铝合金饰板构造相似，通常将骨架与墙体固定，用木板或木夹板固定在龙骨架上作为结合层，将不锈钢饰面镶嵌或粘贴在结合层上。也可以采用直接贴墙法，即不需要龙骨，将不锈钢饰面直接粘贴在墙表面上。如图 3.35 所示。

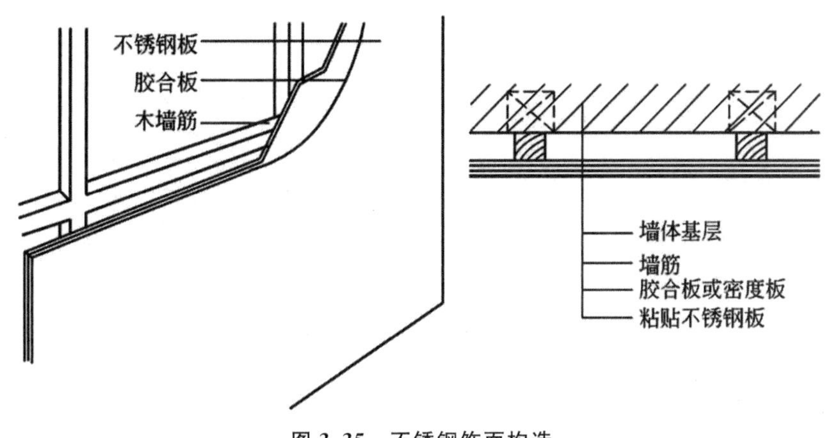

图 3.35　不锈钢饰面构造

4. 玻璃饰面。

玻璃饰面基本构造是：在墙基层上设置一层隔气防潮层；按要求立木筋，间距按玻璃尺寸，做成木框格；在木筋上钉一层胶合板或纤维板等衬板；最后将玻璃固定在木边框上。

固定玻璃的方法主要有四种：一是螺钉固定法，二是嵌条固定法，三是嵌钉固定法，四是粘贴固定法，构造方法如图 3.36 所示。

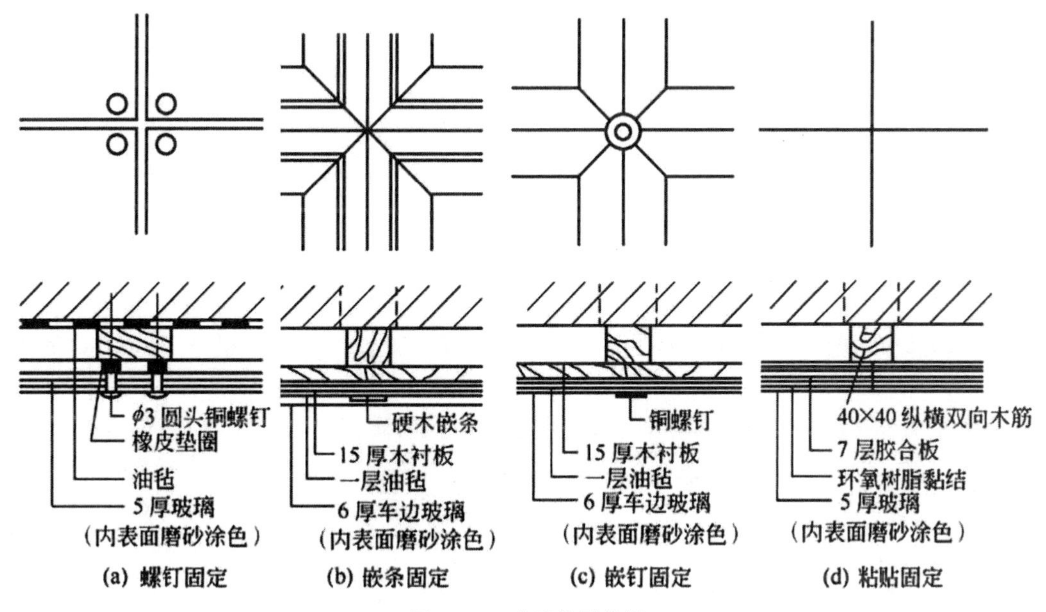

图 3.36　玻璃饰面构造

5. 其他饰面。

(1)石膏板、矿棉板、水泥刨花板。

石膏板用钉固定的方法是，首先在墙体上涂刷防潮涂料，然后在墙体上铺设龙骨，将石膏板钉在龙骨上，最后进行板面修饰。龙骨用木材或金属制作，金属墙筋用于防火要求较高的墙面，采用木龙骨时，石膏板可直接用钉或螺丝固定。如图 3.37(a)所示。采用金属龙骨时，则应先在石膏板和龙骨上钻孔，然后用自攻螺丝固定。如图 3.37(b)所示。

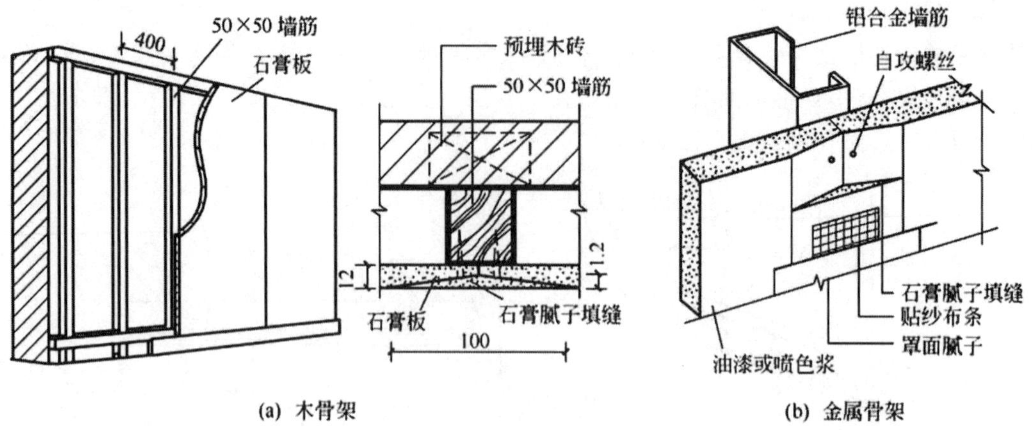

(a) 木骨架　　(b) 金属骨架

图 3.37　石膏板饰面构造

用黏结剂粘贴法是将石膏板直接粘贴在墙面基层上，要求基层平整、洁净。

(2)装饰吸声板。

装饰吸声板饰面构造比较简单，一般方法是直接贴在墙面上或钉在龙骨上。

(五)卷材类内墙饰面构造

1. 壁纸饰面。

各种壁纸均应粘贴在具有一定强度、平整光洁的基层上，如水泥砂浆、混合砂浆、混凝土墙体、石膏板等。一般构造是：用稀释的 107 胶水涂刷基层一遍，进行基层封闭处理；壁纸预先进行涨水处理；用 107 胶水裱贴壁纸。若是预涂胶壁纸，裱糊时先用水将背面胶黏剂浸润，然后直接粘贴壁纸；若是无基层壁纸，可将剥离纸剥去，立即粘贴即可。

裱贴工艺有塔接法、拼缝法等，应注意保持纸面平整、搭接处理和拼花处理，选择合适的拼缝形式。

2. 壁布饰面。

壁布可直接粘贴在墙面的抹灰层上，其裱糊的方法与纸基墙纸大体类同，但由于壁布的材性与纸基不同，裱糊时应注意以下几个问题：

裱糊壁布时宜用聚醋酸乙烯乳液做胶黏剂；壁布不需吸水膨胀；因壁布的盖底能力较差，当基层表面颜色较深时，应在胶黏剂中掺入 10%的白色涂料(如白色乳胶漆)。

锦缎饰面构造做法与一般壁布有所不同。锦缎柔软光滑，极易变形，不易裁剪，故很难裱糊在各种基层表面上。

由于锦缎在潮湿气候环境条件下易霉变，故锦缎饰面的防潮防腐要求较高。首先将墙面做防潮处理，然后立木骨架，木骨架固定于墙体的预埋防腐木砖上。把胶合板(衬板)钉入木骨架上，最后用 108 胶水或壁纸胶将锦缎裱贴于胶合板上。

壁纸壁布饰面构造如图 3.38 所示。

3. 皮革或人造革饰面。

皮革或人造革饰面构造做法与木护壁相似：一般应先进行墙面的防潮处理，然后固定龙骨架，钉胶合板衬底。固定皮革的方法有两种：一是采用暗钉将皮革固定在骨架上，最后用电化铝帽头钉按划分的分格尺寸在每一分块的四角钉入固定；另一种方法是木装饰线条或金属装饰线条沿分格线位置固定。

4. 微薄木饰面。

微薄木的基本构造与裱贴壁纸相似。首先是基层处理，然后涂胶粘贴，接缝处采用衔接拼缝，拼缝后，宜随手用电熨斗烫平压实；最后做漆饰处理。

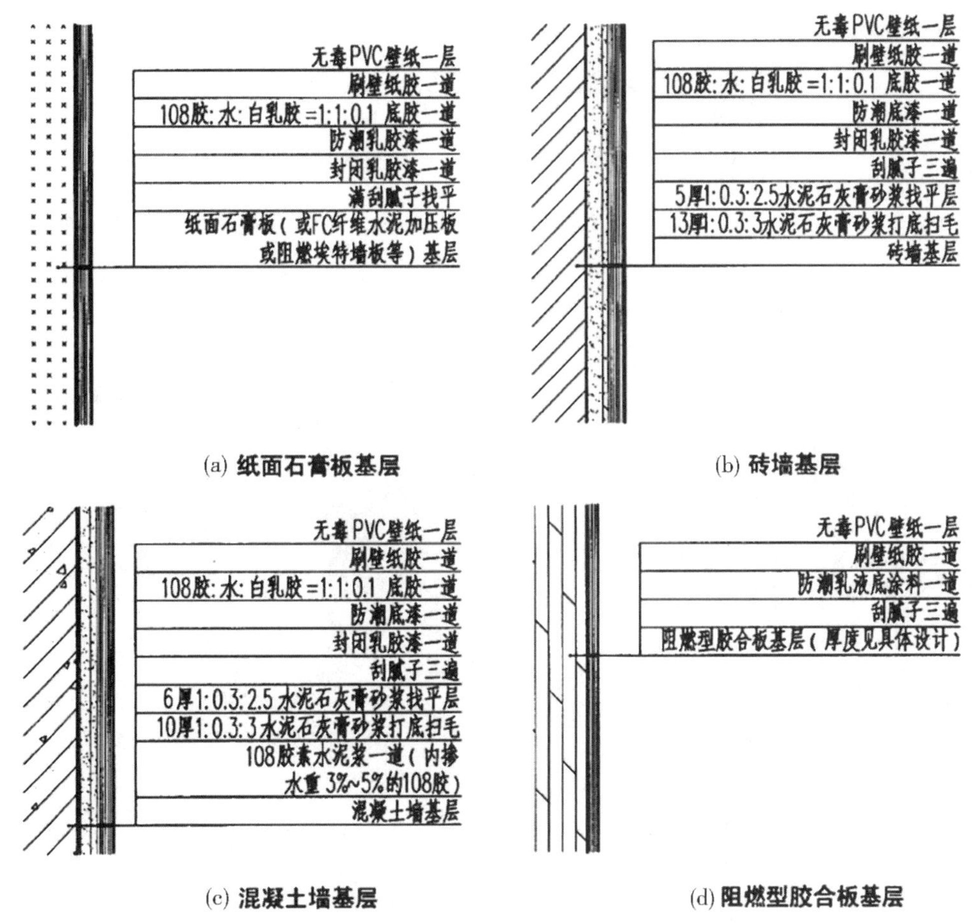

(a) 纸面石膏板基层　(b) 砖墙基层

(c) 混凝土墙基层　(d) 阻燃型胶合板基层

图 3.38　壁纸壁布饰面构造

(六)墙面装饰配件构造

1. 窗帘盒。

窗帘盒内吊挂窗帘的方式有三种：

(1)软线式，选用 Φ4 铅丝或包有塑料的各种软线吊挂窗帘。

(2)棍式，采用直径为 10 mm 的钢筋、铜棍或铝合金棍等吊挂窗帘布。

(3)轨道式，采用铜或铝制成的窗帘轨道，轨道上安装小轮来吊挂和移动窗帘。

窗帘盒多采用 20 mm 厚的木板制作，固定在过梁或其他结构构件上。当层高较低或者窗过梁下沿与顶棚在同一标高时，窗帘盒可以隐蔽在顶棚上，并固定在顶棚搁栅上。另外，窗帘盒还可以与照明灯具、灯槽结合布置。

2. 墙体变形缝。

变形缝分伸缩缝、沉降缝和抗震缝三种，墙体变形缝又有外墙变形缝和内墙变形缝两种。内墙变形缝按所处位置分为平墙变形缝、阴角变形缝和门洞变形缝三种。常用做法如图 3.39。

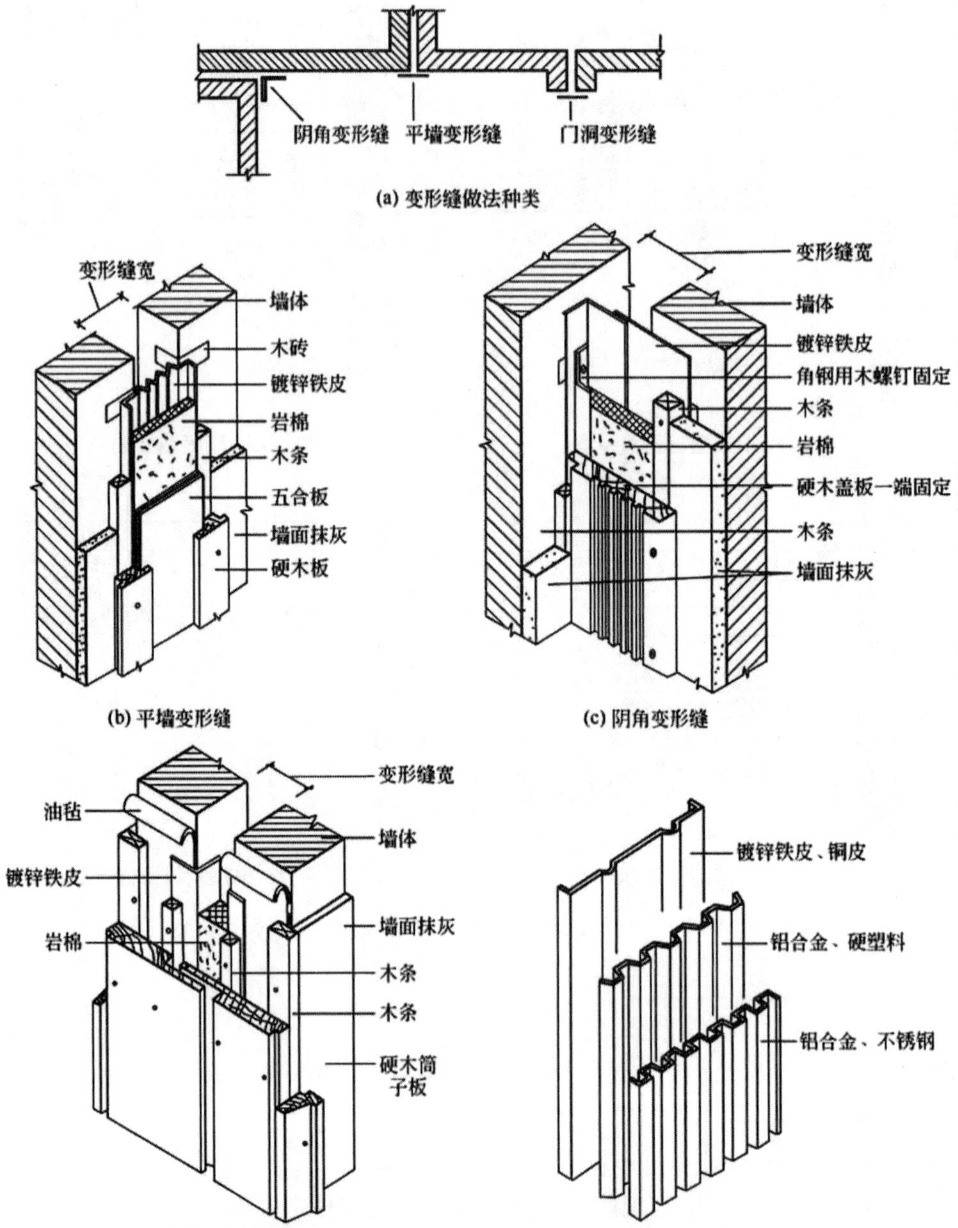

(a) 变形缝做法种类

(b) 平墙变形缝

(c) 阴角变形缝

(d) 门洞变形缝

(e) 金属变形缝盖板

图 3.39　内墙变形缝构造

四、民用建筑室内顶棚的装饰构造

(一)直接式顶棚装饰构造

1. 直接抹灰顶棚构造。

直接抹灰顶棚主要有纸筋灰抹灰、石灰砂浆抹灰、水泥砂浆抹灰等。

直接抹灰的构造做法是:先在顶棚的基层(楼板底)上,刷一遍纯水泥浆,然后用混合砂浆打底,再做面层。要求较高的房间,可在底板增设一层钢板网,在钢板网上再做抹灰,这种做法强度高、结合牢,不易开裂脱落。抹灰面的做法和构造与抹灰类墙面装饰相同。

2. 喷刷类顶棚构造。

喷刷类装饰顶棚是在上部屋面或楼板的底面上直接用浆料喷刷而成的。

对于楼板底较平整又没有特殊要求的房间，可在楼板底嵌缝后，直接喷刷浆料，其具体做法可参照涂刷类墙体饰面的构造。

有些要求较高、面积较小的房间顶棚面，也可采用直接贴壁纸、壁布及其他织物的饰面方法。裱糊类顶棚的具体做法与墙饰面的构造相同。

3. 直接式装饰板顶棚构造。

直接粘贴装饰板顶棚是直接将装饰板粘贴在经抹灰找平处理的顶板上。

直接铺设龙骨固定装饰板顶棚的构造做法与镶板类装饰墙面的构造相似，即在楼板底下直接铺设固定龙骨（龙骨间距根据装饰板规格确定），然后固定装饰板。如图 3.40 所示。

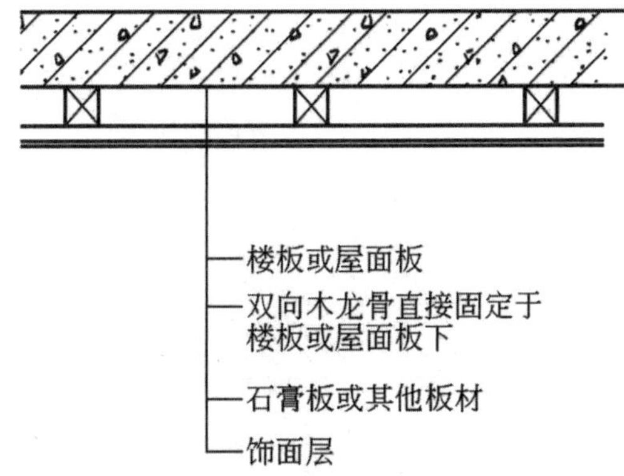

图 3.40　直接铺设龙骨类顶棚

4. 结构式顶棚构造。

将屋盖或楼盖结构暴露在外，利用结构本身的韵律做装饰，不再另做顶棚，称为结构式顶棚。结构式顶棚充分利用屋顶结构构件，并巧妙地组合照明、通风、防火、吸声等设备，形成和谐统一的空间景观。一般应用于体育馆、展览厅等大型公共性建筑中。

（二）悬吊式顶棚装饰构造

1. 悬吊式顶棚构造组成。

悬吊式顶棚在构造上一般由基层、面层、吊筋三大基本部分组成。

（1）顶棚吊筋。

吊筋可采用钢筋、型钢、镀锌铅丝或方木等。

（2）顶棚基层。

顶棚基层是一个由主龙骨、次龙骨（或称主搁栅、次搁栅）所形成的网格骨架体系。

常用的顶棚龙骨分为木龙骨和金属龙骨两种，龙骨断面视其材料的种类、是否上人和面板做法等因素而定。

①木基层。

木基层由主龙骨、次龙骨、横撑龙骨三部分组成。其中龙骨组成的骨架可以是单层的，也可以是双层的，固定板材的次龙骨通常双向布置，如图 3.41 和图 3.42 所示。

②金属基层。

金属基层常见的有轻钢、铝合金和普通型钢等。

轻钢龙骨由大龙骨、中龙骨、小龙骨、横撑龙骨及各种连接件组成。其中大龙骨，按其承载能力分

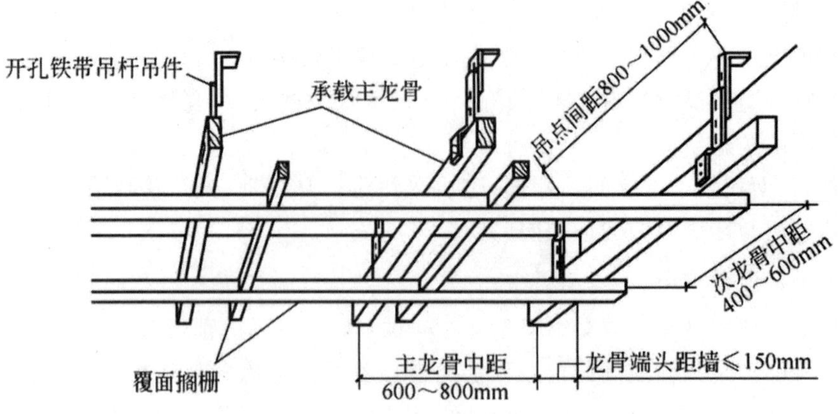

图 3.41 双层骨架构造

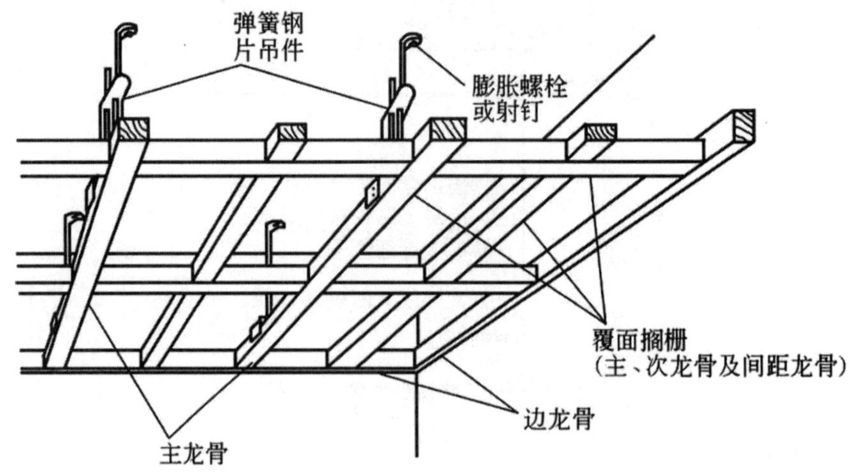

图 3.42 单层骨架构造

为三级:轻型大龙骨不能承受上人荷载;中型大龙骨能承受偶然上人荷载,也可在其上铺设简易检修走道;重型大龙骨能承受上人的 800N 集中荷载,可在其上铺设永久性检修走道。图 3.43 为轻钢龙骨配件组合示意图。

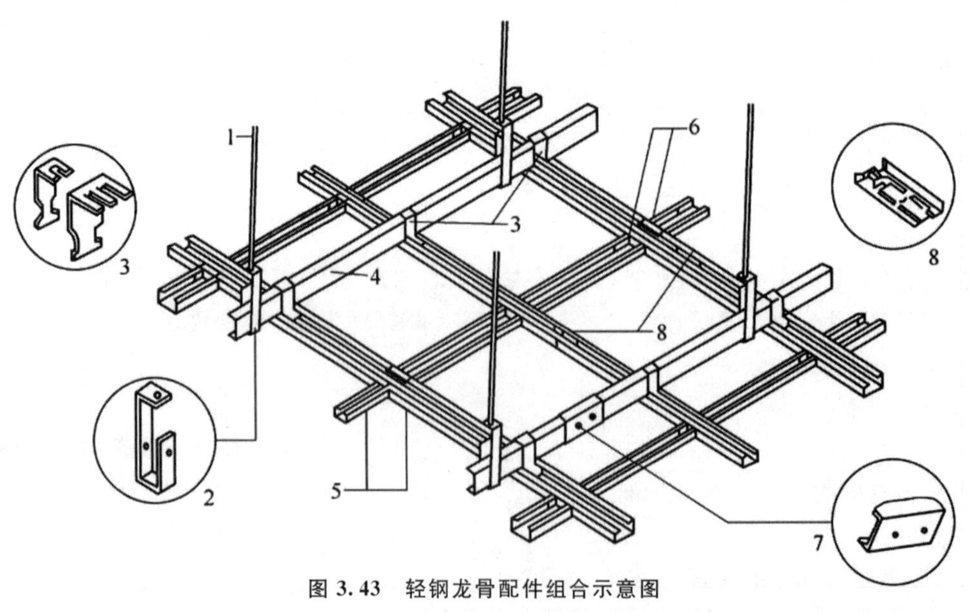

图 3.43 轻钢龙骨配件组合示意图

1—吊筋 2—吊件 3—挂件 4—主龙骨 5—次龙骨 6—龙骨支托(挂插件) 7—连接件 8—插接件

铝合金龙骨常用的有T形、U形、LT形及特制龙骨。应用最多的是LT形龙骨。LT形龙骨主要由大龙骨、中龙骨、小龙骨、边龙骨及各种连接件组成。

(3)顶棚面层。

顶棚面层的作用是装饰室内空间,面层的构造设计通常要结合灯具、风口布置等一起进行。顶棚面层又分为抹灰类、板材类和搁栅类。最常用的是板材类。

2.常见悬吊式顶棚构造。

(1)板条抹灰顶棚装饰构造。

板条抹灰是采用木材作为木龙骨和木板条,在板条上抹灰。板条间隙8～10 mm,两端均应钉固在次龙骨上,不能悬挑,板条头宜错开排列,以免因板条变形、石灰干缩等原因造成抹灰开裂。板条抹灰一般采用纸筋灰或麻刀灰,抹灰后再粉刷。如图3.44所示。

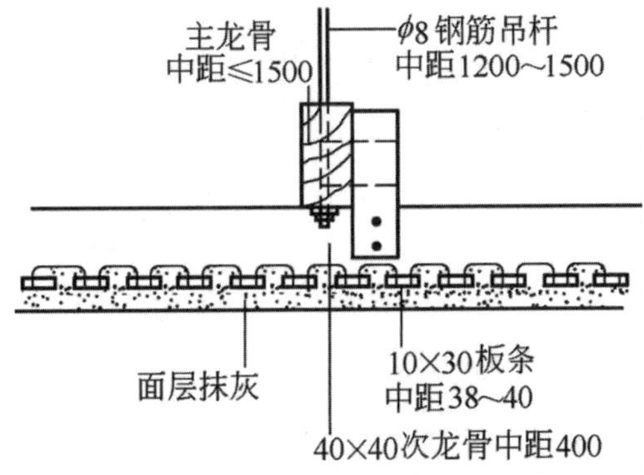

图3.44　板条抹灰顶棚

(2)钢板网抹灰顶棚装饰构造。

钢板网抹灰顶棚采用金属制品作为顶棚的骨架和基层。如图3.45所示。

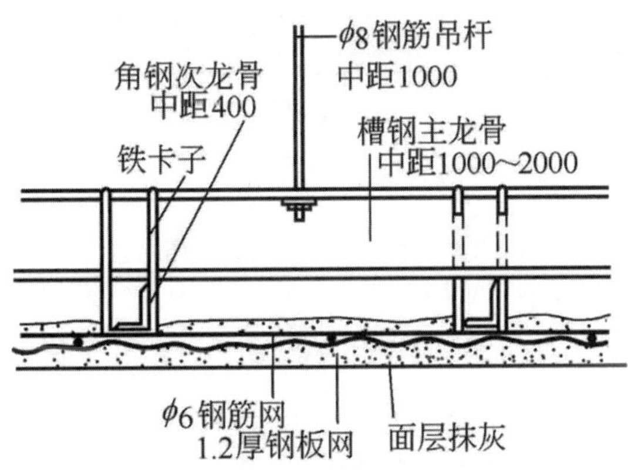

图3.45　钢板网抹灰顶棚

(3)石膏板顶棚装饰构造。

石膏板吊顶常采用薄壁轻钢做龙骨,板材固定在次龙骨上的方式有挂结方式、卡结方式和钉结方式三种。如图3.46所示。

(4)矿棉纤维板和玻璃纤维板顶棚装饰构造。

矿棉纤维板和玻璃纤维板规格为方形和矩形,一般采用轻型钢或铝合金T形龙骨,有平放搁置(暴露骨架)、企口嵌缝(部分暴露骨架或隐蔽骨架)和复合黏结(隐蔽骨架)三种构造方法。如图3.47所示。

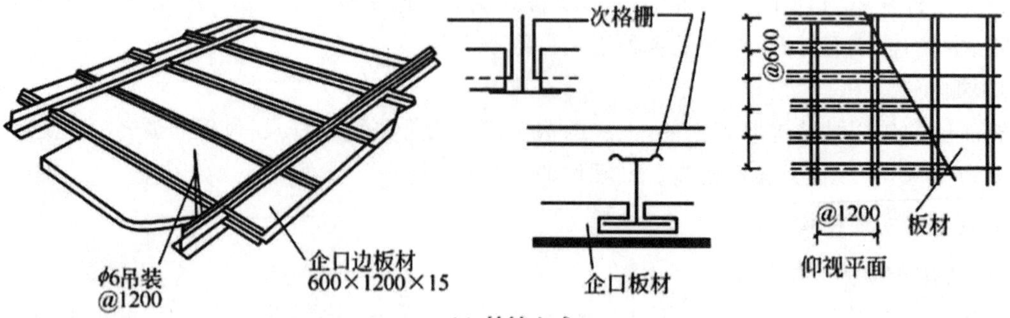

(a) 挂结方式

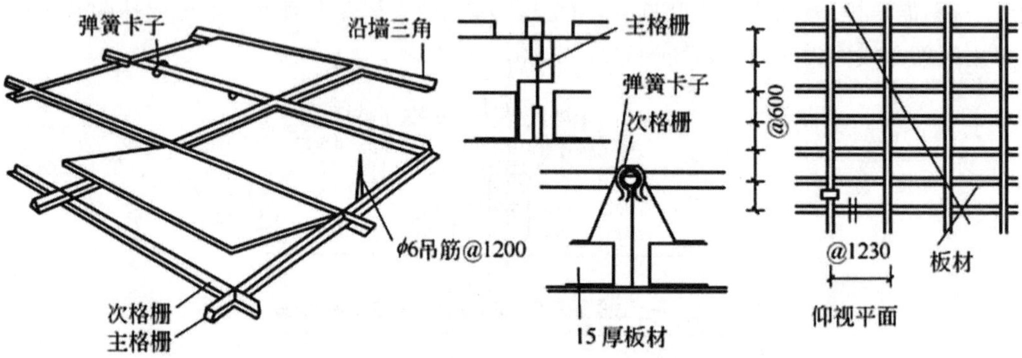

(b) 卡结方式

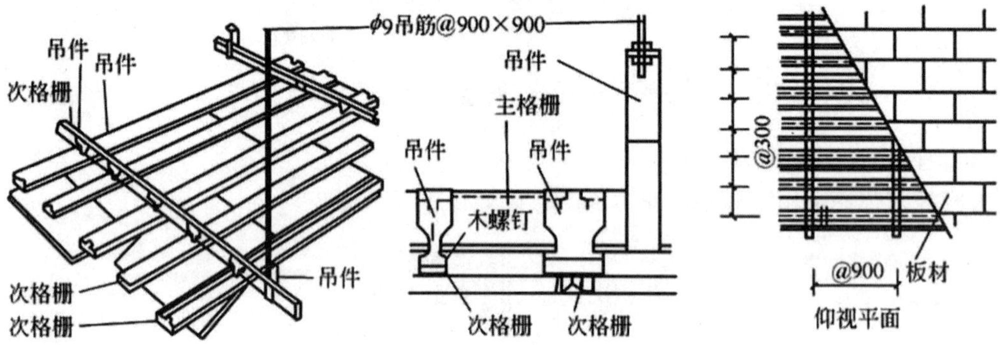

(c) 钉结方式

图 3.46　轻龙骨石膏板材顶棚构造

(5)金属板顶棚装饰构造。

①金属条板顶棚装饰构造。

金属条板顶棚条板与条板相接处的板缝处理分开放型和封闭型两种类型。

金属条板顶棚属于轻型不上人的顶棚，当顶棚上承受重物或上人检修时，一般采用以角钢(或圆钢)代替轻便吊筋，并增加一层 U 形(或 C 形)主龙骨(双层主龙骨)的方法。图 3.48 所示为铝合金条板顶棚构造。

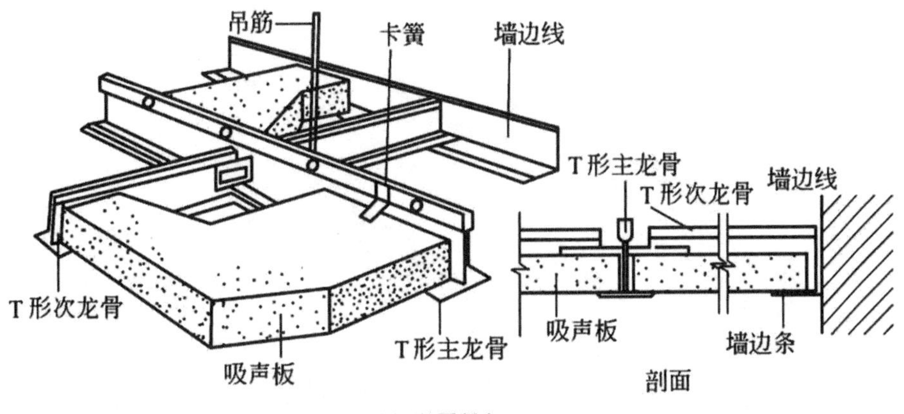

(a) 暴露骨架

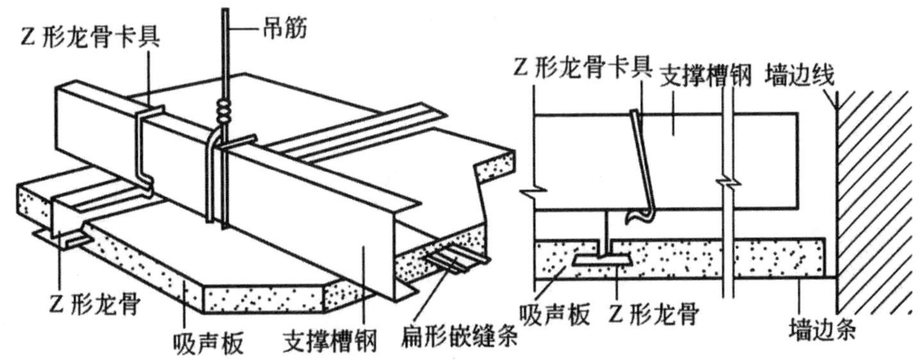

(b) 隐蔽骨架

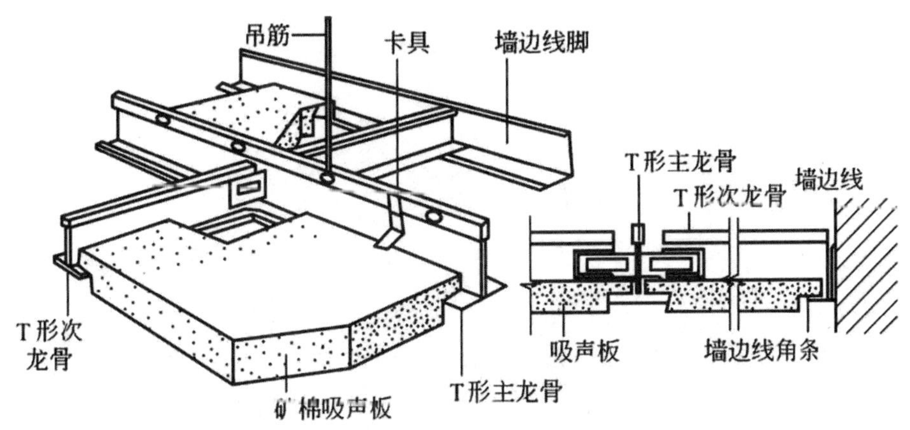

(c) 部分暴露骨架

图 3.47　矿棉纤维板顶棚构造

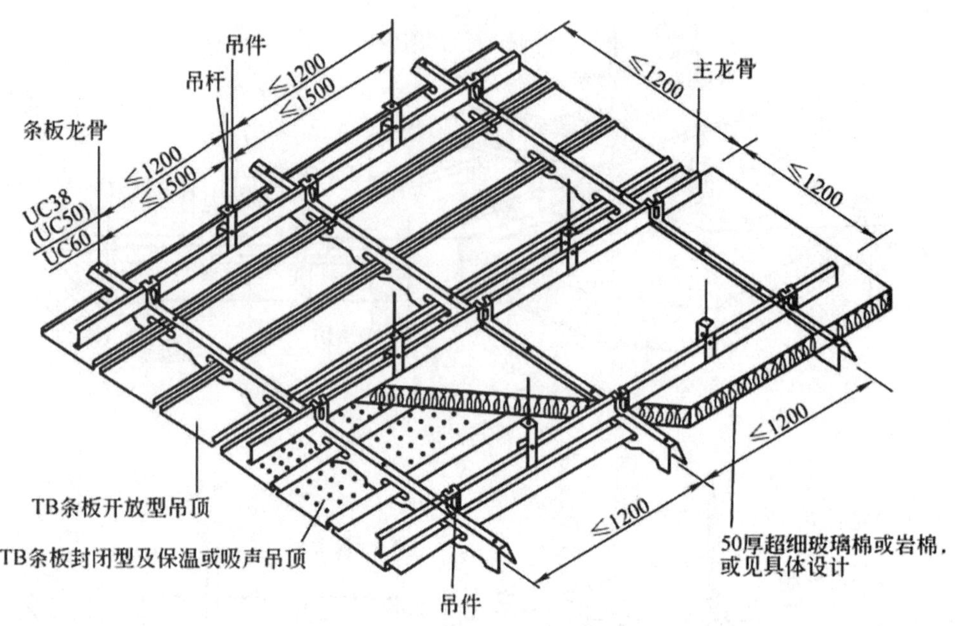

图 3.48 铝合金条板顶棚构造

②金属方板顶棚装饰构造。

金属方板顶棚以各种造型不同的方形板及一套特殊的专用龙骨系统构造而成的。金属方板安装的构造有龙骨式和卡入式两种。龙骨式多为T形龙骨、方板四边带翼缘，搁置后形成格子形离缝。如图3.49所示为铝合金方板顶棚构造。

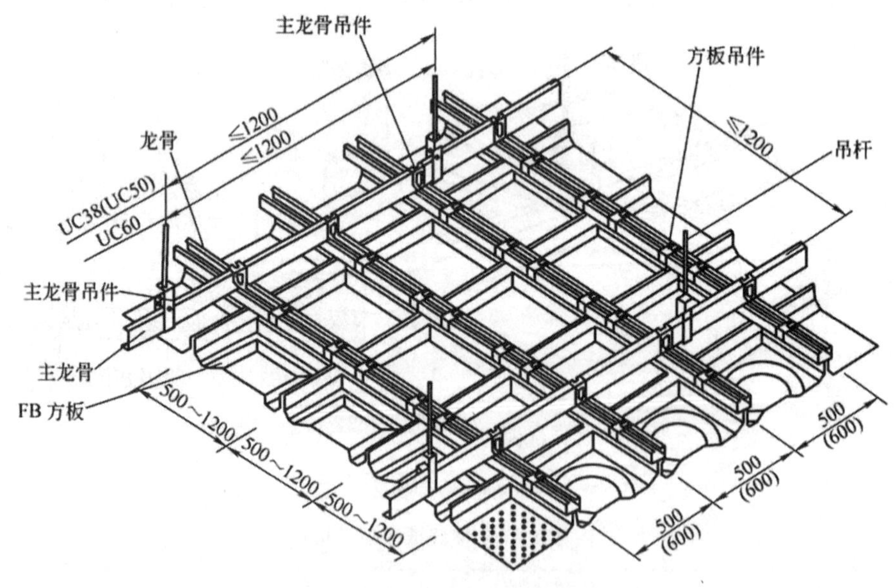

图 3.49 铝合金方板顶棚构造

③透光材料顶棚装饰构造。

透光材料顶棚灯具与饰面板必须保持必要的距离，占据一定的空间高度。如图3.50所示。

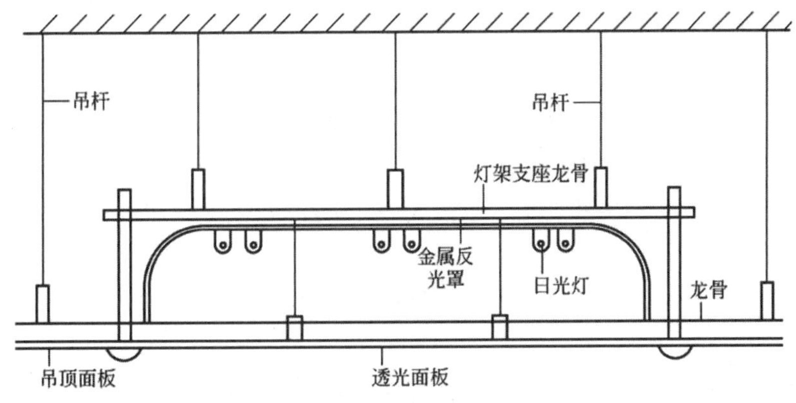

图 3.50　透光材料顶棚构造

(四)格栅类顶棚装饰构造

格栅类顶棚是通过一定的单体构件组合而成的,预拼安装的单体构件是通过插接、挂接或榫接的方法连接在一起的,如图 3.51 所示。

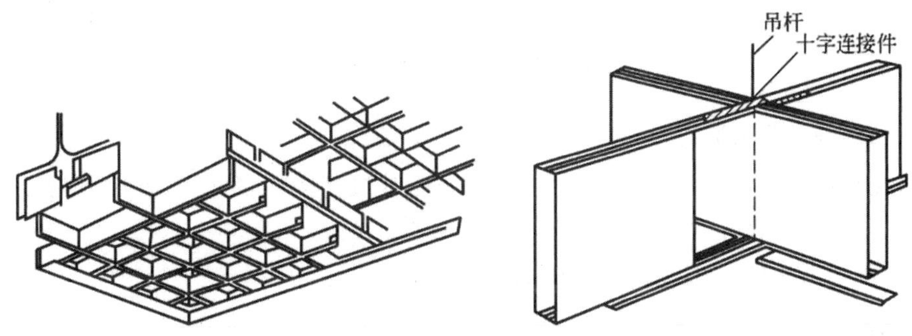

图 3.51　单体构件连接构造

格栅类吊顶的安装构造,可分为两种类型:一种是直接固定法,将单体构件固定在可靠的骨架上,然后再将骨架用吊筋与结构相连。如图 3.52(a)所示。另一种是间接固定法,对于用轻质、高强材料制成的单体构件,不用骨架支持,而直接用吊筋与结构相连,这种预拼装的标准构件的安装简单。在实际工程中,为了减少吊筋的数量,通常先将单体构件用卡具连成整体,再通过通长的钢管与吊筋相连。如图 3.52(b)所示。

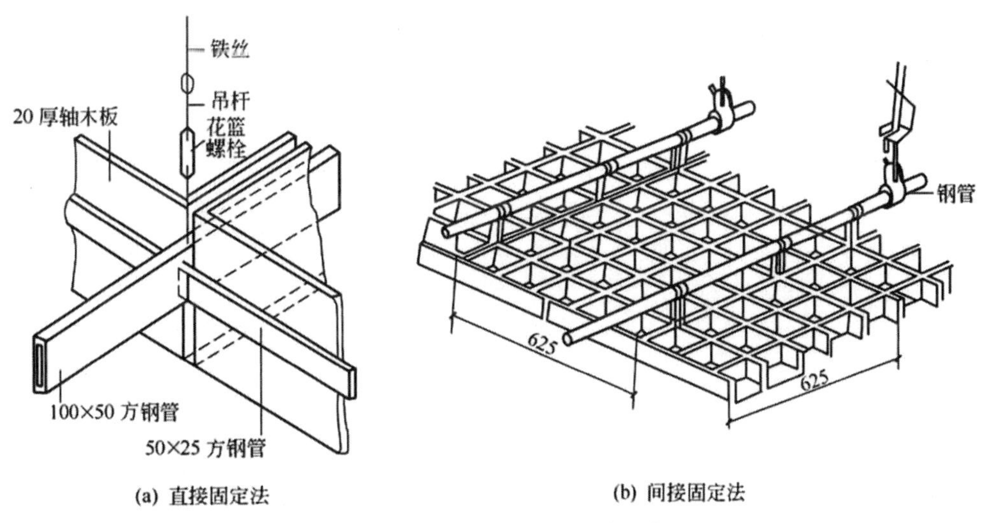

图 3.52　格栅类吊顶的安装构造

1. 木格栅顶棚装饰构造。

木结构单体构件形式分为：

(1)单板方框式。通常是用宽度为 120～200 mm、厚度为 9～15 mm 的木胶合板拼接而成，板条之间采用凹槽插接。如图 3.53(a)所示。

(2)骨架单板方框式。这种构件是用方木做成框骨架，然后将按设计要求加工成的厚木胶合板与木骨架固定。如图 3.53(b)所示。

(3)单条板式。这种构件是用实木或厚木胶合板加工成木条板。如图 3.53(c)所示。

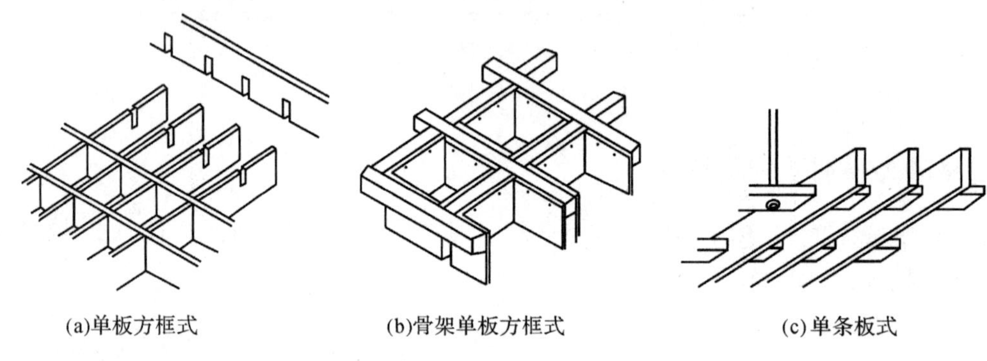

图 3.53 木结构单体构件

2. 金属格栅顶棚装饰构造。

在金属格栅顶棚中应用最多的是铝合金单体构件，其造型多种多样，有方块形铝合金单体、方筒形铝合金单体、圆筒形铝合金单体、花片形铝合金单体等。

图 3.54 所示为方块形铝合金格栅吊顶构造。

(五)顶棚特殊部位构造

1. 顶棚与墙面连接构造。

顶棚与墙体的固定方式随顶棚形式和类型的不同而不同，通常采用在墙内预埋铁件或螺栓、预埋木砖，通过射钉连接和龙骨端部伸入墙体等构造方法。

端部造型处理形式交接处的边缘线条一般还需另加木制或金属装饰压条处理，可与龙骨相连，也可与墙内预埋件连接。如图 3.55 所示。

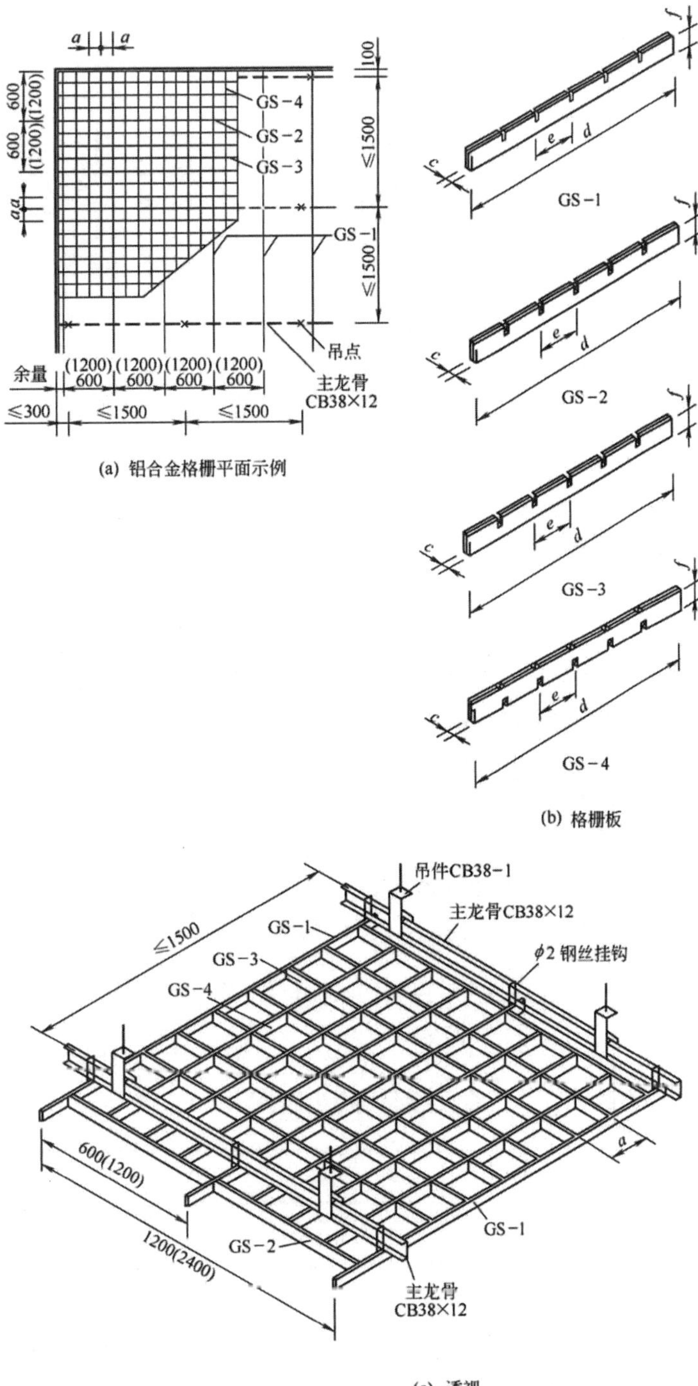

(a) 铝合金格栅平面示例

(b) 格栅板

(c) 透视

图 3.54　方块形铝合金搁栅吊顶构造

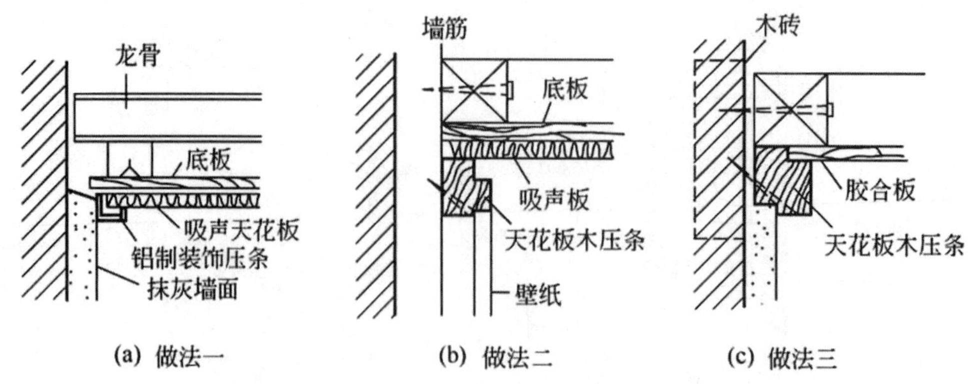

图 3.55 顶棚边缘装饰压条做法

2. 灯具、喇叭、窗帘槽的构造。

嵌入式灯具应在需要安装灯具的位置，用龙骨按灯具的外形尺寸围合成孔洞边框，此边框既作为灯具安装的连接点，也作为灯具安装部位局部补强龙骨，如图 3.56 所示。

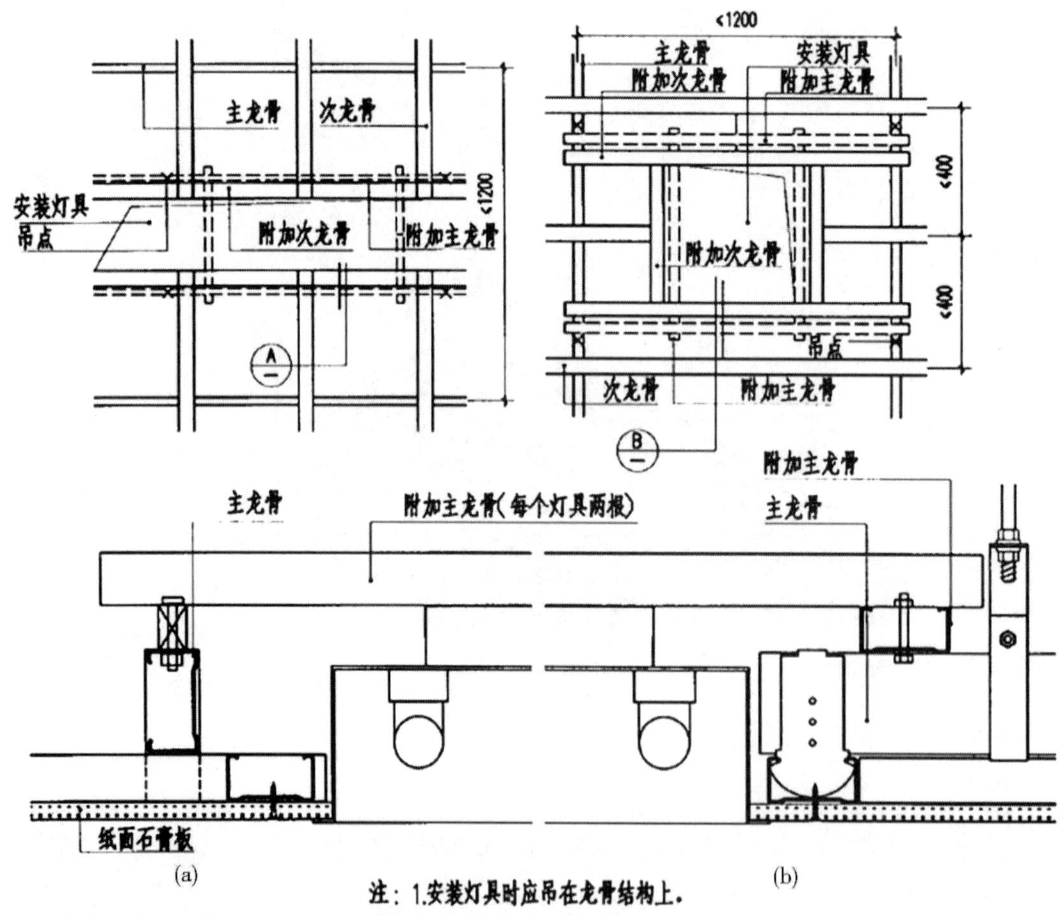

图 3.56 几种灯具与顶棚的连接构造

吊灯是通过吊杆或吊索悬挂在顶棚下面，吊灯可安装在结构层上、次龙骨上或补强龙骨上。若为吊顶棚，可在安装顶棚的同时安装吊灯，吊杆可直接固定在天花板次龙骨上或者次龙骨间附加龙骨上。

吸顶灯、筒灯、喇叭及窗帘槽的构造如图 3.57 所示。

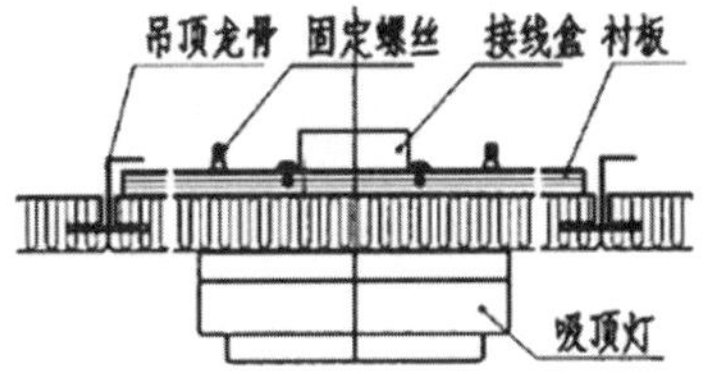

注：重5Kg以下的灯具应加衬板（防绝缘的板便宜），衬板可用1.2mm厚纸面石膏板5mm厚纤维水泥加压板制作

(a) 吸顶式灯具安装

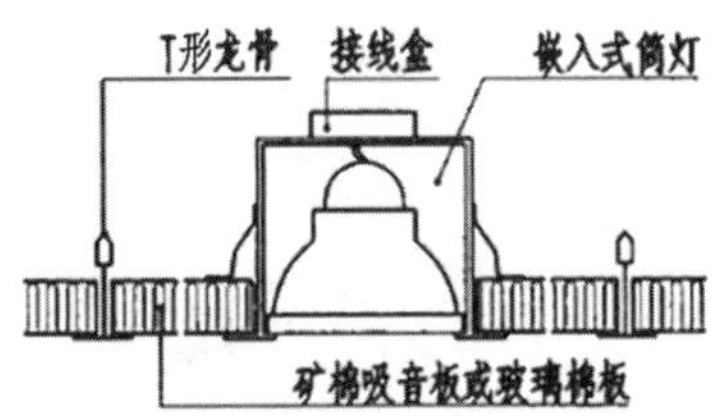

注：重1500g以下的筒灯可直接安装在矿棉吸音板上。
玻璃纤维高级天花则应在开洞边缘刷封边胶，同时加一层衬板（9.5mm厚纸面石膏板或5mm厚纤维水泥加压板）
安装开孔=灯具外径+10mm

(b) 嵌入式筒灯安装

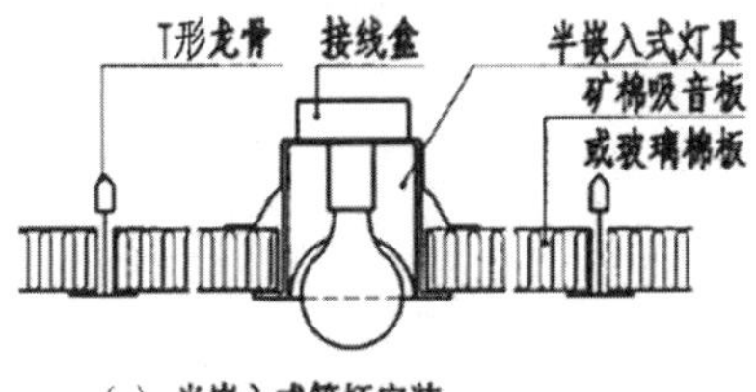

注：重500g以下的半嵌入式筒灯可直接安装在矿棉吸音板上。
玻璃纤维高级天花则应在开洞边缘刷封边胶，同时加一层衬板（9.5mm厚纸面石膏板或5mm厚纤维水泥加压板）
安装开孔=嵌入部分外径+10mm

(c) 半嵌入式筒灯安装

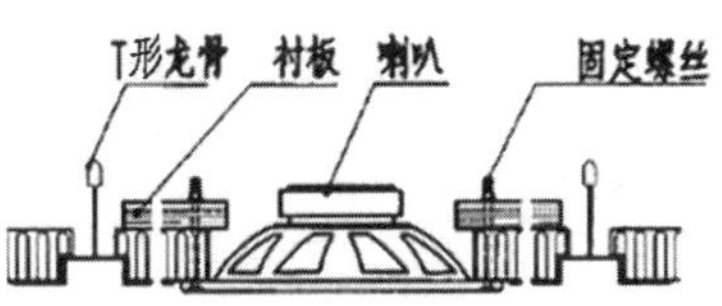

注：安装天花喇叭应在饰面板背面粘贴一相同大小的衬板，衬板可用12mm厚纸面石膏板5mm厚纤维水泥加压板
以上所有衬板也可用7mm厚胶合板制作，但需做防火处理。

(d) 嵌入式喇叭安装

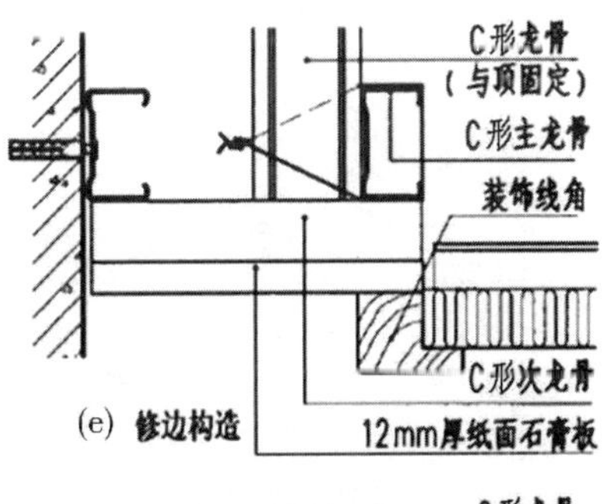

注：由于室内开间进深往往与矿棉板不是整倍数，到边缘处须裁边，有的剩下不到整板的1/2很不好看，碰到这种情况可采用本构造，将不是整板的部分用轻钢龙骨石膏板收边。

(e) 修边构造

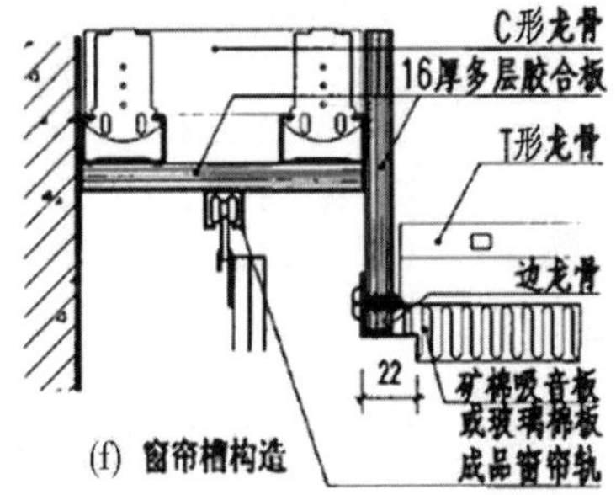

(f) 窗帘槽构造

图 3.57　吸顶灯、筒灯、喇叭及窗帘槽的构造

3. 顶棚与检修孔连接构造。

顶棚检修孔的设置与构造分上人与不上人两种。不上人检修孔如图 3.58 所示，上人检修孔如 3.59 所示。

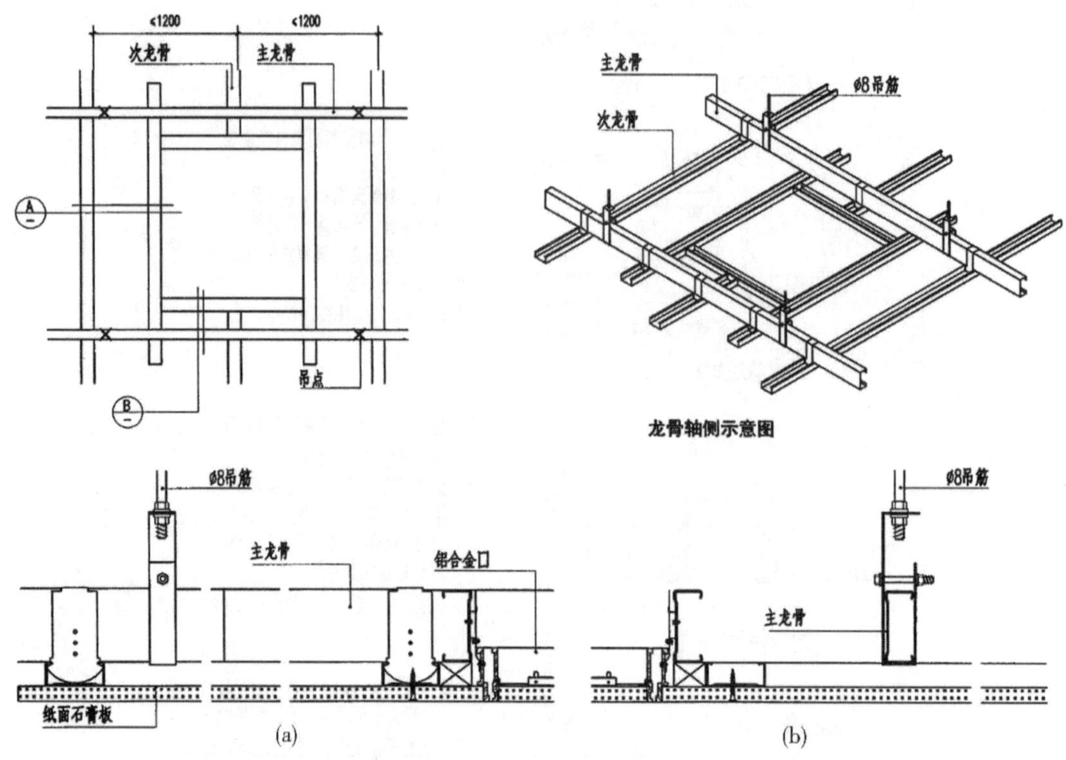

图 3.58 不上人检修孔构造

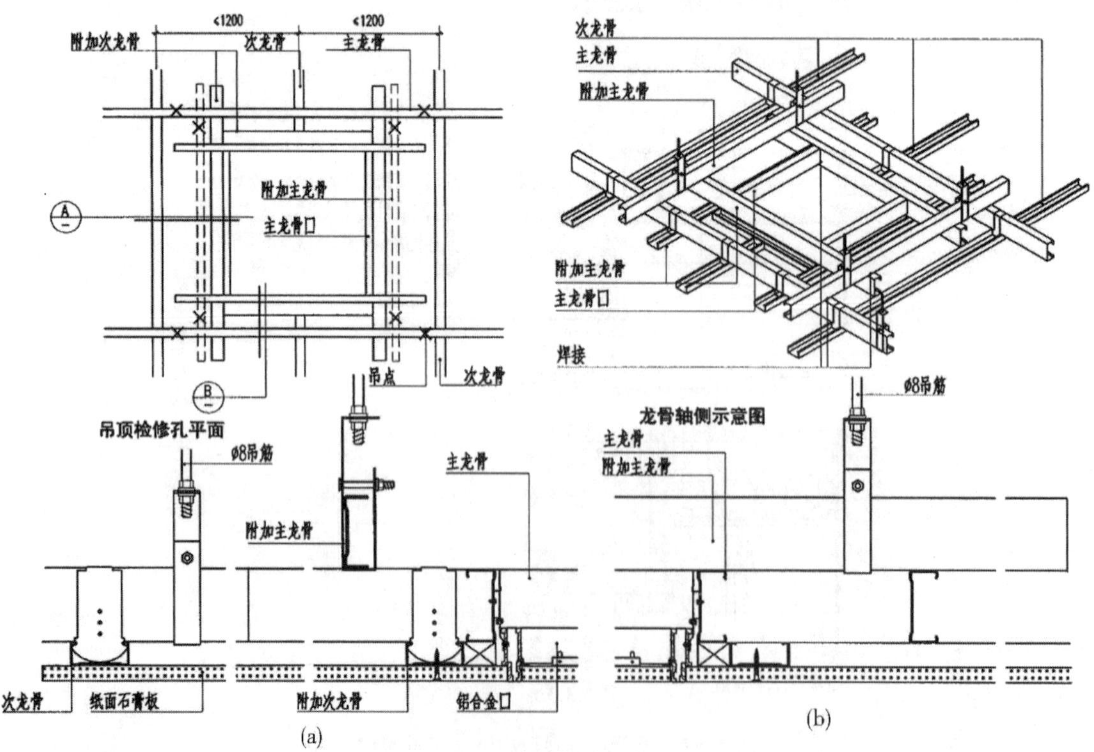

图 3.59 上人检修孔构造

4. 不同材质顶棚连接构造。

同一顶棚上采用不同材质装饰材料的交接处收口做法有两种：压条过渡收口和高低差过渡处理法。如图 3.60 所示。

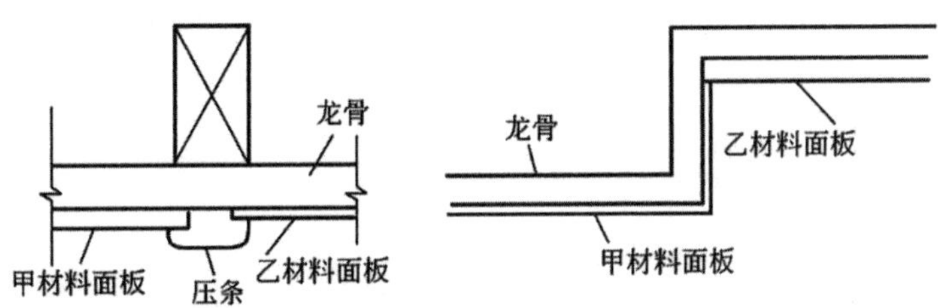

图 3.60　不同材质顶棚交接收口构造做法

5. 不同高度顶棚连接构造。

顶棚往往都要通过高低差变化来达到限定空间、丰富造型、满足音响及照明设备的安置等其他特殊要求的目的。图 3.61 为高低差的典型处理方法。

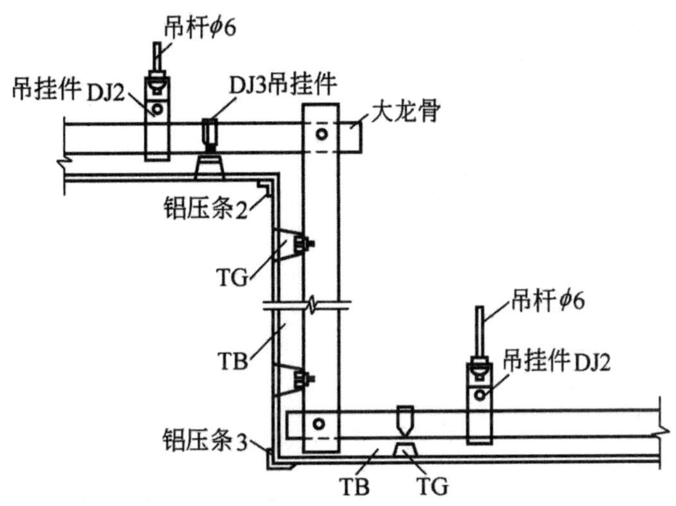

图 3.61　铝合金吊顶高低差做法构造

6. 自动消防设备安装构造。

消防给水管道在吊顶上的安装，应按照安装位置用膨胀螺栓固定支架，放置消防给水管道，然后安装顶棚龙骨和顶棚面板，留置自动喷淋头、烟感器安装口。

自动喷淋头和烟感器必须安装在吊顶平面上。自动喷淋头必须通过吊顶平面与自动喷淋系统的水管相接，喷淋头周围不能有遮挡物。如图 3.62 所示。

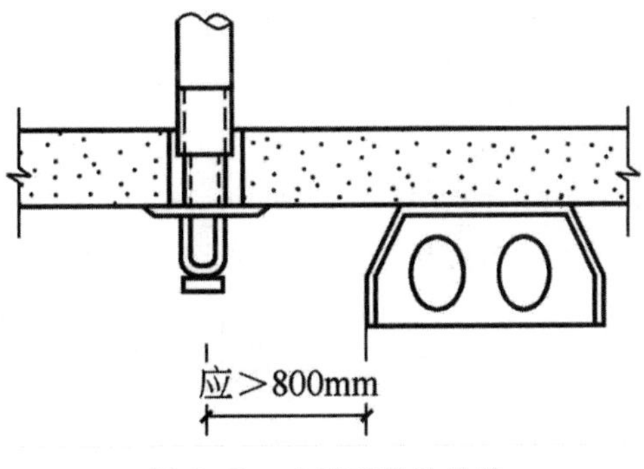

图 3.62　自动喷淋头构造

7. 顶棚内检修通道构造。

(1)简易马道。

采用 30 mm×60 mm 的 U 形龙骨两根，槽口朝下固定于顶棚的主龙骨，吊杆直径为 8 mm，并在吊杆焊 30 mm×30 mm×3 mm 的角钢做水平栏杆扶手，高度 600 mm。如图 3.63(a)所示。

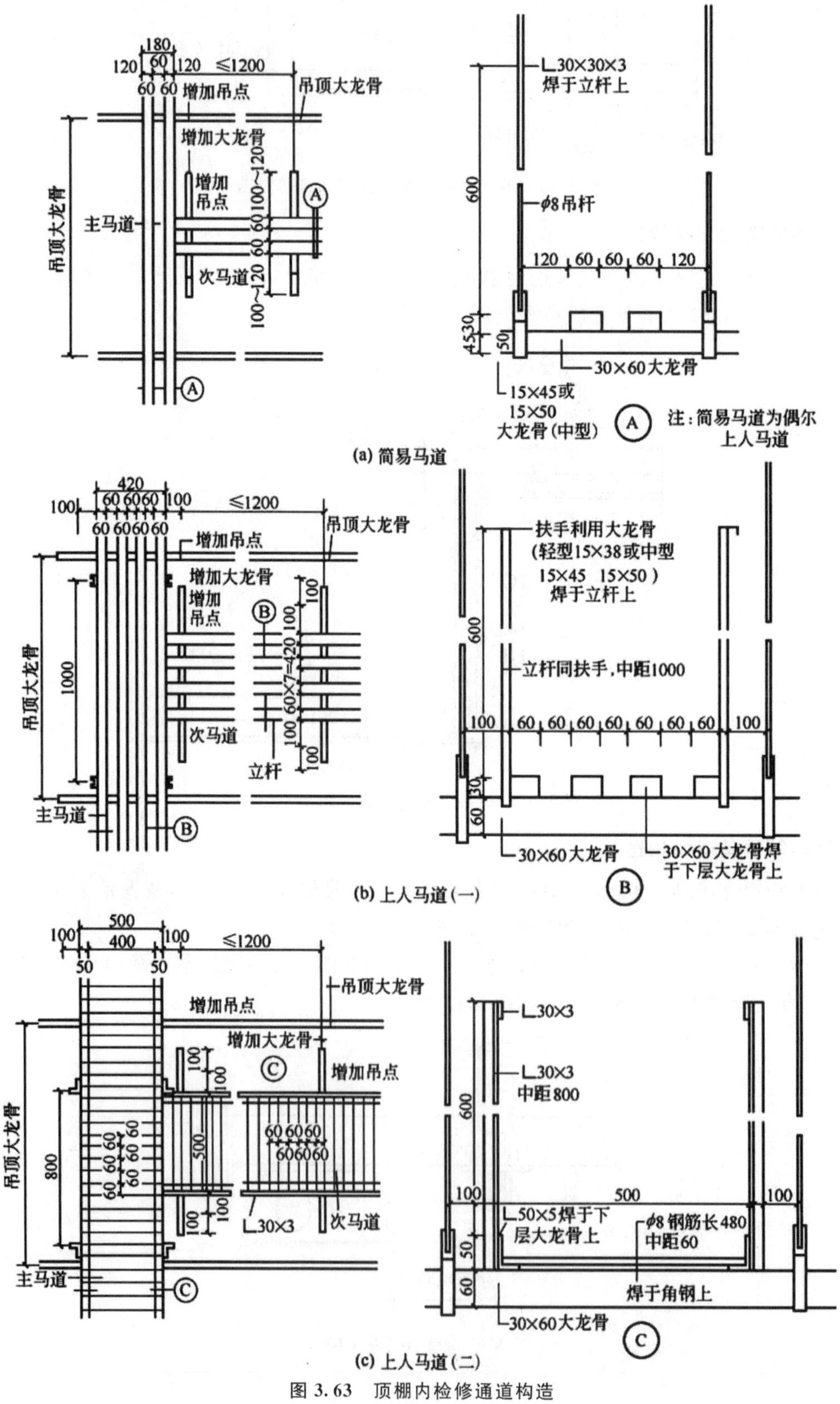

(a) 简易马道

(b) 上人马道(一)

(c) 上人马道(二)

图 3.63　顶棚内检修通道构造

(2)普通马道。

采用 30 mm×60 mm 的 U 形龙骨 4 根，槽口朝下固定于吊顶的主龙骨上，设立杆和扶手，立杆中距 1000 mm，扶手高 600 mm，如图 3.63(b)所示。或者采用 8 mm 圆钢按中距 60 mm 做踏面材料，圆钢焊于两端 50 mm×5 mm 的角钢上，设立杆和扶手，立杆中距 800 mm，扶手高 600 mm，如图 3.63(c)所示。

五、民用建筑室内常用门窗的装饰构造

(一)门窗五金件

门窗五金件主要有：拉手、合页、插销、锁具、滑轮、滑轨、自动闭门器、门档等。

1. 拉手和门锁。

拉手是安装在门上，便于开启操作的器具，一般有普通拉手、底板拉手、管子拉手、铜管拉手、不锈钢双管拉手、方形大门拉手、双排(三排、四排)铝合金拉手、铝合金推板拉手等，可根据造型需要选用。

2. 自动闭门器。

自动闭门器分液压式自动闭门器和弹簧式自动闭门器两类。

3. 门档。

防止门扇、拉手碰撞墙壁而设置的装置。

4. 门窗定位器。

门窗定位器一般装于门窗扇的中部或下部，作为固定门窗扇的有风钩、脚踏门挚和磁力定门器等。

5. 合页。

一般有普通合页、插芯合页、轻质薄合页、方合页、抽心合页等。

(二)木门窗装饰构造

1. 夹板门。

夹板门的门扇中间为轻型骨架，双面粘贴薄板。其构造如图 3.64 所示。

2. 实木门。

实木门一般分为实木拼板门、实木镶板门、实木框架玻璃门和实木雕刻门。

实木拼板门是用较厚的条形木板拼接成门扇。

实木镶板门、实木框架玻璃门与实木雕刻门的共同之处在于门扇是由边梃、冒头及门芯板组成。若门芯镶入木板即为实木镶板门，若门芯镶入玻璃即成实木框架玻璃门，若在门芯镶入的木板上雕刻图案造型即成实木雕刻门。图 3.65 为实木镶板门构造。

3. 推拉木门。

推拉木门是指门扇用左右推拉的方式启闭，分暗装式和明装式两种。推拉门必须设置吊轨和地轨，暗装式是将轨道隐藏于墙体夹层内，明装式是将轨道安装在墙面上用装饰板遮挡。

推拉门的门扇可以做成镶板门、镶玻璃门、夹板门、花格门等。构造如图 3.66 所示。

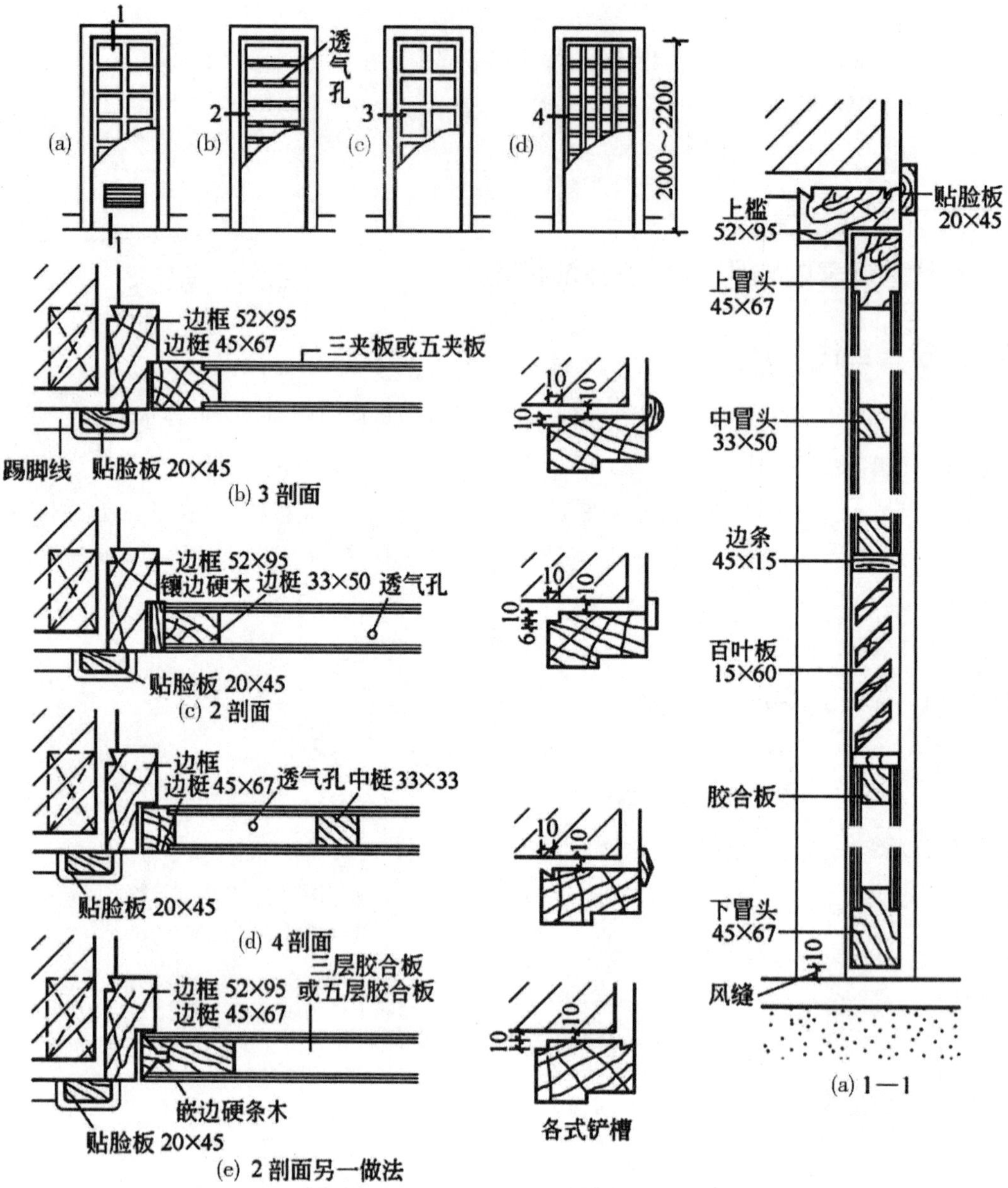

(a) (b) (c) (d)

透气孔

2000~2200

上槛 52×95

贴脸板 20×45

上冒头 45×67

中冒头 33×50

边条 45×15

百叶板 15×60

胶合板

下冒头 45×67

风缝

(a) 1—1

边框 52×95

边梃 45×67

三夹板或五夹板

踢脚线

贴脸板 20×45

(b) 3 剖面

边框 52×95

镶边硬木 边梃 33×50 透气孔

贴脸板 20×45

(c) 2 剖面

边框

边梃 45×67 透气孔 中梃 33×33

贴脸板 20×45

(d) 4 剖面

边框 52×95

边梃 45×67

三层胶合板或五层胶合板

嵌边硬条木

贴脸板 20×45

(e) 2 剖面另一做法

各式铲槽

图 3.64 夹板门构造

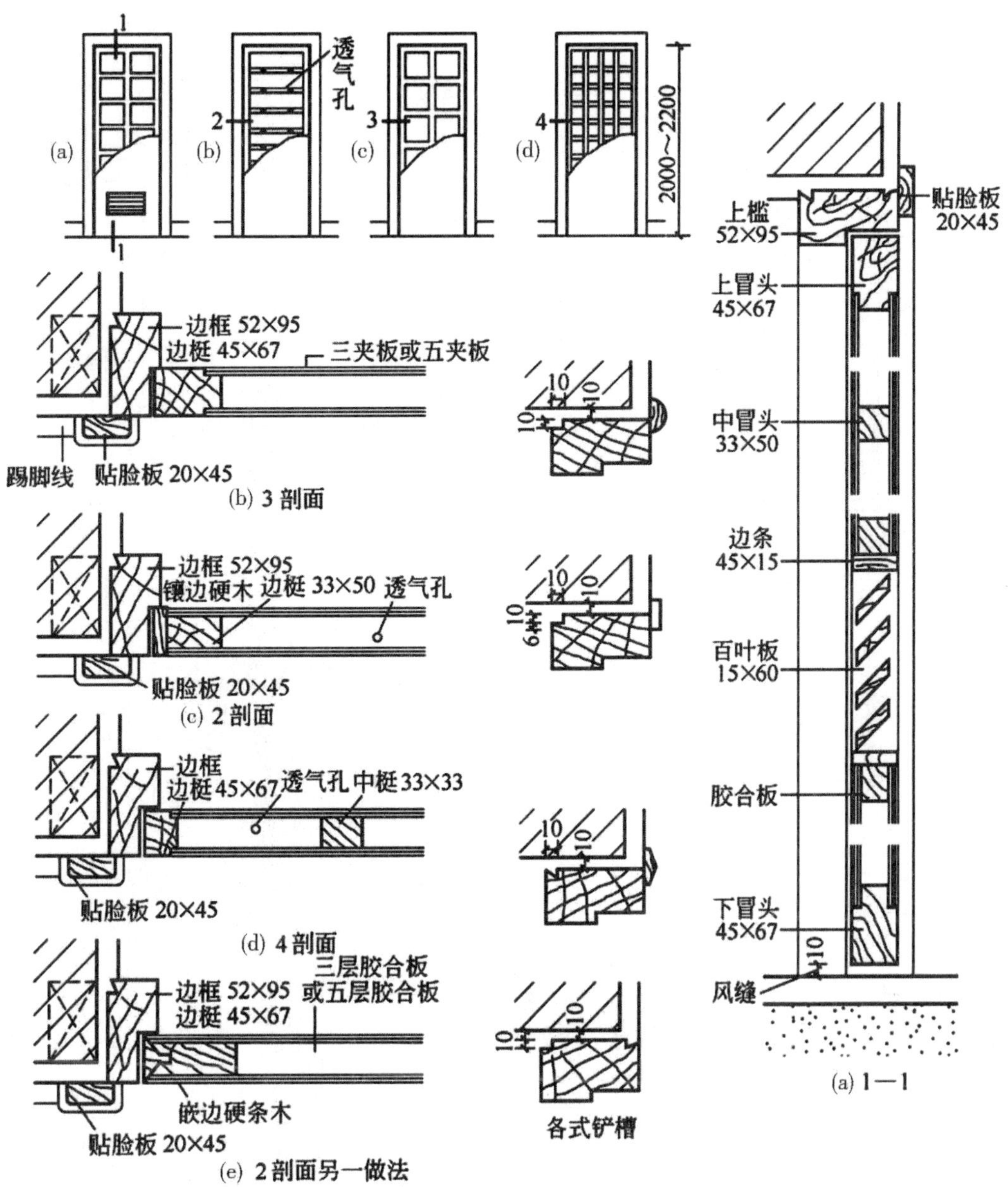

图 3.65 实木镶板门构造

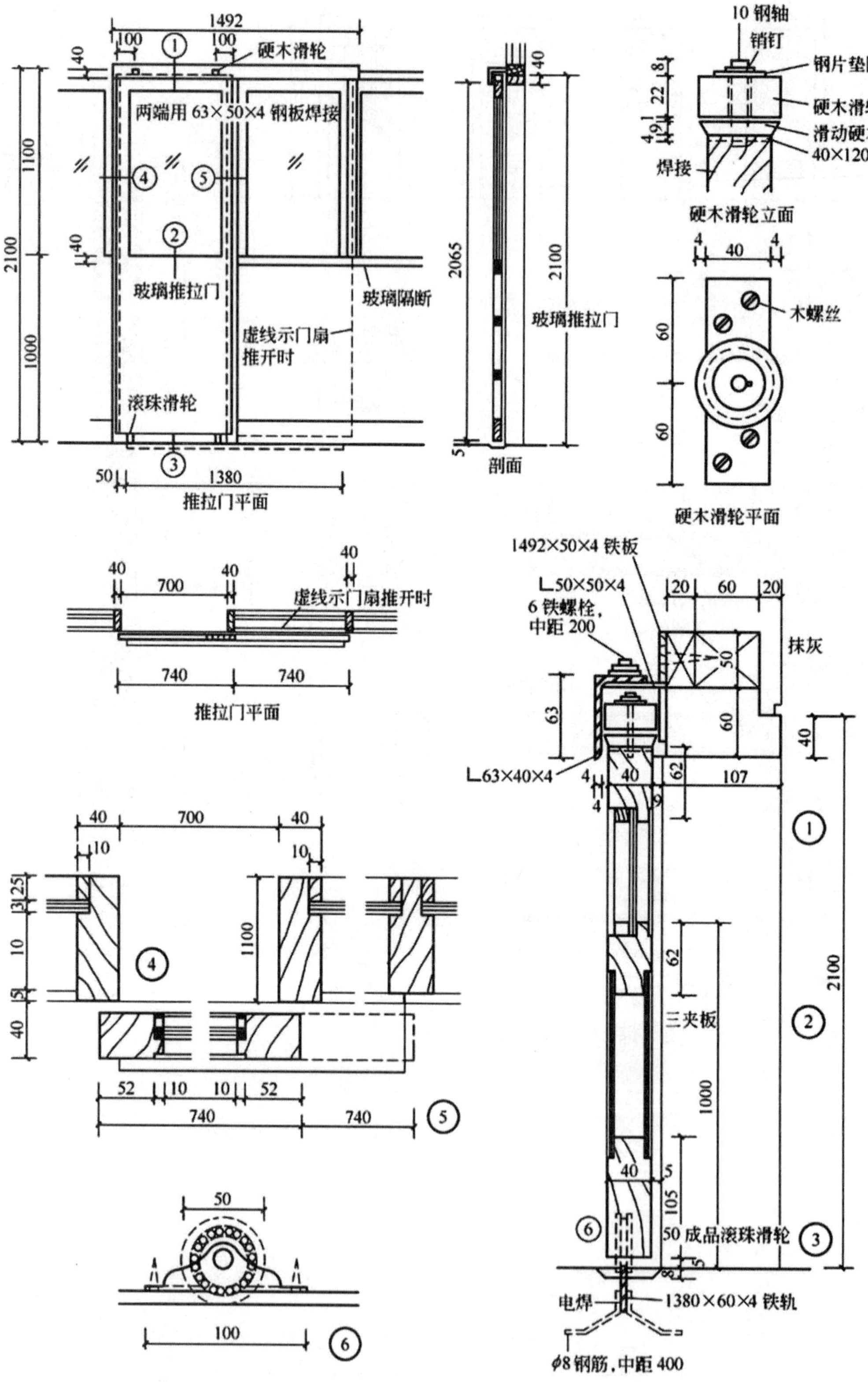
1492
硬木滑轮
两端用 63×50×4 钢板焊接
玻璃推拉门
玻璃隔断
虚线示门扇
推开时
滚珠滑轮
50
1380
推拉门平面
2065
2100
玻璃推拉门
剖面
10 钢轴
销钉
钢片垫圈
硬木滑轮
滑动硬木垫
40×120×4
焊接
硬木滑轮立面
木螺丝
硬木滑轮平面
700
740
虚线示门扇推开时
推拉门平面
1492×50×4 铁板
∟50×50×4
6 铁螺栓,
中距 200
抹灰
∟63×40×4
107
三夹板
1000
50 成品滚珠滑轮
电焊
1380×60×4 铁轨
ϕ8 钢筋,中距 400

图 3.66 推拉门构造

(三)全玻璃门装饰构造

1. 厚玻璃装饰门。

厚玻璃装饰门又称无框玻璃门，是用厚玻璃板做门扇，仅设置上下冒头及连接门轴，而不设置边梃。玻璃一般为 12 mm 的厚质平板白玻璃、雕花玻璃及彩印图案玻璃等，具体厚度视门扇的尺寸而定；上下冒头和门框均采用不锈钢或钛合金板罩面，拉手也用不锈钢或钛合金成品件；用地弹簧作为固定连接与开启门扇的装置。如图 3.67 所示。

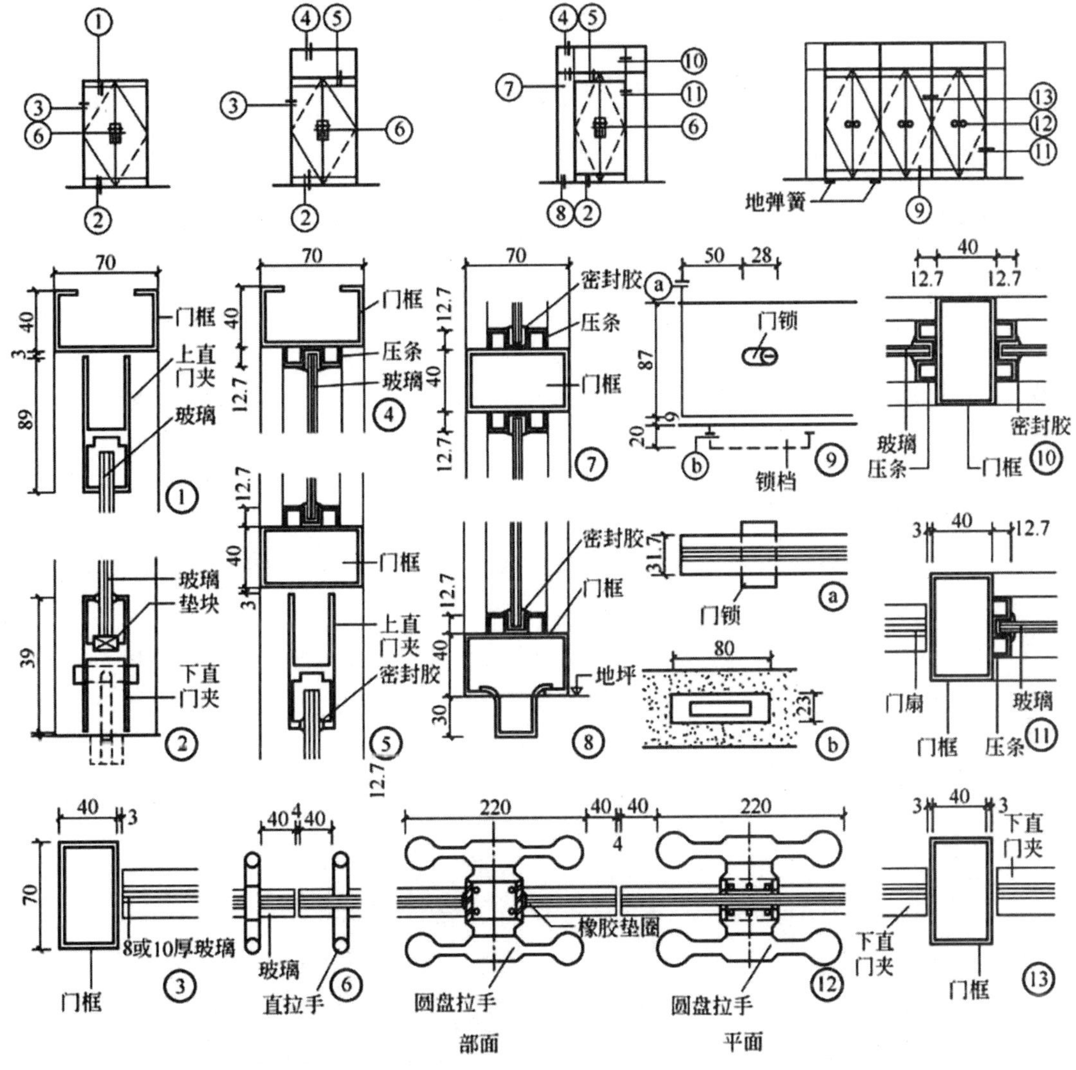

图 3.67　无框地弹簧玻璃门构造

2. 自动推拉门。

自动推拉门的门扇采用铝合金或不锈钢做外框，也可以是无框的全玻璃门，其开启控制有超声波控制、电磁场控制、光电控制、接触板控制等。当今比较流行的是微波感应自动推拉门，即用微波感应自动传感器进行开启控制。

微波感应自动门地面上装有导向性下轨道，其长度为开启门宽的 2 倍。自动门上部机箱部分可用 18 号槽钢做支撑横梁，横梁两端与墙体内的预埋钢板焊接牢固，以确保稳定。

感应自动推拉门构造如图 3.68 所示。

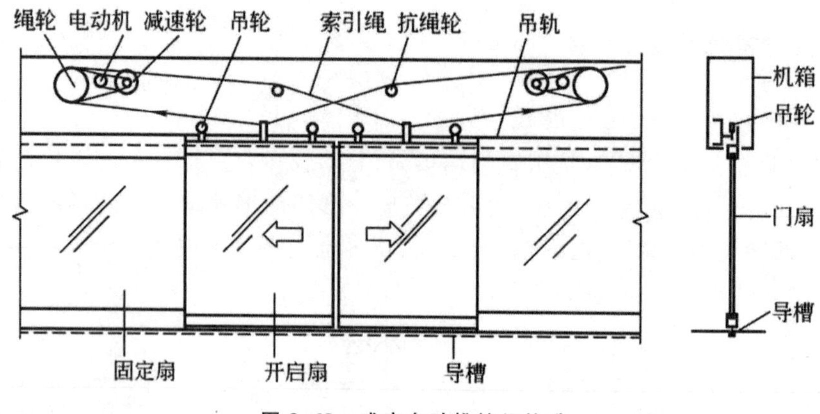

图 3.68　感应自动推拉门构造

(四)铝合金门窗装饰构造

铝合金门窗根据开启方式的不同,可分为推拉门、推拉窗、平开门、平开窗、固定窗、悬挂窗、回转门、回转窗等。

铝合金门窗安装采用预留洞口后安装的方法,门窗框与洞口的连接采用柔性连接,门窗框的外侧用螺钉固定 1.5 mm 厚不锈钢锚板,当外框安装定位后,将锚板与墙体埋件焊牢固定。门窗与墙体等的连接固定点,每边不得少于两点,间距一般不大于 0.5 m。框的外侧与墙体之间的缝隙内填沥青麻丝,外抹水泥砂浆,表面用密封膏嵌缝。

(五)塑钢门窗装饰构造

塑钢门窗的异型材一般按用途分为主型材和副型材。主型材在门窗结构中起主要作用,截面尺寸较大,如框料、扇料、门边料、分格料、门芯料等。

塑钢门窗框与洞口的连接安装构造与铝合金门窗基本相同,门窗框与墙体的连接固定方法有连接件法、直接固定法和假框法三种。如图 3.69 所示。

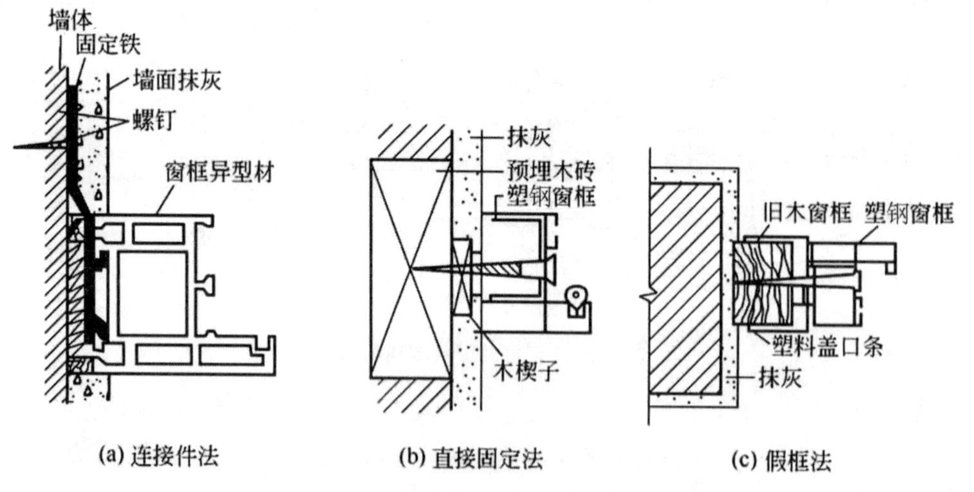

图 3.69　塑钢门窗框与墙体的连接固定

(六)特种门窗装饰构造

1. 密闭窗。

密闭窗对缝隙一般用富有弹性的垫料嵌填，并将弹性材料制成条状、管状以及适宜密闭的各种断面。玻璃与窗扇间可用各种防水油膏、压条、卡条、油灰等进行密闭处理。如图 3.70 所示。

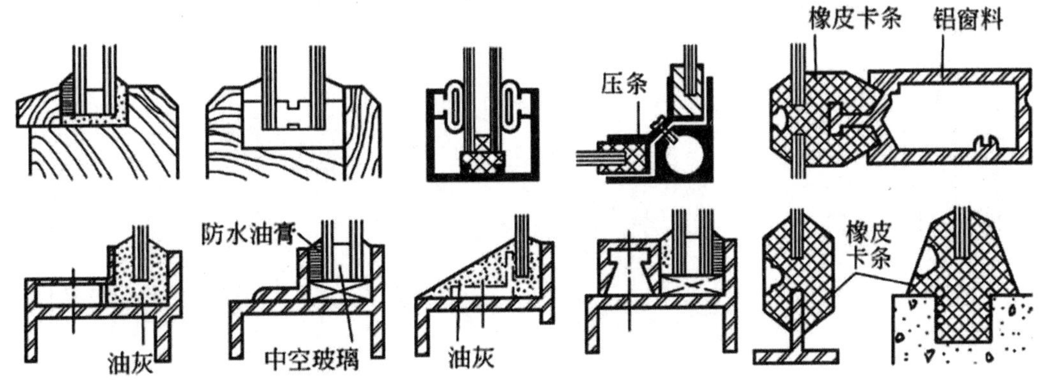

图 3.70　玻璃与窗扇间密闭处理构造

窗扇与窗框的密闭处理有贴缝式、内嵌式、垫缝式三种方式。如图 3.71 所示。

密闭窗户多采用增加窗扇或玻璃层数的做法来提高隔声保温效果。隔声窗可采用中空玻璃窗、双层及三层玻璃的固定窗。双层玻璃间距为 80～100 mm，玻璃安装在弹性材料上，在窗四周应设置吸声材料，或将其中一层玻璃斜置，以防止玻璃间的空气层发生共振现象。如图 3.72 所示。

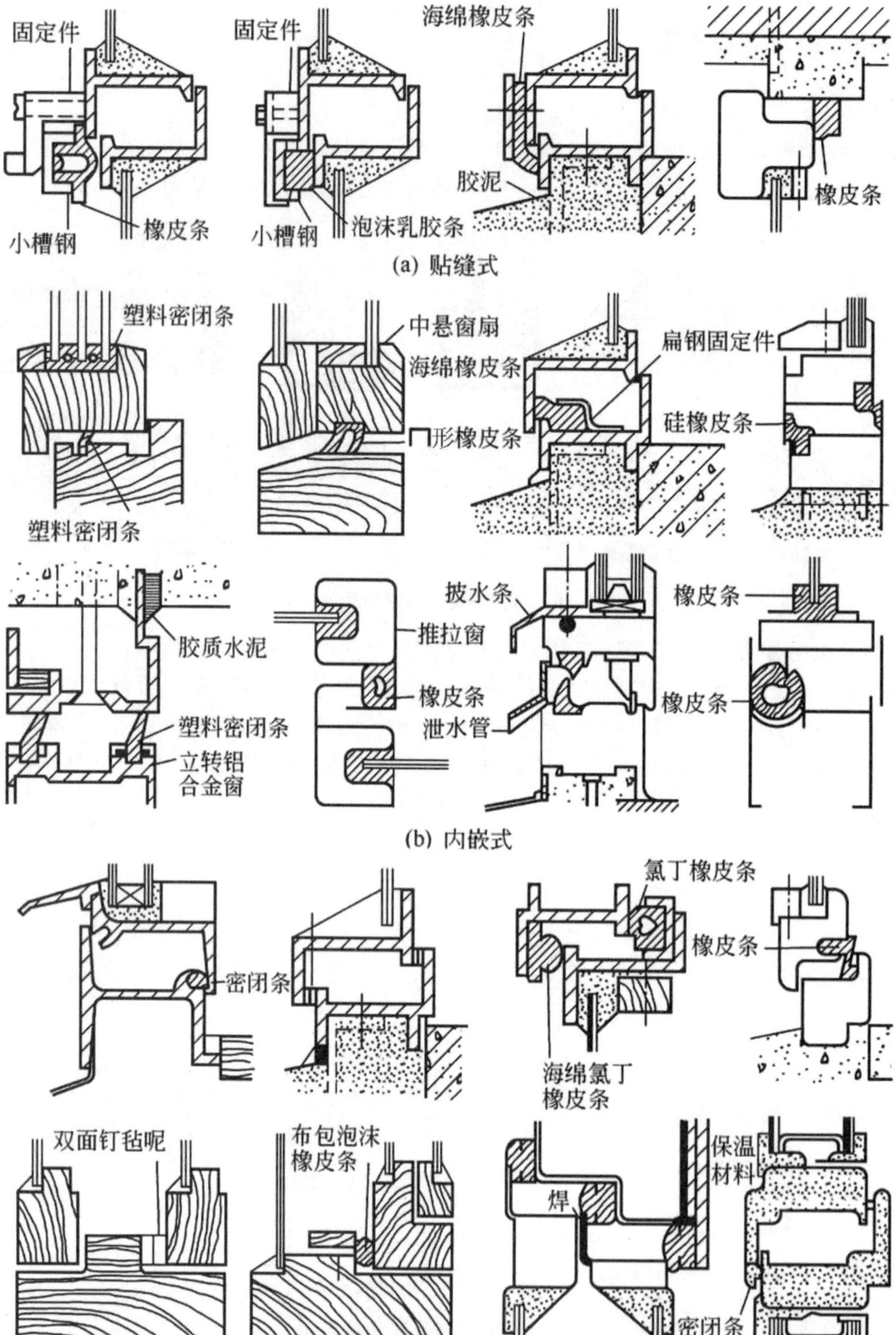

固定件
小槽钢
橡皮条
固定件
小槽钢
泡沫乳胶条
海绵橡皮条
胶泥
橡皮条

(a) 贴缝式

塑料密闭条
塑料密闭条
中悬窗扇
海绵橡皮条
∏形橡皮条
扁钢固定件
硅橡皮条
胶质水泥
塑料密闭条
立转铝合金窗
推拉窗
橡皮条
披水条
泄水管
橡皮条
橡皮条

(b) 内嵌式

密闭条
氯丁橡皮条
橡皮条
海绵氯丁橡皮条
双面钉毡呢
布包泡沫橡皮条
焊
保温材料
密闭条

(c) 垫缝式

图 3.71 窗扇与窗框的密闭处理构造

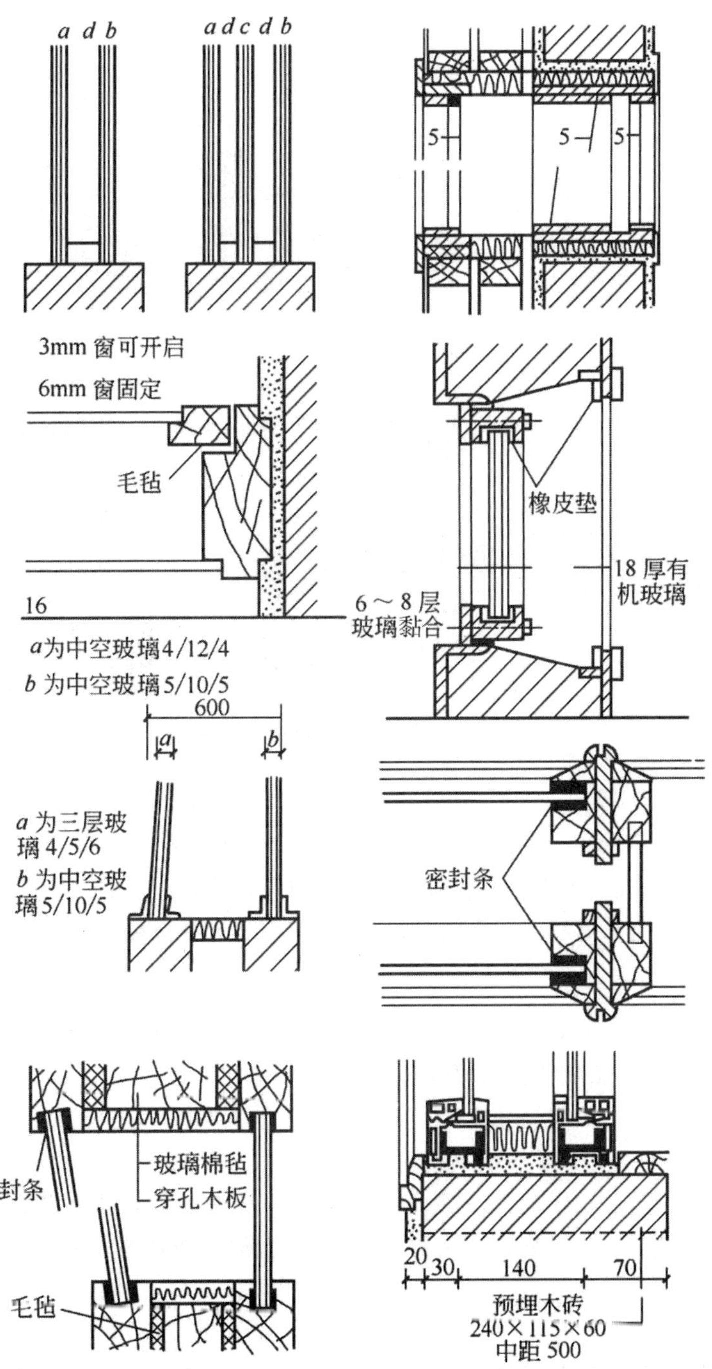

图 3.72　隔声窗构造

2. 隔声门。

隔声门主要的构造问题是保证门扇的隔声能力和门缝隙密闭性能。

隔声门门扇越重隔声效果越好，但过重又不便于开启。通过采用多层复合结构、合理利用空腔构造及吸声材料的方法来提高门扇的隔声效果。饰面材料采用整体板材，如硬质木纤维板、胶合板、钢板等，不宜采用拼接的木板。

隔声门的门缝隙之间应密闭而连续，主要应考虑门扇与门框之间、对开门门扇之间以及门扇与地面之间的缝隙处理。在同一门框中做两道隔声门，或在建筑平面内布置具有吸声处理的隔声间，都是提高隔声效果的好办法。图 3.73 是几种常见的隔声门扇构造。图 3.74 为钢隔声门构造。

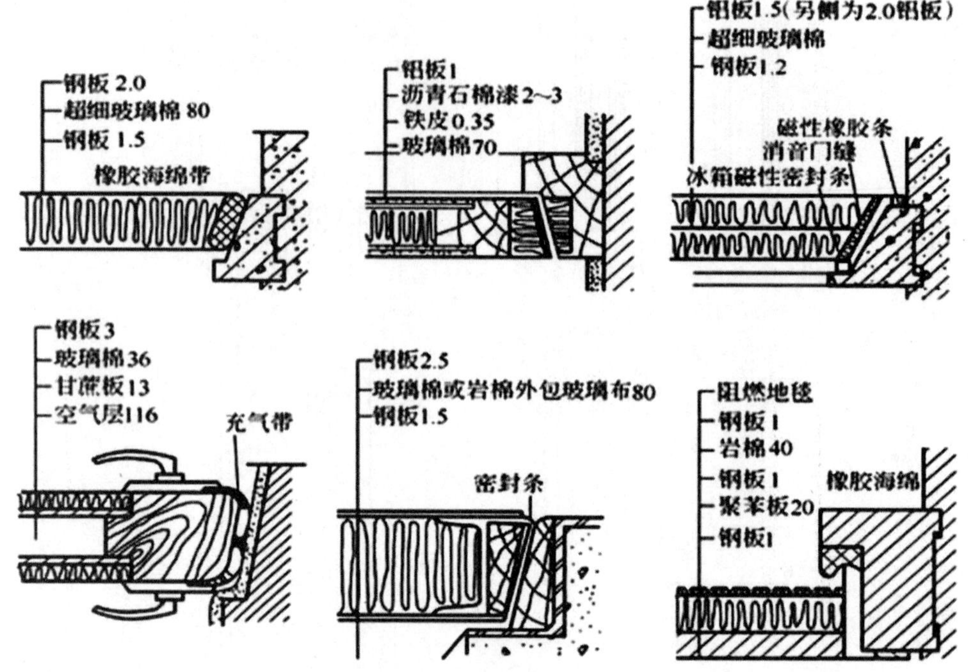

图 3.73　几种常见的隔声门构造

3. 保温门。

保温门的构造要点是保证门扇的保温性能和门缝隙密闭性能。保温门门扇一般采用质轻、疏松多孔、容重小的材料或合理利用空腔构造来达到门扇的保温效果。保温门门扇与门框之间、对开门门扇之间以及门扇与地面之间的缝隙处理同隔声门。图 3.75 为胶合板保温门构造。

4. 防火门。

木质防火门是采用优质的云杉,经过难燃化学浸渍处理后做成门扇骨架,面板采用涂有防火漆的阻燃胶合板或镀锌铁皮,内填阻燃材料而成。

钢木质防火门是采用钢木组合制造,门扇采用钢骨架,面板采用阻燃胶合板,内填阻燃材料,门扇总厚度为 45 mm,门框料采用 1.5 mm 厚钢板冷弯成型。

钢质防火门是采用优质冷压钢板,经冷加工成型。一般采用框架组合式结构,门扇料钢板厚度为 1 mm,门框料厚度为 1.5 mm,门扇总厚度为 45 mm,表面涂有防锈剂。根据需要配置耐火轴承合页、不锈钢防火门锁、闭门器、电磁释放开关等。这种防火门整体性好,高温状态下支撑强度高。

常见几种防火门的构造层次如图 3.76 所示。图 3.77 为平开式防火门构造。

2
1982
250
250
872
门扇局部
门框局部
垫片
泡沫乳胶条
橡皮垫条
沥青麻丝
泡沫乳胶条
—30×2
毛毡一层
—30×2
⊏25×15×2
—85×4
ϕ8 钢筋
20×70
└40×4
法兰
垫片
10
50
30
19
52
25
(a) 平面
└40×4
—85×4
—30×2
橡皮垫条
35×70
1.5 厚钢板
2 厚钢板
沥青贴甘蔗板
内填玻璃棉毡
⊏65×20×2
⊏25×15×2
└40×4
—85×4
(b) 剖面

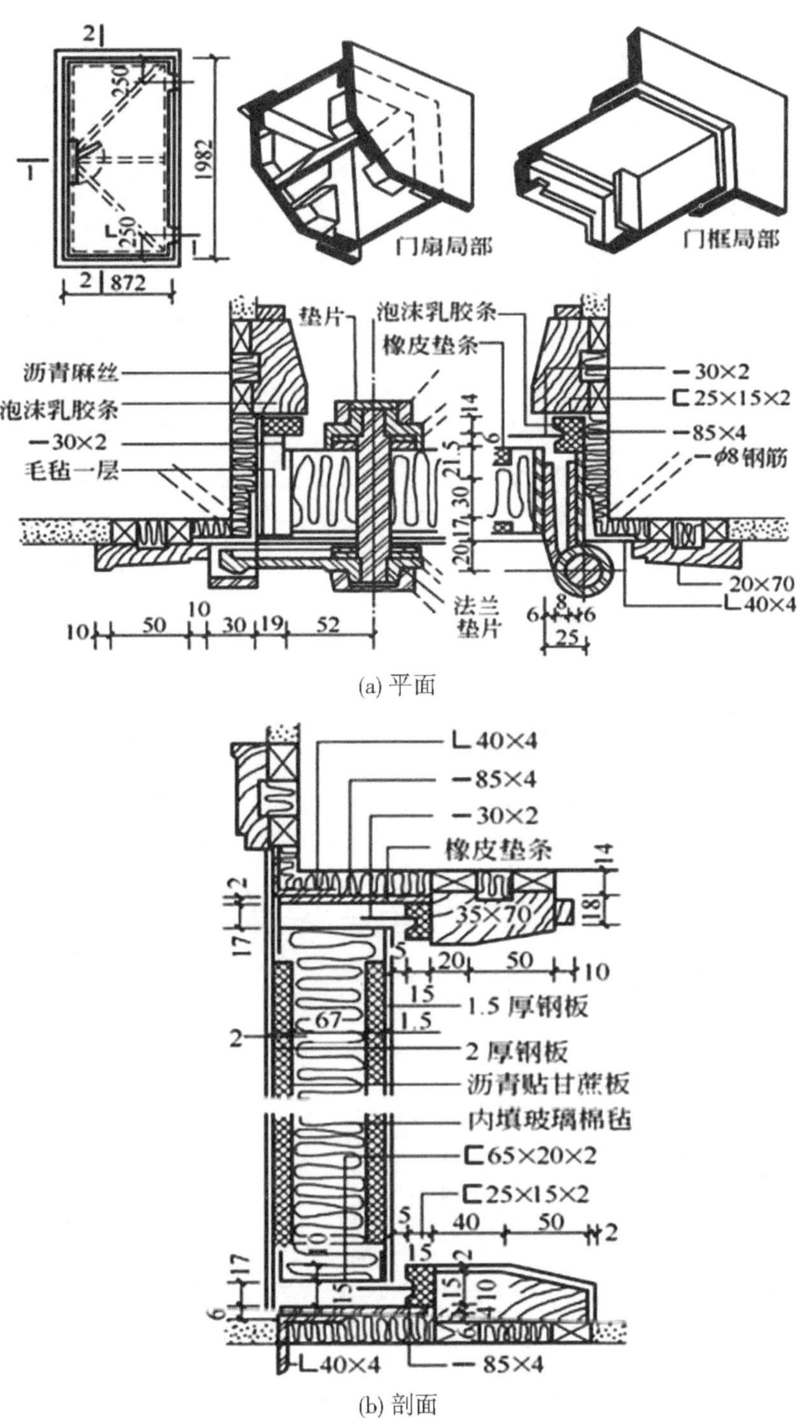

图 3.74　钢隔声门构造

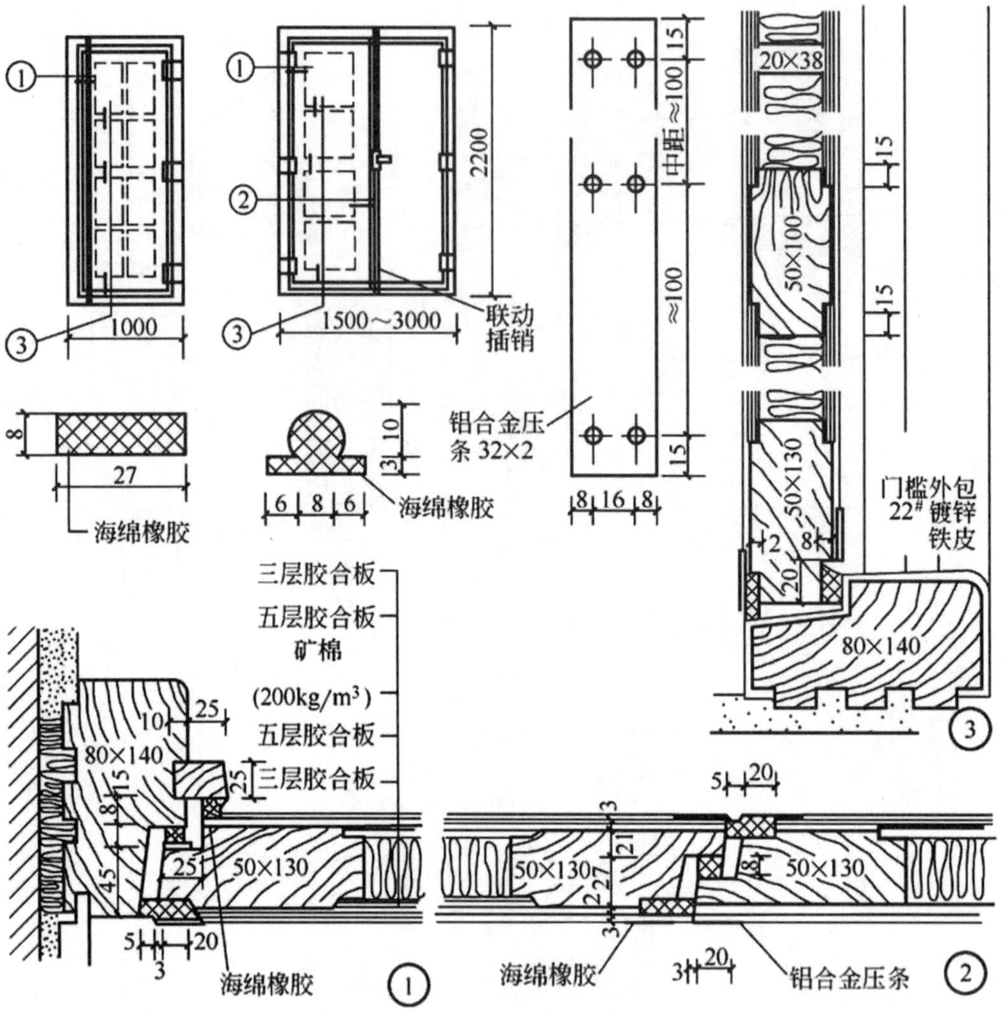

图 3.75 胶合板保温门构造

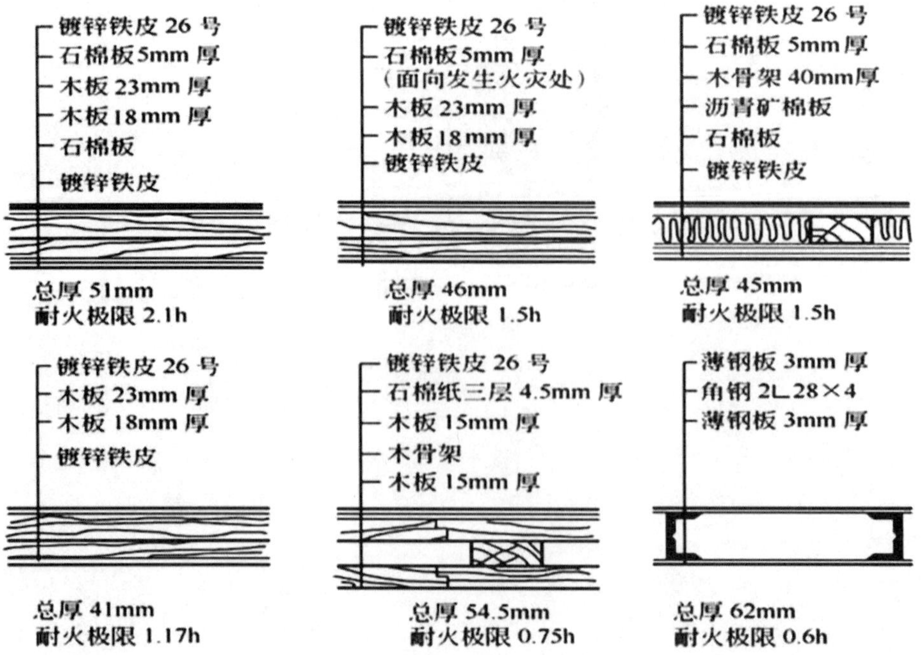

镀锌铁皮 26 号
石棉板 5mm 厚
木板 23mm 厚
木板 18mm 厚
石棉板
镀锌铁皮
总厚 51mm
耐火极限 2.1h

镀锌铁皮 26 号
石棉板 5mm 厚
（面向发生火灾处）
木板 23mm 厚
木板 18mm 厚
镀锌铁皮
总厚 46mm
耐火极限 1.5h

镀锌铁皮 26 号
石棉板 5mm 厚
木骨架 40mm 厚
沥青矿棉板
石棉板
镀锌铁皮
总厚 45mm
耐火极限 1.5h

镀锌铁皮 26 号
木板 23mm 厚
木板 18mm 厚
镀锌铁皮
总厚 41mm
耐火极限 1.17h

镀锌铁皮 26 号
石棉纸三层 4.5mm 厚
木板 15mm 厚
木骨架
木板 15mm 厚
总厚 54.5mm
耐火极限 0.75h

薄钢板 3mm 厚
角钢 2∟28×4
薄钢板 3mm 厚
总厚 62mm
耐火极限 0.6h

图 3.76 几种防火门的构造层次及耐火极限

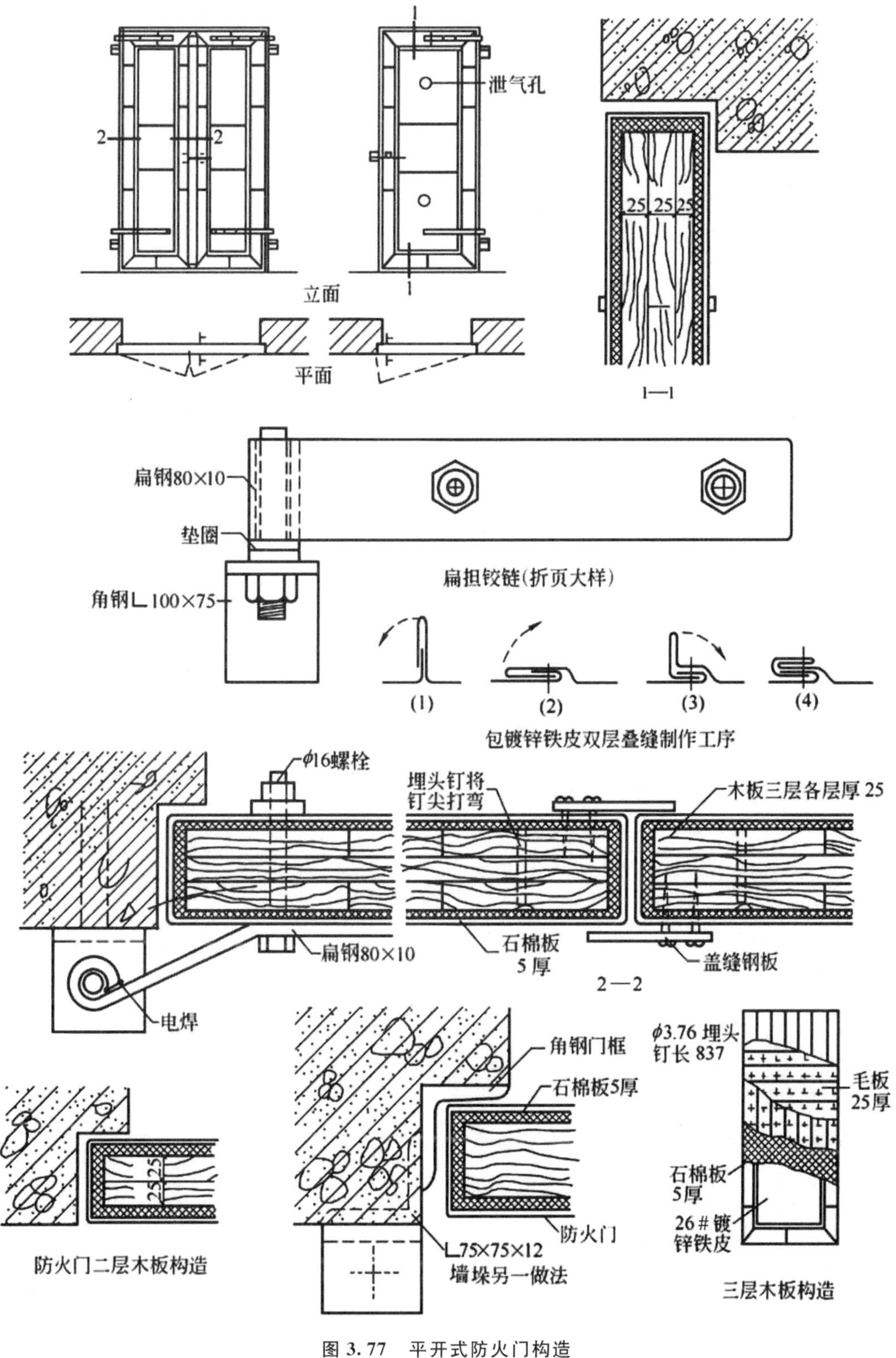

图 3.77 平开式防火门构造

5. 防火卷帘门。

防火卷帘门是由帘板、卷筒体、导轨、电力传动等部分组成。防火卷帘门一般安装在墙体预埋铁件上或混凝土门框预埋件上，构造如图 3.78 所示。

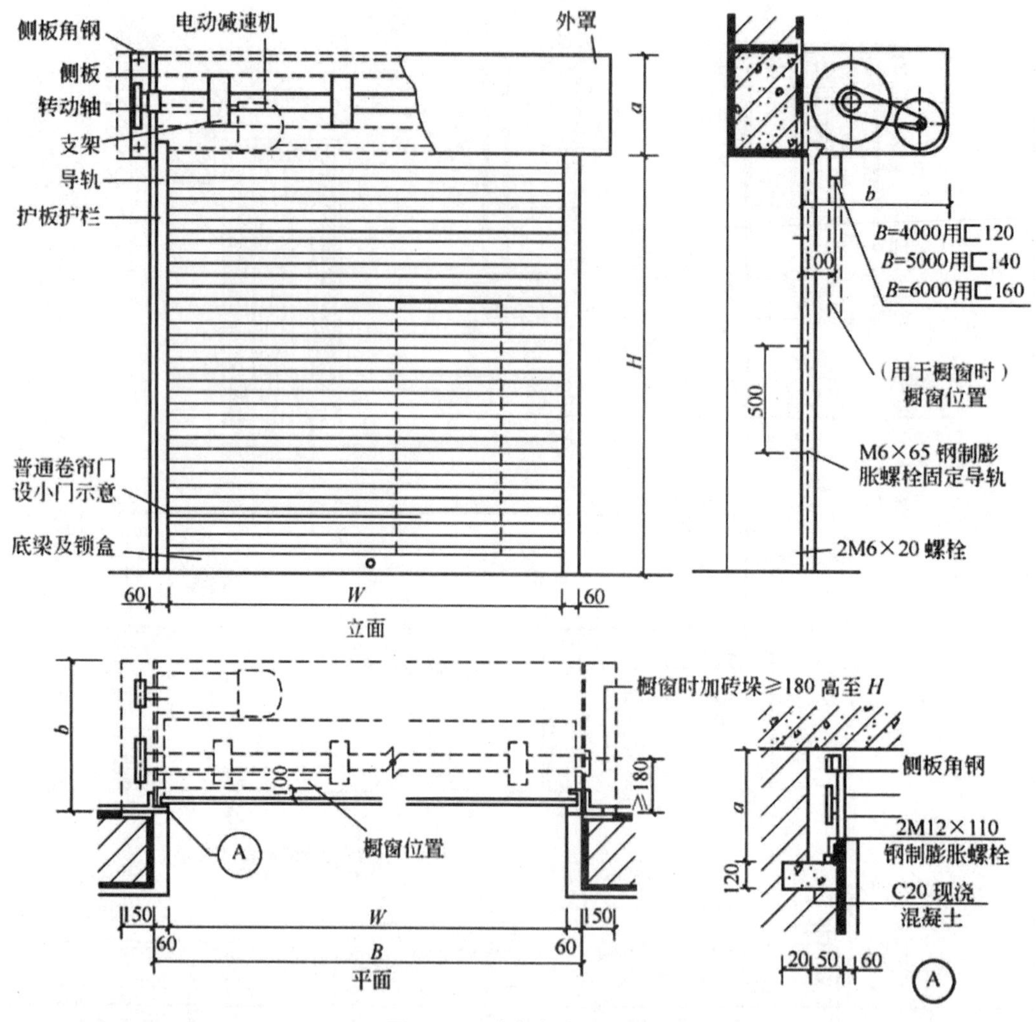

图 3.78 防火卷帘门构造

六、建筑的室外装饰构造

室内、外装修的构造类型是一样的，但室外装修与室内装修的环境条件不同。在这里重点讲述建筑外墙的装饰构造。

(一)墙面装饰的分类

1. 清水砖墙饰面常用于不做饰面的墙面，用 1∶1 或 1∶2 水泥细砂浆(或掺入颜料)勾缝，有平缝、平凹缝、斜缝、弧形缝等形式。

2. 抹灰类饰面分为一般抹灰与装饰抹灰两种。

一般抹灰有石灰砂浆抹灰、混合砂浆抹灰、水泥砂浆抹灰三类。

装饰抹灰有水刷石、干粘石、水泥拉毛、斩假石等种类。

3. 贴面类饰面在外墙面上粘贴各种天然石板、人造石板、陶瓷面砖等，主要用于高标准建筑外墙面。分粘贴构造与干挂构造两种。

4. 涂料类饰面建筑物的内外墙面均可采用涂料做饰面，分喷罐喷涂、压辊滚涂两类。

涂料类饰面用于外墙时，可先在基层表面满刷一遍按 1∶3 稀释的 107 胶水或其他同类乳液水，这样既能避免墙面基层吸水太快不便涂刷，又能减少没有清除干净的粉尘的隔离作用。

(二)外墙抹灰

外墙面抹灰一般面积较大，为操作方便、保证质量、利于日后维修、满足立面要求，通常将抹灰层进行分块，分块缝宽一般 20 mm，有凸线、凹线和嵌线三种方式。凹线是最常见的一种形式，嵌木条分格构造如图 3.79 所示。

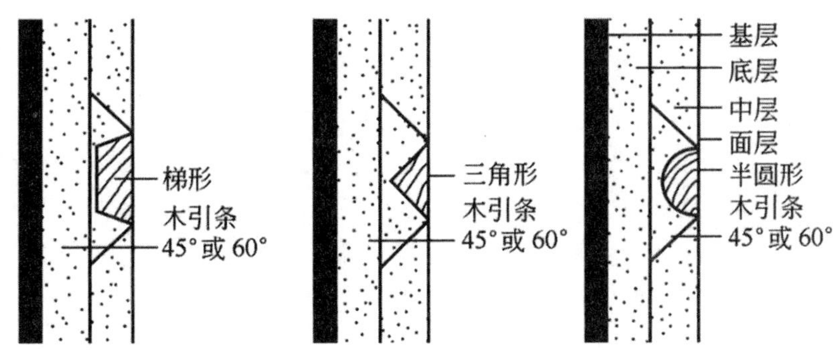

图 3.79　嵌木条分格构造

第二节　幕墙构造的基本知识

建筑幕墙是由面板与支承结构体系(支承装置与支承结构)组成的、可相对主体结构有一定位移能力或自身有一定变形能力、不承担主体结构所受作用的建筑外围护结构。

建筑幕墙一般由铝合金龙骨或者钢龙骨通过与主体结构连接的预埋件或者后置埋件组成支承结构体系，支承结构体系相对主体结构具有一定的位移能力，同时自身具有一定的变形能力，能够抵抗建筑变形产生的平面变形，作为建筑外围护体系，建筑幕墙不承担主体结构所承担的荷载、地震作用，但对建筑隔音、保温隔热、采光、通风具有一定的作用。

一、建筑幕墙的分类

(一)按建筑幕墙的面板材料分类

1. 玻璃幕墙：主要包括明框玻璃幕墙、隐框玻璃幕墙、半隐框玻璃幕墙；全玻璃幕墙；点支承玻璃幕墙。

2. 金属幕墙：面板为金属板材的建筑幕墙，主要有单层铝板幕墙、铝塑复合板幕墙、蜂窝铝板幕墙、不锈钢板幕墙、搪瓷板幕墙等。

3. 石材幕墙：面板为建筑石材板的建筑幕墙。

4. 人造板材幕墙：面板有瓷板、陶板、微晶玻璃板等。

5. 组合幕墙：面板由玻璃、金属、石材、人造板材等不同面板组成的建筑幕墙。

(二)按建筑幕墙施工方法分类

1. 单元式幕墙：将面板与金属框架(横梁、立柱)在工厂组装为幕墙单元，以幕墙单元形式在现场完成安装施工的框支承建筑幕墙(一般的单元板块高度为一个楼层的层高)。

2. 构件式幕墙：在现场依次安装立柱、横梁和面板的框支承建筑幕墙。

3. 新型幕墙：双层呼吸式幕墙、光电幕墙等。

(三)按照建筑幕墙的构造分类

1. 玻璃幕墙的分类。

(1)框支承玻璃幕墙：玻璃面板周边由金属框架支承的玻璃幕墙，主要包括下列类型：

明框玻璃幕墙：金属框架的构件显露于面板外表面的框支承玻璃幕墙；

隐框玻璃幕墙：金属框架完全不显露于面板外表面的框支承玻璃幕墙；

半隐框玻璃幕墙：金属框架的竖向或横向构件显露于面板外表面的框支承玻璃幕墙。可以分为横明竖隐玻璃幕墙以及横隐竖明玻璃幕墙。

(2)全玻璃幕墙：由玻璃肋和玻璃面板构成的玻璃幕墙。

(3)点支承玻璃幕墙：由玻璃面板、点支承装置和支承结构构成的玻璃幕墙。

2. 石材幕墙的分类。

销钉式结构：此结构属石材干挂技术第一代产品，是在石板的上下端面钻孔，采用托板与销钉固定。此结构简便，但板面为局部受力，易产生挤压应力，板块抗变形能力不好，且板块破损后不宜更换，适用于低层建筑。

短槽结构：此结构属石材干挂技术第二代产品，是指在石板的上下端面铣成半圆槽口，采用金属干挂件固定，此结构受力较销钉合理，较易吸收变形，考虑到强度问题，一般多用不锈钢或铝合金挂件，但板块破损后不宜更换，适用于低层建筑。

通长槽固定方式：此结构是在石板上下端面开设通长槽口，采用铝合金通长勾板固定，其特点是受力合理，可靠性高，板块抗变形能力强，且板块破损后可实现更换要求，适用于高层建筑。

背栓法：背栓式干挂石材幕墙是在石材背面钻成燕尾孔与凸形胀栓结合然后与龙骨连接，并由金属支架组成的横竖龙骨通过埋件连接固定在外墙上，适用于高层建筑。目前主要采用后切式背栓石材幕墙。

可拆卸小单元式结构：工厂内石材通过结构胶与铝型材附框组合，现场一般采用挂接方式固定在幕墙龙骨上，板块受力更趋合理，抗变位能力强，抗震性能好。

3. 全玻幕墙的分类。

以安装方式区分为：镶嵌式和吊挂式，其中吊挂式实现荷载的转移。吊挂式全玻璃幕墙一反传统的下部基座承重方式，而将整片玻璃吊挂于结构架下，重量由梁负荷。玻璃受地震、风力等外力作用时，可做小幅度摇摆，以避免应力过于集中而破坏。

表 3.6　下端支承全玻璃幕墙的最大高度

玻璃厚度(mm)	10,12	15	19
最大高度(m)	4	5	6

4. 采光顶及雨棚。

玻璃采光顶以隐框、半隐框幕墙形式居多。

玻璃雨棚以点式幕墙以及隐框、半隐框幕墙形式居多。

二、建筑幕墙的构造要求及施工技术

建筑幕墙工程应遵循安全可靠、实用美观和经济合理的原则；建筑幕墙的材料、设计、制作、安装施工及工程质量验收，应执行相关标准的规定；建筑幕墙的设计、制作和安装施工要进行全过程的质量控制。

(一)建筑幕墙构造设计原则

1. 满足强度和刚度要求。

幕墙的骨架和饰面板都需要考虑自重、风荷载以及地震荷载的作用，幕墙及其构件都必须有足够的强度和刚度。

2. 满足温度变形和结构变形要求。

由于内外温差和结构变形的影响，幕墙可能产生胀缩和扭曲变形，因此，幕墙与主体结构之间、幕墙元件与元件之间均应采用"柔性连接"。

3. 满足围护功能要求。

幕墙是建筑物的围护构件，墙面应具有防水、挡风、保温、隔热及隔声等能力。

4. 满足防火要求。

应根据防火规范采取必要的防火措施等。

5. 保证装饰效果。

幕墙的材料选择、立面划分均应考虑其外观质量。

6. 做到经济合理。

幕墙的构造设计应综合考虑上述原则，做到安全、适用、经济、美观。

(二)建筑幕墙的构造要求

1. 玻璃幕墙的构造要求。

有骨架体系主要受力构件是幕墙骨架，根据幕墙骨架与玻璃的连接构造方式，可分为明骨架(明框式)体系与暗骨架(隐框式)体系两种。明骨架(明框式)体系的幕墙玻璃镶在金属骨架框格内，骨架外露，这种体系又分为竖框式、横框式及框格式等几种形式，如图 3.80(a)、(b)所示。

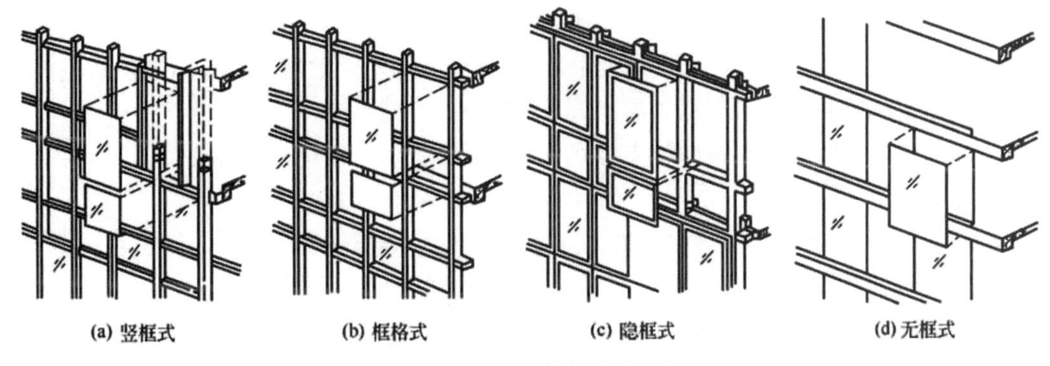

图 3.80　玻璃幕墙结构体系图

明骨架(明框式)体系玻璃安装牢固、安全可靠。暗骨架(隐框式)体系的幕墙玻璃是用胶黏剂直接粘贴在骨架外侧的，幕墙的骨架不外露，装饰效果好，但玻璃与骨架的粘贴技术要求高，如图 3.80(c)所示。

无骨架(无框式)玻璃幕墙体系的主要受力构件就是该幕墙饰面构件本身——玻璃。该幕墙利用上下支架直接将玻璃固定在主体结构上，形成无遮挡的透明墙面。由于该幕墙玻璃面积较大，为加强自身刚度，每隔一定距离粘贴一条垂直的玻璃肋板，称为肋玻璃，面层玻璃则称为面玻璃，该类幕墙也称为全玻璃幕墙，如图 3.80(d)所示。

(1)明框式玻璃幕墙的构造形式。

明框式玻璃幕墙的构造形式常用的有构件式(分件式)、单元式(板块式)两种。

①构件式(分件式)玻璃幕墙构造。

幕墙用一根根构件(竖梃、横梁)安装在建筑物主体框架上形成框格体系，再将金属框架、玻璃、填充层和内衬墙，以一定顺序进行组装。

竖梃通过连接件固定在楼板上，连接件可以置于结构的上表面、侧面或下表面。由于要考虑型材的热胀冷缩，每根竖梃之间通过一个内衬套芯连接，两段竖梃之间还必须留 15～20 mm 的伸缩缝，并用密封胶堵严。

②单元式(板块式)玻璃幕墙构造。

单元式玻璃幕墙在工厂将玻璃、铝框、保温隔热材料组装成一块块幕墙定型单元，安装时将单元组件固定在楼层楼板(梁)上，组件的竖边对扣连接，下一层组件的顶与上一层的组件的底，其横框对齐连接。

为了起到防震和适应结构变形的作用，幕墙板与主体结构的连接应考虑柔性连接。幕墙板之间必须留有一定的变形缝隙，空隙之间用 V 形和 W 形胶条封闭。

(2)隐框玻璃幕墙构造。

隐框玻璃幕墙是将玻璃用硅酮结构胶固定在副框上，组合成一个结构玻璃装配组件，再将结构玻璃装配组件固定到主框竖梃(横梁)上。

半隐框玻璃幕墙利用结构硅酮胶为玻璃相对的两边提供结构的支持力，另两边则用框料和机械性扣件进行固定。结构玻璃装配要求硅酮胶对玻璃与金属有良好的黏结力。

全隐框玻璃幕墙玻璃四边都用硅酮结构密封胶将玻璃固定在金属框架的适当位置上，其四周用硅酮结构胶全封闭，玻璃产生的热胀冷缩变形应力全由结构胶给予吸收，而且玻璃面受的水平风压力和自重也更均匀地传给金属框架和主结构件。全隐形玻璃幕墙由于在建筑物的表面不显露金属框，而且玻璃上下左右结合部位尺寸也相当窄小，因而产生全玻璃的艺术感觉。

(3)全玻(无框式)玻璃幕墙构造。

由于该类幕墙无支撑骨架，为此玻璃可以采用大块饰面，以便使幕墙的通透感更强，视线更加开阔，立面更为简洁生动。因受到玻璃本身强度的限制，此类幕墙一般只用于首层。这种全玻玻璃幕墙除了设有大面积的玻璃外，为了增强玻璃墙面的刚度，必须每隔一定的距离加设与玻璃相垂直的条形肋玻璃作为加强肋板，以保证玻璃幕墙整体在风压作用下的稳定性。

全玻璃幕墙的支承系统分为悬挂式、支承式和混合式三种。

大片玻璃的玻璃肋支承形式。

全玻璃幕墙中大片玻璃支承在玻璃框架上的形式有后置式、骑缝式、平齐式、突出式等四种。

后置式：玻璃翼(脊)置于大片玻璃的后部，用密封胶与大片玻璃黏结成一个整体。如图 3.81 所示。

骑缝式：玻璃翼部位于大片玻璃的接缝处，用密封胶将三块玻璃连接在一起，并将两块大玻璃之间的缝隙密封。如图 3.82 所示。

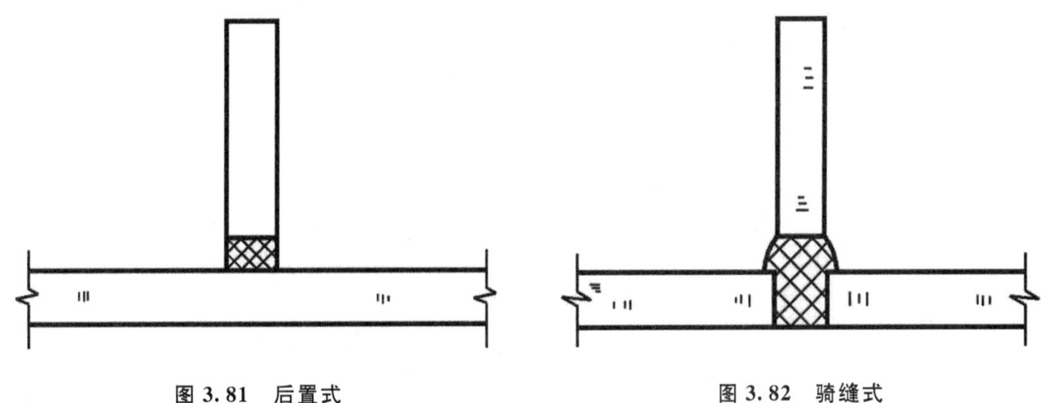

图 3.81　后置式　　　　图 3.82　骑缝式

平齐式:玻璃翼(脊)位于两块大玻璃之间,玻璃翼的一侧与大片玻璃表面平齐,玻璃翼与两块大玻璃之间用密封胶黏结并密封。如图 3.83 所示。

突出式:玻璃翼(脊)位于两块大玻璃之间,两侧均突出大片玻璃表面,玻璃翼与大片玻璃之间用密封胶黏结并密封。如图 3.84 所示。

全玻璃幕墙当用于一个楼层时,大片玻璃与玻璃翼上下均用镶嵌槽夹持。当层高较低时,玻璃(玻璃翼)安在下部镶嵌槽内(图 3.85),上部镶嵌槽的槽底与玻璃之间留有供伸缩的缝隙。

当层高较高时(一般为 4 m 以上),需用上吊式,即在大片玻璃上设置专用夹具,将玻璃吊起来。

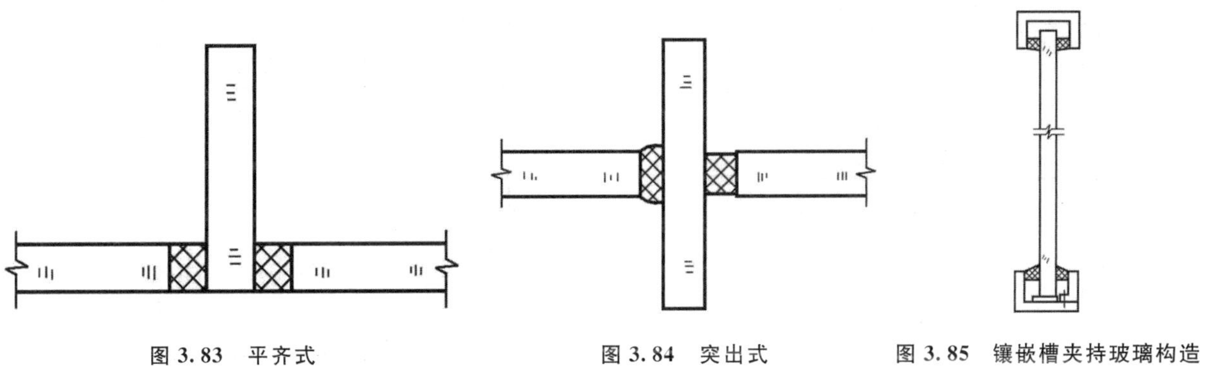

图 3.83　平齐式　　　　图 3.84　突出式　　　　图 3.85　镶嵌槽夹持玻璃构造

2. 金属幕墙和石材板幕墙。

(1)金属薄板幕墙的组成和构造。

骨架型体系金属幕墙基本上类似于框支承玻璃幕墙,即通过骨架等支撑体系,将金属薄板与主体结构连接。其基本构造为:将幕墙骨架,如铝合金型材等,固定在主体的楼板、梁或柱等结构上。这种金属幕墙结构可以与隐框式玻璃幕墙结合使用,协调好金属薄板和玻璃的色彩,并统一划分立面,即可得到较理想的装饰效果。

(2)铝板幕墙构造。

①单层铝板。

单层铝板的基本构造如图 3.86 所示,它是用 2.5 mm(3 mm)厚的铝板在中部适当的部位设加固角铝(槽铝),并采用焊栓螺钉进行紧固。

单层铝板与各种类型隐框玻璃幕墙共用杆系时,其节点做法有整体式(图 3.87)、内嵌式(图 3.88)、外挂内装固定式(图 3.89)、外挂外装固定式(图 3.90)、外礅外装固定式(图 3.91)和外扣式(图 3.92)固定方式。

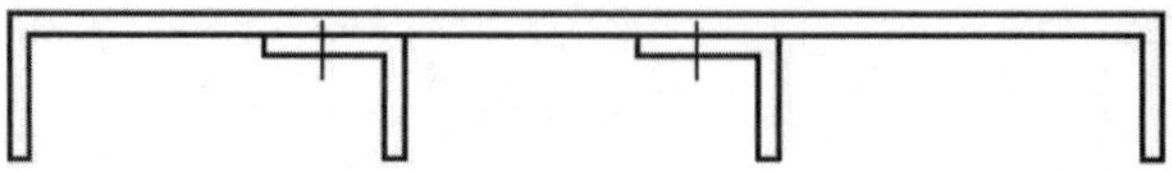

图 3.86 单层铝板构造

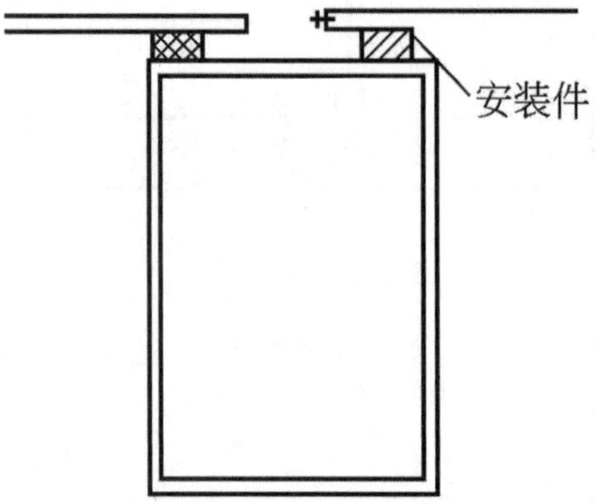

图 3.87 整体式

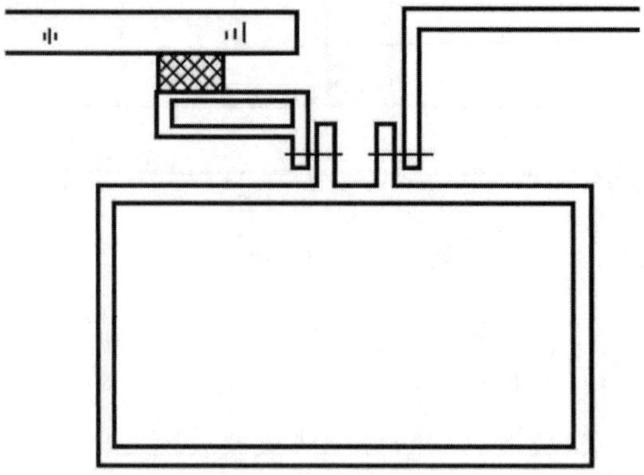

图 3.88 内嵌式

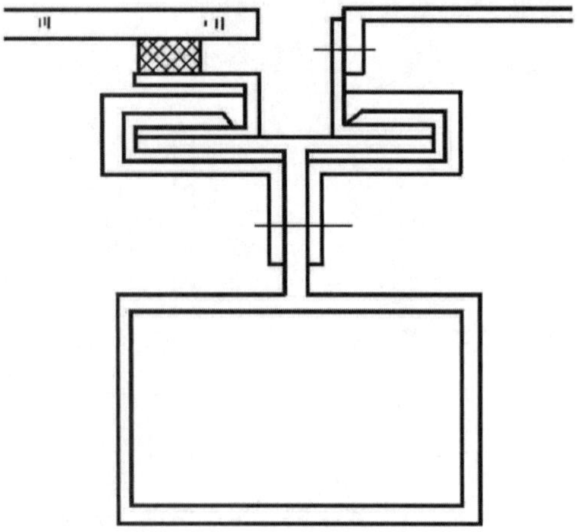

图 3.89 外挂内装固定式

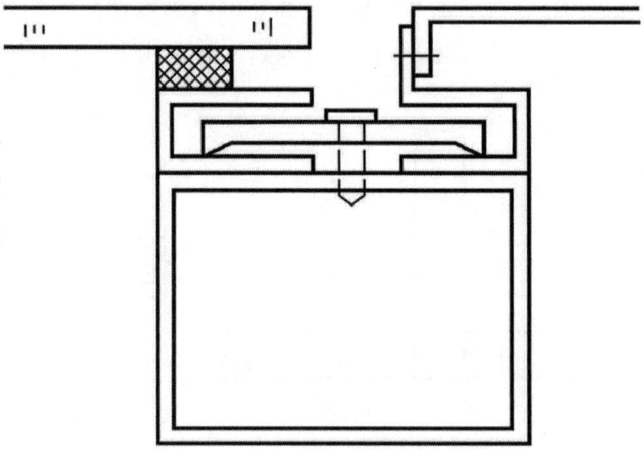

图 3.90 外挂外装固定式

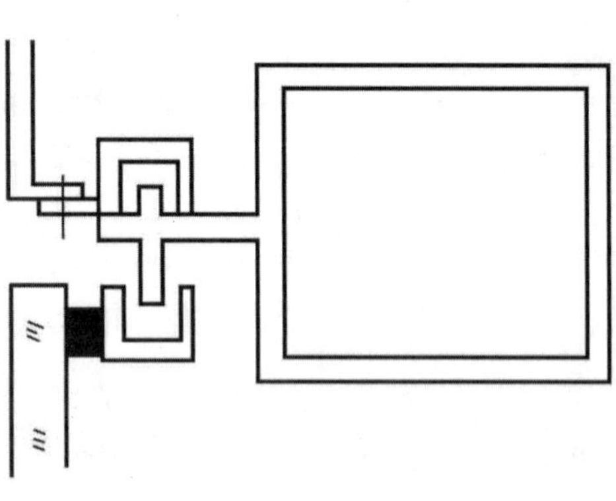

图 3.91 外磁外装固定式

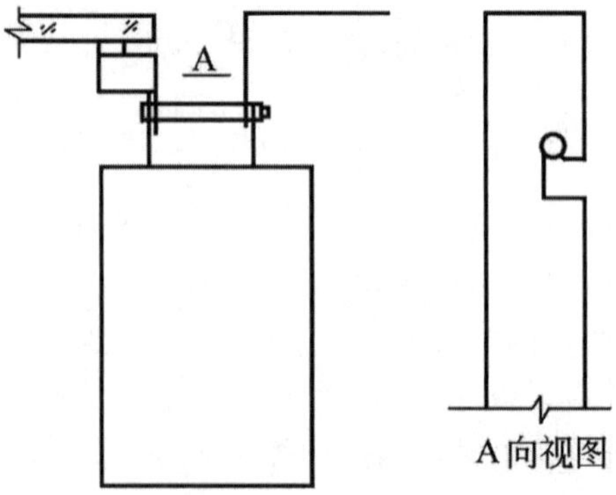

图 3.92 外扣式

②复合铝板。

复合铝板在用于幕墙时采用平板式、槽板式与加肋式。如图 3.93 所示。

复合铝板与幕墙框格的连接有以下几种形式：

铆接：用铆钉将复合铝板固定在副框上（图 3.94）。

螺接:用埋头螺栓将复合板固定在副框上(参考图 3.94)。

折弯接:将复合铝板四边弯折成槽形板,嵌入主框后用螺钉固定(图 3.95)。

扣接:在槽形复合铝板折边相应的位置上冲出开口长圆形槽,并固定在铝合金通长边肋上,然后将槽板扣在主框圆管上(图 3.96)。

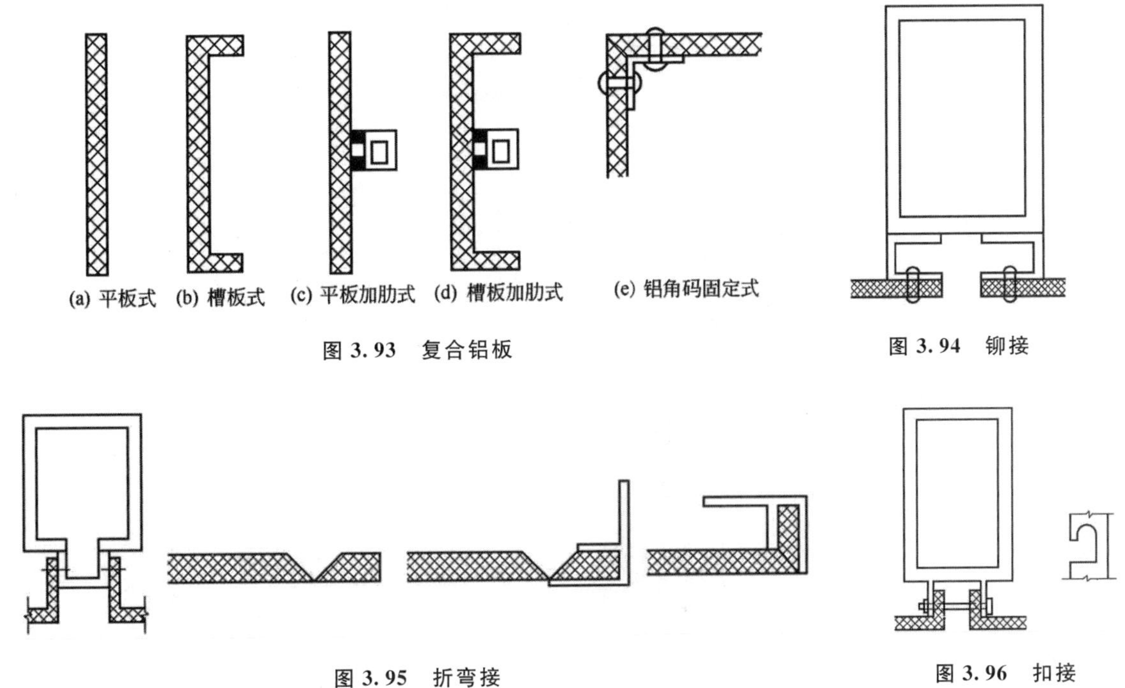

图 3.93　复合铝板

图 3.94　铆接

图 3.95　折弯接

图 3.96　扣接

结构装配式连接:采用结构密封胶将复合铝板与副框黏结成结构装配组件,用机械固定方法将组件固定在主框上,其做法与结构玻璃装配组件一样(图 3.97)。

复合式连接:将折边与副框用螺钉(铆钉)连接成组件,再用结构装配方法将组件安装在主框上。有单折边和双折边两种形式(图 3.98)。

槽夹法连接:相邻两块复合铝板用几字形铝盖板通过螺钉与主框连接,这种做法一般与半隐框玻璃幕墙相匹配使用(图 3.99)。

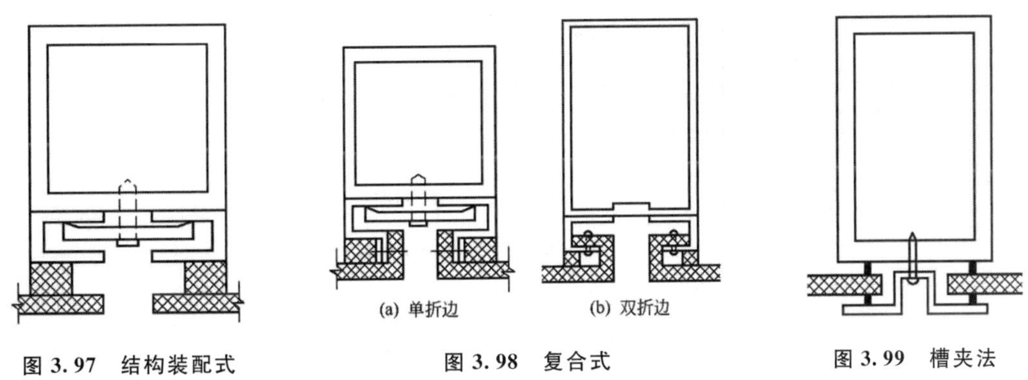

图 3.97　结构装配式

图 3.98　复合式

图 3.99　槽夹法

复合塑铝板幕墙(韩国幕墙铝塑复合板)的构造做法见图 3.100 所示。

③蜂窝板铝板。

蜂窝板铝板是由两层铝板与蜂窝芯黏结的一种复合材料。面板一般用 LD31 铝材,蜂窝材常用 LF2Y,LF5Y,LY12 等铝箔,幕墙用蜂窝铝板大都采用正六角形芯材,六边形边长有 2 mm,3 mm,4 mm,5 mm,6 mm 几种,厚度为 20 mm。除铝箔外,还可采用玻璃蜂窝。

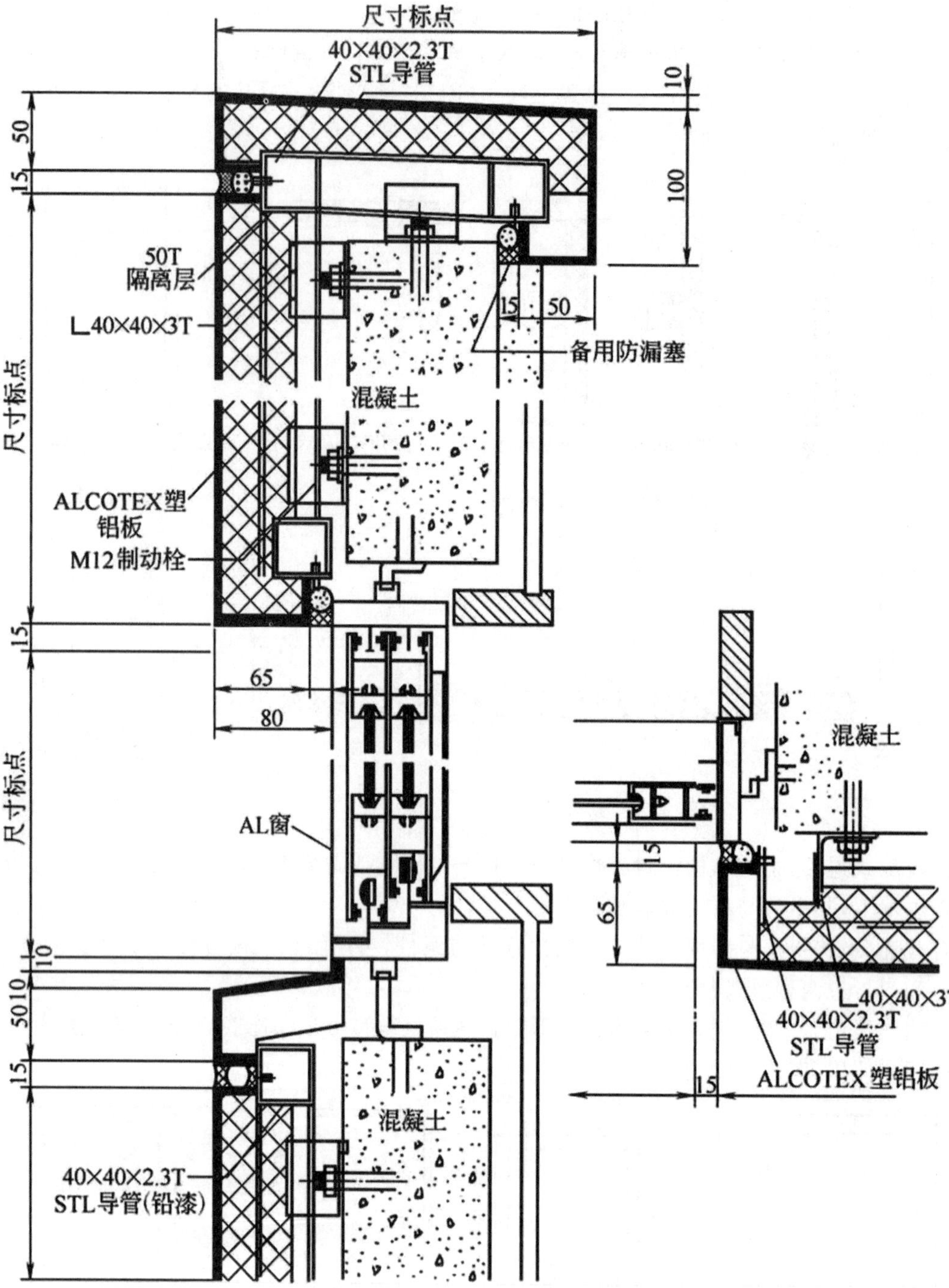

图 3.100　复合铝塑板幕墙构造

④不锈钢板幕墙构造。

不锈钢幕墙是用厚 0.8～2 mm 不锈钢薄板冲压成槽形镶板制成的幕墙嵌板。它需要在板中部用肋加强，其典型构造如图 3.101 所示，将不锈钢板的四边折成槽形，中部用结构胶将铝方管胶接在铝板适当部位成为加强肋。不锈钢幕墙使用的是厚度小于或等于 0.8～2 mm 的不锈钢薄板，表面处理方法有磨光（镜面）、拉毛面、蚀刻面，用得最多的不锈钢品种有 304(06Cr19Ni10)，316(06Cr17Ni12Mo2)。

不锈钢板嵌板的安装构造可参照铝板幕墙。

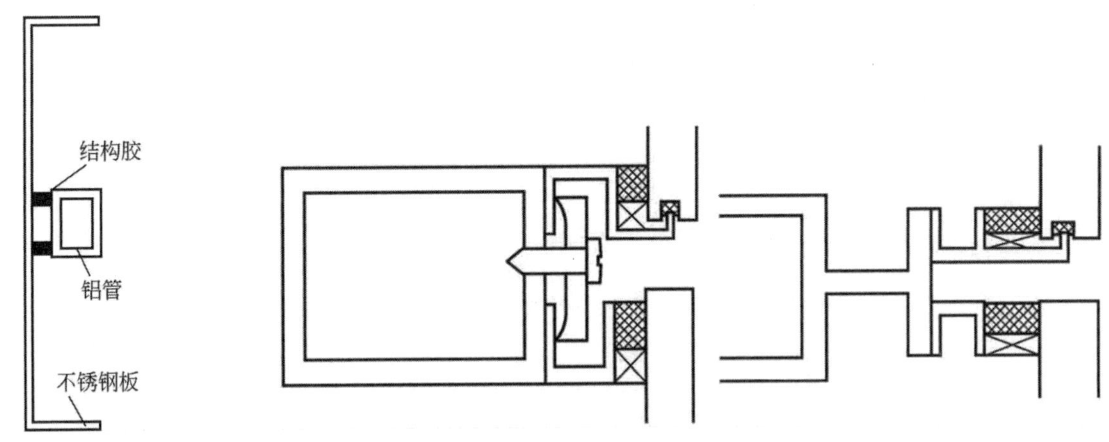

图 3.101　不锈钢板构造图

图 3.102　石材幕墙结构节点构造

3. 石材板幕墙构造。

饰面石材通过干挂件与钢构架连接，把石材的受力传给钢构架，与钢构架形成一个整体，再通过钢构架与预埋件的连接件直接将受力传递给预埋支座，最后传到主体结构。整个幕墙的受力都由主体结构承受，因此，在进行建筑设计时，必须先将主体结构设计成有足够的强度来承受幕墙传递的受力。

石材幕墙钢架主要由横梁和立柱组成，一般情况下，横梁主要采用角钢，立柱采用槽钢(有时也采用桁架)，至于选用多大的型钢、立柱布置间距的确定，必须进行受力分析、计算。

石材幕墙的主要构造形式：

(1)钢销式干挂法：又称插针法，是干挂石工艺中最早、最简洁的做法，钢销式又分两侧连接和四侧连接，结构特点是相邻两块石材面板固定在同一支钢销上，钢销固定在连接板上，连接板再与骨架固定。

(2)单肢短槽式干挂法：将相邻两块石材面板共同固定在“T”形卡条上，“T”形卡条为不锈钢或铝合金，卡条再与骨架固定。

(3)双肢短槽式干挂法：是单肢短槽的改进做法，将相邻的两块石材面板共同固定在“干”形卡条上，“干”形卡条一般采用铝合金挤压成型，与骨架固定。

(4)通槽式干挂法：原理与单肢短槽式干挂法相近，只是采用通长卡条，上下开通槽。在单元式石材幕墙中，更多采用这种干挂法。

(5)小单元式干挂法：是与上述几种干挂法在设计构思上完全不同的一种设计。石材面板虽然还是通过铝合金卡条与骨架相连，但不同的是相邻石材板均是独立与骨架相连，这一连接方式的改变使干挂石材幕墙的设计方法、加工方法、安装方法、物理性能等都得到了彻底改变。

(6)背栓式干挂法：在石材面板的背面采用专用拓孔设备钻孔、拓孔，然后安装无应力螺栓锚固在石材背面，再通过铝合金卡件与骨架连接。

三、建筑幕墙的主要材料及质量控制

建筑幕墙应用材料种类繁多、复杂。随着新技术、新工艺、新材料的不断研发和应用，许多新型材料不断被应用到建筑幕墙上，根据应用体系的划分，建筑幕墙材料可分为以下几大类。

(一)建筑幕墙的主要材料

1. 饰面系统材料。

主要分为透明和非透明材料。透明材料主要是指玻璃及其制品。主要包括透明玻璃、镀(贴)膜玻璃及其他的组合制品中空玻璃、夹胶玻璃等。非透明材料包括金属类铝塑复合板、纯铝板、铝蜂窝板、不锈钢板、搪瓷板及石材类花岗石、大理石、人造石、凝灰石、页岩、陶土板等等。

2. 密封系统材料。

主要有硅酮耐候密封胶、硅酮结构密封胶及其硅酮建筑密封胶，其他还有橡胶类及硅橡胶类密封制品。

3. 结构框架系统材料。

主要有建筑铝型材，一般有 6063—T5，6063A—T5，6063—T6，6061 等。钢型材，主要牌号为 Q235B 及 Q345 等。

4. 紧固类系统材料。

主要包括标准五金件，系指螺栓、螺钉、螺柱和螺母以及抽芯铆钉、自攻自钻螺钉、自攻螺钉等。其他还有固定钢角码(钢板)。

5. 开启五金类系统材料。

主要有开启窗系统五金件和其他辅助五金件(品)。

6. 保温系统材料。

主要包括聚苯板(EPS 板)、挤塑板(XPS 板)、聚氨酯泡沫塑料板、聚氨酯发泡剂，各类保温岩棉(矿棉)板等及其辅助类固定件(片)、连接钉类材料。根据公通字〔2009〕46 号文件，分为 24 米以上及以下应用区域采用 B 级和 A 级防火材料。

(二)建筑幕墙主要材料的质量控制

1. 铝合金型材。

(1)铝型材力学性能、外观质量应符合现行国家标准《铝合金建筑型材》GB/T5237—2008 的有关规定。

(2)铝合金材料的化学成分应符合国家标准《变形铝及铝合金化学成分》GB/T3190—2008 的有关规定。

(3)隔热铝型材应采用穿条式和浇注式工艺生产。穿条式隔热材料应采用 PA66GF25(聚酰胺 66 +25 玻璃纤维)材料；浇注式隔热材料应使用 PUR(聚氨酯)材料，浇注式隔热型材去除金属临时连接时不得破坏母材壁厚，切面应规则平整，浇注槽内部力学锁点不得小于 4 个。

2. 玻璃。

(1)幕墙玻璃的外观质量和性能应符合《建筑用安全玻璃夹层玻璃》GB 15763.3、《中空玻璃》GB/T11944、《镀膜玻璃第一部分阳光控制镀膜玻璃》GB/T18915.1、《镀膜玻璃第二部分低辐射镀膜玻璃》GB/T18915.2 等现行国家标准和行业标准的规定。

(2)幕墙玻璃采用中空玻璃时，除符合《中空玻璃》GB/T11944 的有关规定外，尚应符合下列规定：

中空玻璃气体层厚度不小于 9 mm；中空玻璃应采用双道密封，一道密封应采用丁基热熔密封胶，隐框、半隐框及点支承玻璃幕墙用中空玻璃的二道密封应采用硅酮结构密封胶，明框玻璃幕墙用中空玻璃的二道密封可采用聚硫类中空玻璃密封胶，也可采用硅酮密封胶，二道密封应采用专用打胶机进行混合注胶。中空玻璃间隔铝条可采用连续折弯或插角型，禁止使用热熔型间隔胶条，间隔铝条中的干燥剂应采用专业设备装填。中空玻璃在加工及转运过程中应采取充气或均压处理，消除玻璃表面可能产生的凸凹现象。中空玻璃应在专用设备生产线上加工生产。中空玻璃二道密封采用硅酮结构密封胶时应对接触材料进行相容性测试，以保证结构黏结强度。

隐框、半隐框及点支承玻璃幕墙用中空玻璃的二道硅酮结构密封胶，应按不同地区类别计算胶层厚度，以满足规范要求。

所有幕墙用玻璃应进行机械磨边处理，点支承玻璃的空、板边缘应进行磨边和倒棱，磨边宜细磨，倒棱不宜小于 1 mm。

玻璃幕墙采用夹层玻璃时，应采用干法加工合成，其胶片应采用聚乙烯醇缩丁醛(PVB)胶片。夹层玻璃合片时，应严格控制温、湿度，且应在无尘密闭车间合片、压片。

在线喷涂低辐射镀膜玻璃可单片使用，也可合成中空玻璃使用；离线喷涂低辐射镀膜玻璃应加工成中空玻璃使用，镀膜面应朝向中空空气层。

玻璃厚度应按地区类别验算，并符合设计及规范规定的要求。

3. 石材。

幕墙用石材技术要求和性能试验方法应符合国家现行标准的规定：《天然花岗石建筑板材》GB/T18601、《天然饰面石材试验方法》GB/T9966、《建筑材料放射性核素限量》GB6566。

石材板质：幕墙石材宜采用火成岩，即花岗岩。因花岗岩的主要结构物质是长石和石英，其质地坚硬，耐酸碱、耐腐蚀、耐高温、耐日晒雨淋、耐冰冻及耐磨性好等特点，故而较适宜使用作为建筑物的外饰面，也就是幕墙的饰面板材。

板材厚度：幕墙石材的常用厚度为 25～30 mm。考虑到石板强度较低，钻孔、开槽后如果剩余部分太薄，对受力不利，幕墙石板的厚度最薄不得小于 25 mm。

火烧石板的厚度应比抛光石板的厚度尺寸大 3 mm。石材经火烧加工后，在板材表面形成细小的不均匀麻坑效果而影响了板材厚度，同时也影响了板材的强度，故规定在设计计算强度时，对同厚度火烧板一般需要按减薄 3 mm 进行。

因石材是天然性材料，对于内伤或微小的裂纹有时用肉眼很难看清，在使用时会埋下安全隐患。因此，设计时应考虑到天然材料的不可预见性，石材幕墙立面划分时，单块板面积不宜大于 1.5 m^2。

4. 金属面板。

金属幕墙板使用根据使用面积、年限及性能等要求，可分别采用铝单板、铝塑复合板、铝合金蜂窝板、不锈钢板、搪瓷钢板及彩色涂层钢板等。金属板的外观质量及性能应符合《变形铝及铝合金化学成分》GB/T3190、《变形铝及铝合金状态代号》GB/T16475 等国家标准和规范的规定。

5. 建筑密封材料。

(1)建筑幕墙用密封材料包括硅酮密封胶和橡胶制品两大类。硅酮密封胶主要有隐框幕墙、半隐框幕墙结构粘接用硅酮结构密封胶、幕墙饰面板用中性硅酮耐候密封胶、中空玻璃用丁基热熔密封胶及硅酮建筑密封胶。橡胶制品类密封胶条(块)宜采用三元乙丙橡胶、氯丁橡胶、硅橡胶类制品。密封条应为挤出成型，橡胶块应为压模成型。

(2)密封胶和橡胶制品应满足《建筑用硅酮结构密封胶》GB16776、《硅酮建筑密封胶》GB/T14683、《幕墙玻璃接缝用密封胶》JC/T882 等国家标准的规定。同一幕墙工程应采用同一品牌的双组分或单组分硅酮结构密封胶，用于石材幕墙中硅酮结构密封胶和密封用胶应做污染性试验。同一幕墙工程应采用同一品牌硅酮结构密封胶和硅酮耐候密封胶。

(3)硅酮结构密封胶和硅酮耐候密封胶在应用前应对其接触材料做相容性试验，测试合格方可用于工程，否则应做底涂涂层处理。建筑幕墙用硅酮密封胶应有其有效性能检测报告，并应对邵氏硬度标准状态拉伸粘结性能进行复验。进口硅酮结构密封胶应有商检报告。

6. 幕墙的遮阳构件。

幕墙的遮阳构件种类繁多，如百叶、遮阳板、遮阳挡板、卷帘、花格等。对于遮阳构件，其尺寸直接关系到遮阳效果。如果尺寸不够大，必然不能按照设计的预期而遮住阳光。遮阳构件所用的材料也是非常重要的。材料的光学性能、材质、耐久性等均很重要，所以材料应为所设计的材料。遮阳构件的构造关系到结构安全、灵活性、活动范围等，应该按照设计的构造制造遮阳构件。

7. 其他材料。

(1)建筑幕墙用结构紧固件应采用符合国家标准的不锈钢标准件。

(2)幕墙用隔热保温材料宜采用岩棉、矿棉、玻璃棉、防火板或挤塑聚苯板等不燃或难燃材料。

(3)保温隔热材料应符合《建筑用岩棉、矿棉绝热制品》GB/T19686—2005 规定，导热系数≤0.05W/m·K。

四、建筑幕墙主要施工技术

(一)建筑幕墙的预埋件制作与安装

1. 预埋件制作的技术要求。

常用建筑幕墙预埋件有平板形和槽形两种，其中平板形预埋件应用最为广泛。

(1)平板形预埋件的加工要求。

锚板宜采用 Q235 级钢，锚筋应采用 HPB300 或 HRB400 级热轧钢筋，严禁使用冷加工钢筋。

直锚筋与锚板应采用 T 形焊。当锚筋直径＜20 mm 时，宜采用压力埋弧焊；当锚筋直径≥20 mm 时，宜采用穿孔塞焊。

预埋件都应采取有效的防腐处理，当采用热镀锌防腐处理时，锌膜厚度应大于 40 μm。

预埋件制作的允许偏差应符合规范要求。

(2)槽形预埋件的加工材料和技术要求。

与平板形预埋件基本相同，允许偏差应符合规范对槽形预埋件的要求，且应注意预埋件的长度，宽度和厚度。

现在国内经常采用的是 C 形热轧槽式埋件，它是由热轧 C 形槽和热轧工字锚筋经焊接而成，并采用 M16×60 热锻 T 形螺栓作为连件螺栓，经测试 T 形螺栓与 C 形槽式埋件的抗拉强度大于 70KN，T 型螺栓抗剪切能力采用螺栓 M12 时大于 30 KN、采用 M16 螺栓时大于 60 KN，其强度能够满足建筑幕墙的需要。

2. 预埋件安装的技术要求。

预埋件应在主体结构浇捣混凝土时按照设计要求的位置、规格埋设。

为保证预埋件与主体结构连接的可靠性，连接部位的主体结构混凝土强度等级不应低于 C20。

为防止预埋件在混凝土浇捣过程中产生位移，应将预埋件与钢筋或模板连接固定；在混凝土浇捣过程中，派专人跟踪观察；若有偏差，应及时纠正。

幕墙与砌体结构连接时，宜在连接部位的主体结构上增设钢筋混凝土或钢结构梁、柱。轻质填充墙不应做幕墙的支承结构。

(二)幕墙构件加工制作

幕墙构件在加工制作前，应对建筑设计施工图进行核对，并应对建筑结构主体进行复测，按实测结果调整幕墙的各种构造尺寸，经设计单位同意后方可加工组装。

加工幕墙构件的设备和量具应符合要求，要定期进行检查和计量认证，以保证加工品的质量和精确度。对于幕墙使用的所有材料和附件，都必须具有产品合格证和说明书以及执行标准的编号；特别是重要部件、与安全有关的材料和附件，必须严格检查其质量及出厂时间、存放有效期，严禁使用不合格和过期材料及附件。

加工幕墙构件的车间，要求清洁、干燥、通风良好，室内温度应适宜。对于结构硅酮密封胶的施工车间，其室内温度不宜高于 27℃，相对湿度不宜低于 50%。

1. 幕墙构件加工精度。

金属构件的加工精度要求，应符合相关规定的要求。

玻璃肋胶接全玻幕墙的加工组装，应符合相关规定的要求。

幕墙固定支座的制作要求：玻璃幕墙与建筑主体结构连接的固定支座材料，宜选用铝合金、不锈钢或表面热浸镀锌处理的碳素结构钢，并应具备调整范围。

2. 非金属材料的加工组装。

明框、半隐框、隐框玻璃幕墙采用的垫块、垫条的材质，应符合 HB/T3099《建筑橡胶密封垫预成型实心硫化的结构密封垫用材料》的规定。

3. 半隐框、隐框幕墙中对玻璃及支承物的清洁工作，应按下列步骤进行：

(1)把溶剂倾倒在干净布上，擦除黏结物表面的尘埃、油渍、霜及其他脏污，然后用另一块干净布将表面擦干。

(2)对玻璃槽口的清洁，可用干净布包裹油灰刀进行清洗。

(3)清洁后的构件，应在 1 小时内密封。

(4)清洗一个构件或一块玻璃后，应更换清洁的干布。

清洁所使用的溶剂应采用干净的容器，清洁时应注意要将溶剂倒在擦布上而不是将擦布蘸到溶剂里。使用溶剂的场所严禁烟火，并应遵守所用溶剂标签上的注意事项。

幕墙构件检验。

玻璃幕墙构件应按加工构件的 5%进行抽样检验，且每种构件不得少于 5 件。当有一个构件不符合要求时，应加倍抽查，复验合格后方可出厂。

产品出厂时，应附有检验质量证书、安装图及其说明。

(三)玻璃幕墙节点与连接要求

1. 预埋件与幕墙的连接节点。

幕墙受到的荷载及其本身的自重，主要是通过该节点传递到主体结构上的，故而此节点是幕墙受力最大的节点。由于施工中的偏差，连接件(固定支座)的孔位留边宽度过小，甚至出现破口孔，直接影响该节点强度，会造成结构隐患。因此，连接件的调节范围及其材质等，均应符合设计要求和有关标准指标。

2. 锚栓的锚固连接节点。

锚栓连接的检验指标，应符合以下规定：

使用锚栓进行锚固连接时，锚栓的类型、规格、数量、布置位置和锚固深度，必须符合设计和有关标准的规定。

锚栓的埋设应牢固、可靠。

3. 幕墙顶部的连接。

幕墙顶部处理直接影响到幕墙的雨水渗漏。由于幕墙受到外力环境的影响，其缝隙会发生变化。对于朝上及侧向的空隙或缝隙，如用硬性材料填充，受力后容易产生细缝造成雨水渗漏。检验幕墙顶部的连接时，应在幕墙顶部和女儿墙压顶部位用手触摸及观察检查，必要时也可进行淋水试验。

4. 幕墙底部的连接。

幕墙作为悬挂围护结构，其底部节点的处理很重要，实践中有些细部处理常被疏忽，如立柱底部节点与不同材料之间的处理、底部的伸缩缝隙设置等，都会直接影响幕墙的安全和使用功能。

5. 幕墙立柱的连接。

幕墙立柱连接的检验应在其连接处观察检查，并应采用分辨率为 0.05 mm 的游标尺和分度值为 1 mm的钢直尺测量。幕墙立柱的检验指标，应符合下列规定：

(1)芯管的材质、规格，应符合设计要求。

(2)芯管插入上下立柱的长度均不得小于 250 mm。

(3)上下两立柱之间的空隙不应小于 15 mm。

(4)立柱的上端应与主体结构固定连接，下端应为可上下活动的连接。

6. 幕墙梁、柱连接节点。

幕墙梁、柱连接节点的检验，应在梁、柱节点处观察和手动检查，并应采用分度值为 1 mm 的钢直尺和分辨率为 0.02 mm 的塞尺测量。应符合下列规定：

连接件和螺栓的规格、品种、数量，应符合设计要求。螺栓应有防松脱的措施。同一连接处的连接螺栓不应少于 2 个，且不应采用自攻螺钉。梁、柱连接应牢固、不松动，两端连接处应设弹性橡胶垫片，或以密封胶密封。与铝合金接触的螺钉及金属配件，应采用不锈钢或铝制品。

7. 变形缝节点连接。

变形缝节点连接的检验，应在变形缝处观察检查，并应采用淋水试验检查其渗漏情况。应符合下列规定：

(1)变形缝构造、施工处理，应符合设计要求。

(2)罩面应平整、宽窄一致，无凹瘪和变形。

(3)变形缝罩面与两侧幕墙结合处，不得有渗漏。

8. 幕墙内排水构造。

幕墙内排水构造的检验应在设置内排水的部位观察检查，应符合下列规定：

(1)排水孔、槽应畅通不堵塞，接缝严密，设置应符合设计要求。

(2)排水管及附件应与水平构件预留孔连接严密，与内衬板出水孔连接处应设橡胶密封圈。

(四)全玻幕墙安装的技术要求

1. 全玻幕墙安装的一般技术要求。

全玻幕墙面板玻璃厚度不应小于 10 mm；夹层玻璃单片厚度不应小于 8 mm；玻璃肋截面厚度不应小于 12 mm；截面高度不应小于 100 mm。

全玻幕墙玻璃面板的尺寸一般较大，宜采用机械吸盘安装。

全玻幕墙玻璃两边嵌入槽口深度及预留空隙应符合设计和规范要求，以防止玻璃受力弯曲变形后从槽内拔出或因空隙不足而使玻璃变形受到限制造成破损。嵌入左右两边槽口的空隙应相同。

全玻幕墙安装过程中，应随时检测和调整面板、玻璃肋的水平度和垂直度，使墙面安装平整。每次调整后应采取临时固定措施，在完成注胶后拆除，并对胶缝进行修补处理。

全玻幕墙面板承受的荷载和作用是通过胶缝传递到玻璃肋上去，其胶缝必须采用硅酮结构密封胶。胶缝的厚度应通过设计计算决定，施工中必须保证胶缝尺寸，不得削弱胶缝的承载能力。当胶缝的尺寸满足结构计算要求时，允许在全玻幕墙的板缝中填入合格的发泡垫杆等材料后，再进行前后两面打胶。

全玻幕墙允许在现场打注硅酮结构密封胶。

由于酸性硅酮结构密封胶对各种镀膜玻璃的膜层、夹层玻璃的夹层材料和中空玻璃的合片胶缝都有腐蚀作用，所以使用上述几种玻璃的全玻幕墙，不能采用酸性硅酮结构密封胶和酸性硅酮耐候密封胶嵌缝。

全玻幕墙的板面不得与其他刚性材料直接接触。板面与装修面或结构面之间的空隙不应小于8 mm，且应采用密封胶密封。

2. 吊挂式全玻幕墙安装的技术要求。

当幕墙玻璃高度超过4 m（玻璃厚度10 mm、12 mm）、5 m（玻璃厚度15 mm）、6 m（玻璃厚度19 mm）时，全玻幕墙应悬挂在主体结构上。

吊挂式全玻幕墙主体结构的结构构件应有足够的刚度，采用钢桁架或钢梁作为受力构件时，其中心线必须与幕墙中心线相一致，椭圆螺孔中心线与幕墙吊杆锚栓位置一致。

吊挂式全玻幕墙的吊夹与主体结构之间应设置刚性水平传力结构。吊夹安装应通顺平直，要分段拉通线校核，对焊接造成的偏位要进行调直。每块玻璃的吊夹应位于同一平面，吊夹的受力应均匀。

所有钢结构焊接完毕后，应进行隐蔽工程验收，验收合格后再涂刷防锈漆。

吊挂玻璃下端与下槽底应留空隙，以满足玻璃伸长变形要求。玻璃与下槽底应采用弹性垫块支承或填塞。垫块长度不应小于100 mm，厚度不应小于10 mm。槽壁与玻璃之间应采用硅酮耐候密封胶密封。

吊挂玻璃的夹具不得与玻璃直接接触，夹具衬垫材料与玻璃应平整结合、紧密牢固。

吊挂玻璃的夹具等支承装置应符合现行行业标准《吊挂式玻璃幕墙支承装置》(JG139)的规定。

3. 全玻幕墙安装质量要求。

墙面外观应平整，胶缝应均匀、密实、连续，平整、光滑。幕墙垂直度、水平度，胶缝宽度、直线度的允许偏差均应符合规范和质量检验标准的要求。

（五）点支承玻璃幕墙

1. 点支承玻璃幕墙的支承形式。

玻璃肋支承的点支承玻璃幕墙；

单根型钢或钢管支承的点支承玻璃幕墙；

钢桁架支承的点支承玻璃幕墙；

拉索式支承的点支承玻璃幕墙。

2. 点支承玻璃幕墙制作安装的技术要求。

点支承玻璃幕墙的玻璃面板厚度：采用浮头式连接件时，不应小于6 mm；采用沉头式连接件时，不应小于8 mm。安装连接件的夹层玻璃和中空玻璃，其单片玻璃厚度也应符合上述要求。沉头式连接件应采用锥形孔洞，使连接件“沉入”玻璃面板，与板面平齐。

点支承玻璃幕墙的面板应采用钢化玻璃或由钢化玻璃合成的夹层玻璃和中空玻璃；玻璃肋应采用钢化夹层玻璃。

玻璃支承孔边与板边的距离不应小于70 mm。孔洞边缘应倒棱和磨边。倒棱宽度不小于1 mm，磨边宜细磨。

夹层玻璃、中空玻璃的钻孔可采用大孔、小孔相对的方式，使合片时多孔可完全对位。

矩形玻璃面板一般采用四点支承玻璃，但当设计需要加大面板尺寸而导致玻璃跨中挠度过大时，也可采用六点支承；三角形面板可采用三点支承。

点支承装置应符合现行行业标准《建筑玻璃点支承装置》(JG/T138)的规定。支承头应能适应支承点处的转动变形。安装时，支承头的钢材与玻璃之间宜设置厚度不小于 1 mm 的弹性材料衬垫或衬套。

玻璃幕墙的支承钢结构制作安装过程中，制孔、组装、焊接、螺栓连接和涂装等工序均应符合《钢结构工程施工质量验收规范》(GB50205)的有关规定。

(六)金属与石材幕墙工程施工技术要求

金属与石材幕墙的框架最常用的是钢管或钢型材框架，较少采用铝合金型材。铝合金型材框架的安装技术要求与构件式玻璃幕墙相同。以下框架安装是指钢结构框架。

金属与石材幕墙的框架安装前，应对进场构件进行检验和校正，不合格的构件不得安装使用。在进行测设放线、偏差修整及预埋件增补后，先将立柱上墙安装。

幕墙构架立柱与主体结构的连接应有一定相对位移的能力。立柱应采用螺栓与角码连接，并再通过角码与预埋件或钢构件连接。立柱可每层设一个支承点，也可设两个支承点。砌体结构不宜做支承点，需要设支承点时，宜在连接部位加设钢筋混凝土或钢结构梁、柱。

幕墙横梁应通过角码、螺钉或螺栓与立柱连接。螺钉直径不得小于 4 mm，每处连接螺钉不应少于 3 个，如用螺栓不应少于 2 个。横梁与立柱之间应有一定的相对位移能力。

横梁安装时，应将横梁两端的连接件及垫片安装在立柱的预定位置，并应安装牢固，接缝严密。

幕墙钢构件施焊后，其表面应采取有效的防腐措施。

幕墙立柱、横梁的允许偏差应符合规范和质量检验标准要求。

1. 金属板加工制作。

金属板材的品种、规格和色泽应符合设计要求。铝合金板(单层铝板、铝塑复合板、蜂窝铝板)表面氟碳树脂厚度应符合设计要求。规范要求，海边及严重酸雨地区，可采用三道或是四道氟碳树脂涂层，其厚度应大于 40 μm；其他地区，可采用两道氟碳树脂涂层，其厚度应大于 25 μm。

在制作单层铝板、蜂窝铝板、铝塑复合板和不锈钢板构件时，板材应四周折边；蜂窝铝板、铝塑复合板应采用机器刻槽折边。

金属板应按需要设置边肋和中肋等加劲肋，铝塑复合板折边处应设边肋，加劲肋可采用金属方管、槽形或角形型材。

幕墙用单层铝板厚度不应小于 2.5 mm；单层铝板折弯加工时，折弯外圆弧半径不应小于板厚的 1.5 倍；加劲肋可采用电栓钉固定，但应确保铝板外表面不变形、褪色，固定应牢固；固定耳子的规格、间距应符合设计要求，可采用焊接、铆接或直接在铝板上冲压而成；板块四周应采用铆接、螺栓或黏结与机械连接相结合的形式固定。

铝塑复合板在切割内层铝板和聚乙烯塑料时.应保留不小于 0.3 mm 厚的聚乙烯塑料，并不得划伤铝板的内表面；打孔、切口等外露的聚乙烯塑料应采用中性硅酮耐候密胶密封；在加工过程中，铝塑复合板严禁与水接触。

蜂窝铝板在切除铝芯时不得划伤外层铝板的内表面；各部位外层铝板上，应保留 0.3～0.5 mm的铝芯；直角构件的折免应弯成圆弧状，角缝应用硅酮耐候密结胶密封。

2. 石板加工制作。

石材幕墙的石板，厚度不应小于 25 mm，为满足等强度计算要求，火烧石板的厚度应比抛光石板厚 3 mm；石板连接部位应无崩坏、暗裂等缺陷，其加工尺寸允许偏差及外观质量均应符合国家标准《天然花岗石建筑板材》(GB/T18601—2009)的要求；钢销式、通槽式、短槽式安装的石材幕墙石板加工应符合行业标准《金属与石材幕墙工程技术规范》(JGJ133—2001)的要求。

石材加工后表面应用高压水冲洗或用水和刷子清理，严禁用溶剂型的化学清洁剂清洗石材。

3. 金属与石材幕墙面板安装要求。

金属板与石板通常由加工厂一次加工成型后，运抵现场安装。按照板块规格及安装顺序分别送到各楼层适当位置。

将金属板用紧固件固定在骨架上，其位置、规格及紧固件的品种、规格和间距均应符合设计要求。

石材幕墙的面板与骨架的连接有钢销式、通槽式、短槽式、背栓式、背挂式等方式。其中，钢销式为薄弱连接，规范已对其使用范围做了限制。

短槽式石材幕墙安装，先按幕墙面基准线安装好第一层石材，然后依次向上逐层安装，槽内注胶。以保证石板与挂件的可靠连接。

石材幕墙面板宜采用便于各板块独立安装和拆卸的支承固定系统。

石板的转角宜采用不锈钢支撑件或铝合金支撑件组装。

石板经切割或开槽等工序后均应将石屑用水冲干净，石板与不锈钢或铝合金挂件间应用干挂石材幕墙环氧胶黏剂粘结，不应使用不饱和聚酯类胶黏剂。

不锈钢挂件的厚度不应小于 3 mm，铝合金挂件的厚度不应小于 4 mm。

金属板、石板离缝安装时，必须有防水措施，并应有排水出口。

金属面板的安装应注意与产品指示箭头方向保持一致。

金属面板嵌缝前，先把胶缝处的保护膜撕开，清洁胶缝后打胶；大面上的保护膜待工程验收前方可撕去。

金属与石材幕墙的板缝尺寸及填充材料应符合设计要求，嵌缝方法与玻璃幕墙相同。要求胶缝饱满、密实、连续、均匀，无气泡，外观横平竖直、宽窄均匀、深浅一致、光滑顺直。阴阳角石板压向正确，板边应顺直，凸凹线出墙厚度一致，上下口平直。

金属与石材幕墙板面嵌缝应采用中性硅酮耐候密封胶。因石板内部有孔隙，为防止密封胶内的某些物质渗入板内，故要求采用经耐污染性试验合格的(石材专用)硅酮耐候密封胶，嵌缝前应将槽口清洗干净，完全干燥后方可注胶。

金属与石材幕墙面板安装的允许偏差应符合规范和质量检验标准的要求。

(七)幕墙工程的防火构造

应在幕墙与楼板、墙、柱、楼梯间隔断处，按照以下规定要求设置防火隔断：

1. 幕墙与楼板、墙、柱之间，应按设计要求设置横向、竖向连续的防火隔断。

2. 对高层建筑无窗间墙和窗槛墙的玻璃幕墙，应在每层楼板外沿设置耐火极限不低于 1 h、高度不小于 0.8 m 的不燃烧实体裙墙。

3. 同一块玻璃不宜跨两个防火分区。

4. 防火材料应安装牢固，无遗漏，并应严密无缝隙。

5. 镀锌钢衬板不得与铝合金型材直接接触，衬板就位后应进行密封处理。

6. 防火层与幕墙和主体结构间的缝隙，必须用防火密封胶严密封闭。

7. 防火材料的品种、材质、耐火等级和铺设厚度，必须符合设计的规定。

8. 搁置防火材料的镀锌钢板，其厚度不应小于 1.5 mm。

9. 防火材料铺设应饱满、均匀、无遗漏，厚度不应小于 100 mm。

10. 防火材料不得与幕墙玻璃直接接触，防火材料朝玻璃面处宜采用装饰材料覆盖。

(八)幕墙工程的防雷构造

幕墙防雷应遵守国家现行标准《建筑物防雷设计规范》(GB50057)、《玻璃幕墙工程质量检验标准》(JGJ/T139)以及《民用建筑电气设计规范》(JGJ16)等的有关规定。

1. 玻璃幕墙金属框架的连接。

幕墙所有金属框架应互相连接,形成导电通路。

连接材料的材质、截面尺寸、连接长度必须符合设计要求。

连接接触面应紧密可靠、不松动。

2. 玻璃幕墙与主体结构防雷装置的连接。

检验玻璃幕墙与主体结构防雷装置的连接,应在幕墙框架与防雷装置连接部位,采用接地电阻仪和兆欧表测量和观察检查。

3. 连接材质、截面尺寸和连接方式必须符合设计要求。

幕墙金属框架与防雷装置的连接应紧密可靠,应采用焊接或机械连接,形成导电通路。连接点水平间距不应大于防雷引下线的间距,垂直间距不应大于均压环的间距。

女儿墙压顶板宜与女儿墙部位幕墙构架连接,女儿墙部位幕墙构架与防雷装置的连接节点宜明露,其连接应符合设计的规定。

(九)一般建筑幕墙的保温、隔热构造要求

有保温要求的玻璃幕墙应采用中空玻璃,必要时采用隔热铝合金型材;有隔热要求的玻璃幕墙,宜设计适宜的遮阳装置或采用遮阳型玻璃。

1. 玻璃幕墙的保温材料应安装牢固,并应与玻璃保持 50 mm 以上的距离,保温材料填塞应饱满、平整,不留间隙,其填塞密度、厚度应符合设计要求。

2. 玻璃幕墙的保温、隔热层安装内衬板时,内衬扳四周宜套装弹性橡胶密封条,内衬板应与构件接缝严密。

3. 在冬季取暖地区,保温面板的隔汽铝箔面应朝向室内;无隔汽铝箔面时,应在室内侧有内衬隔汽板。

4. 金属与石材幕墙的保温材料可与金属板、石板结合在一起,但应与主体结构外表面有 50 mm 以上的空气层(通气层),以供凝结水从幕墙层间排出。

建筑幕墙的封口构造。

5. 幕墙的封口构造应根据设计图纸施工。封口的面板材料视工程而异,常用的有单层铝板、铝塑复合板、不锈钢板、花岗石板、玻璃等,也有直接与外墙装饰面用密封胶封口的。

6. 封底:立柱、底部横梁及玻璃板块与主体结构之间应有伸缩空隙,空隙宽度不应小于 15 mm,并用弹性密封材料嵌填,不得用水泥砂浆或其他硬质材料嵌填。

7. 封顶:封顶的女儿墙压顶坡度应符合设计要求,骨架和面板应安装牢固,不松动、不渗漏、无空隙。女儿墙内侧罩板深度不应小于 150 mm,罩板与女儿墙之间的缝隙应使用密封胶密封。

金属幕墙的女儿墙应用单层铝板或不锈钢板加工成向内倾斜的顶盖。

8. 周边封口:幕墙周边与主体结构之间的缝隙,应采用防火保温材料严密填塞,水泥砂浆不得与铝型材直接接触,不得采用干硬性材料填塞。内外表面应采用密封胶连续封闭,接缝应严密不渗漏,密封胶不应污染周边相邻表面。

为了防止玻璃由于变形和位移受阻而开裂,玻璃周边均不得与其他刚性材料直接接触。玻璃周边与建筑内外装饰物之间的缝隙不应小于 5 mm;全玻幕墙板面与装修面或结构面之间的空隙不应小于 8 mm。缝隙表面均应用密封胶密封。

第三节　建筑结构的基本知识

一、常见基础的一般结构知识

由于地层土的压缩性大、强度低而不能直接承担通过墙和柱等竖向传力构件传来的建筑物的上部结构荷载，所以只能在竖向传力构件(墙和柱等)等直接与地基的接触处设置一层尺寸大于墙或柱断面的结构，以将荷载扩散后安全地传递给地基，这种起到扩散墙、柱等竖向传力构件荷载作用的建筑物最下部的结构称为基础。如图 3.103 所示。

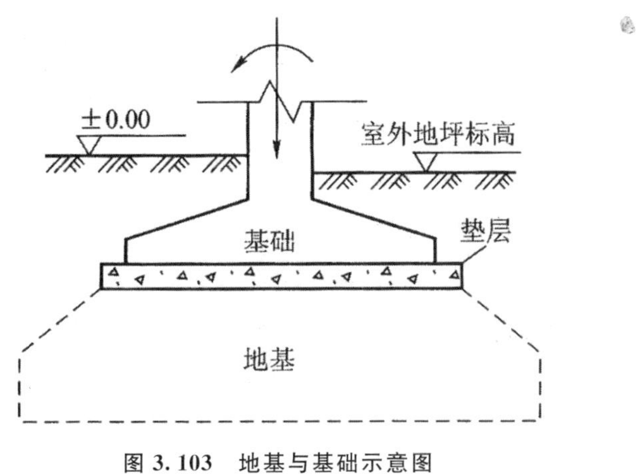

图 3.103　地基与基础示意图

基础是连接上部结构与地基的结构构件，基础结构应符合上部结构使用要求，技术上合理，施工方便，能满足地基的承载能力和抗变形能力要求。基础按埋置深度和传力方式可分为浅基础和深基础。

(一)浅基础

相对埋深(基础埋深与基础宽度之比)不大，采用普通方法与设备即可施工的基础称为浅基础。

根据基础所用的材料来分，浅基础可分为无筋扩展基础、钢筋混凝土扩展基础和钢筋混凝土梁板基础。按基础结构形式来分，浅基础可分为独立基础、条形基础、板式基础、筏式基础、箱形基础和壳体基础等。

1. 无筋扩展基础。

无筋扩展基础又称为刚性基础，是指由灰土、三合土、砖、毛石或混凝土等材料组成的墙下条形基础或柱下独立基础。由于组成无筋扩展基础的材料抗拉、抗弯强度低，该基础的外伸宽度受限制，所以此类基础的相对高度较大。

无筋扩展基础可分为墙下条形基础和柱下独立基础，其中墙下条形基础应用得较多，在北方环境干燥地区用于五层以下丙级民用建筑，在南方环境相对潮湿地区一般用于四层以下的丙级民用建筑中。

常见的几种无筋扩展基础的类型有：砖基础、毛石基础、混凝土或毛石混凝土基础、灰土基础、三合土基础，图 3.104 为无筋扩展基础的构造示意图。

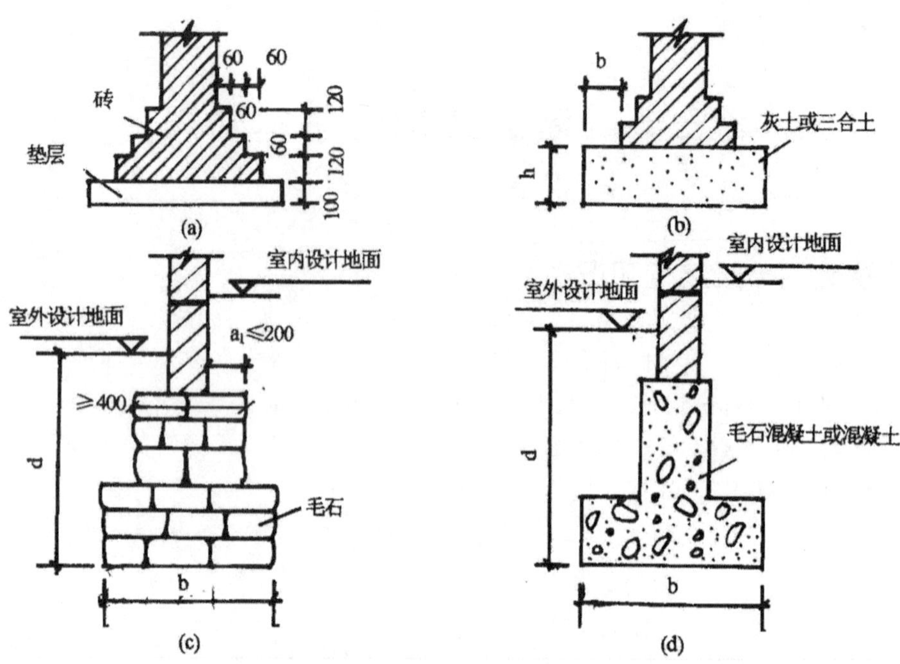

图 3.104　无筋扩展基础

2. 钢筋混凝土扩展基础。

钢筋混凝土扩展基础又分为墙下钢筋混凝土条形基础和柱下钢筋混凝土独立基础。由于采用了钢筋混凝土结构，基础的抗弯等可通过配置钢筋来承担，基础的扩展宽度不受宽高比限制，比无筋扩展基础的扩展宽度大得多，特别适应于“宽基浅埋”的情况。图 3.105 为墙下钢筋混凝土条形基础，图 3.106 为柱下钢筋混凝土独立基础。

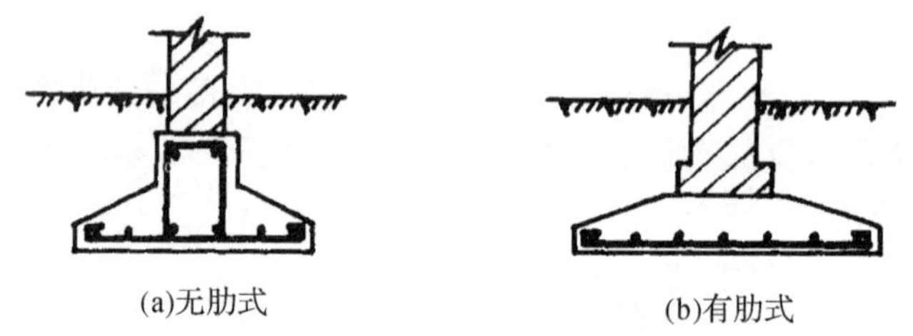

图 3.105　墙下钢筋混凝土条形基础

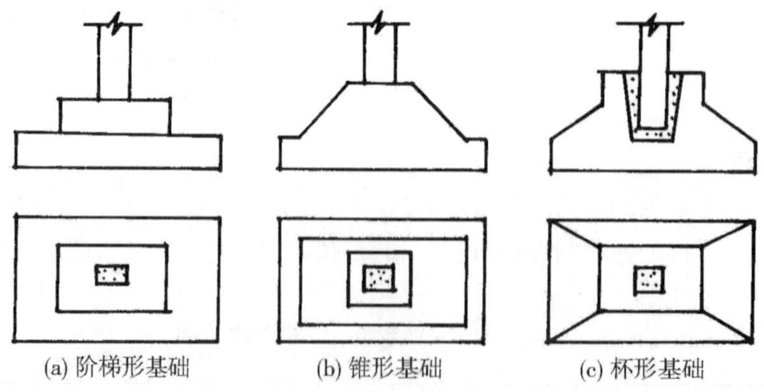

图 3.106　柱下钢筋混凝土独立基础

3. 钢筋混凝土梁板式基础。

钢筋混凝土梁板式基础分为柱下条形基础、柱下十字交叉基础、筏板基础和箱形基础。

(1)柱下条形基础。

在上部结构荷载较大、地基较软弱的情况下，若采用柱下单独基础，基底面积可能很大以至于排柱的独立基础互相接近时，可将同一排的柱基础连通做成钢筋混凝土条形基础，如图 3.107 所示。

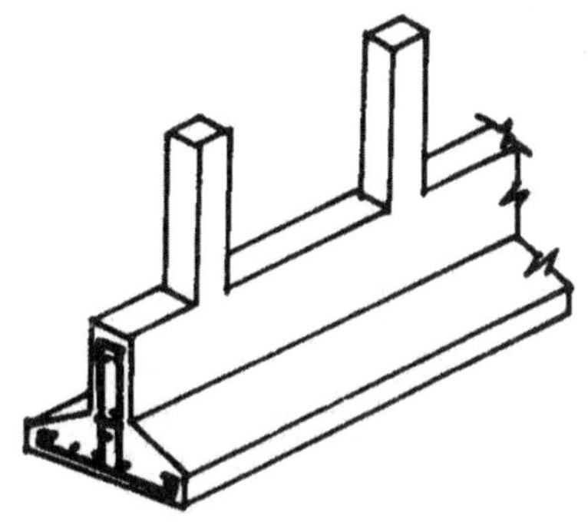

图 3.107 柱下条形基础

(2)柱下十字交叉基础。

当上部荷载较大、地基土质较差，采用条形基础不能满足地基承载力要求，或是需要增强基础的整体刚度来减少不均匀沉降时，可在柱网下纵横两方向设置钢筋混凝土条形基础形成如图 3.108 所示的柱下十字交叉基础。

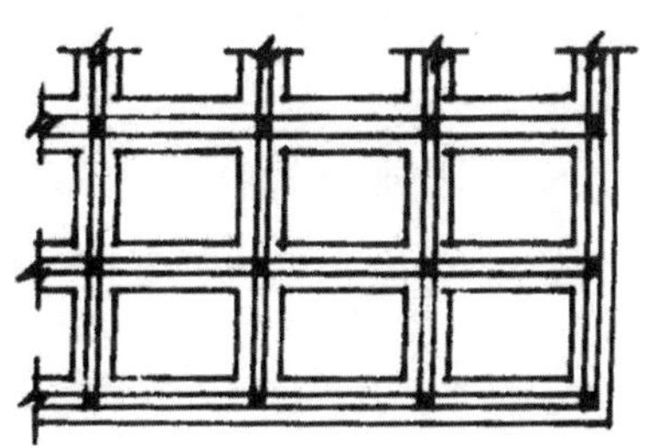

图 3.108 柱下十字交叉基础

(3)筏式基础。

当上部荷载大、地基特别软弱或有地下室时可采用钢筋混凝土筏式基础。筏式基础像一个倒置的整体刚度很大的无梁楼盖，它能很好地适应上部结构荷载的变化及调整地基的不均匀沉降。按构造的不同，它可分为平板式和梁板式两类，如图 3.109 所示。平板式是柱子直接支承在钢筋混凝土底板上，形若倒置的无梁楼盖。按梁板的位置不同，梁板式又可分为上梁式和下梁式，其中下梁式底板表面平整，可做建筑物底层地面。梁板式基础的刚度较大，能承受更大的弯矩。

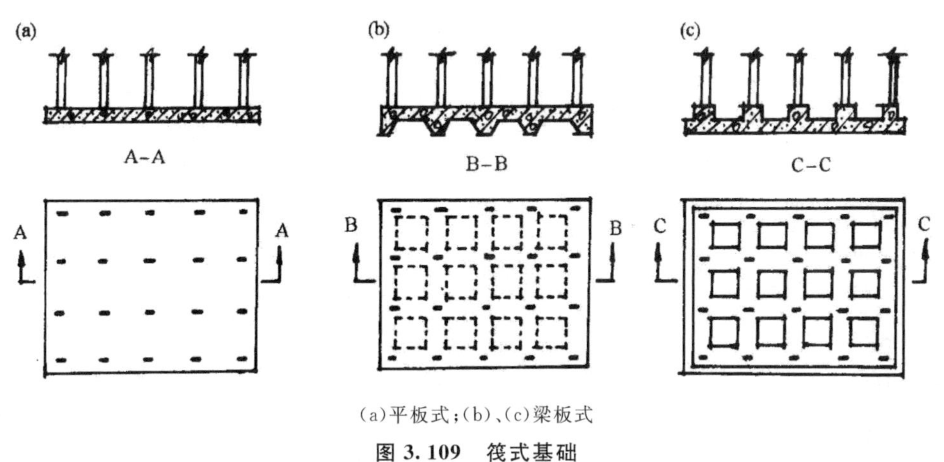

(a)平板式；(b)、(c)梁板式

图 3.109 筏式基础

(4)箱形基础。

为使基础具有更大刚度,基础可做成由钢筋混凝土整片底板、顶板和若干钢筋混凝土纵横墙组成的箱形基础。这种基础整体抗弯刚度相当大,基础的空心部分可做地下室。另外,由于埋深较大和基础空腹,卸除了基底处原有的地基自重压力,大大减少了基础底面的附加压力,所以这种基础又称为补偿基础。箱形基础在高层建筑及重要的建筑物中常被采用。

(二)深基础

当建筑物荷载较大且上层土质较差,采用浅基础无法承担建筑物荷载时,须将基础埋置于较深的土层上,通过特殊的施工方法将建筑物荷载传递到较深土层的基础称为深基础。

常用的深基础类型有:桩基础、沉井基础、地下连续墙等。

1.桩基础。

(1)按承台位置的高低分。

①高承台桩基础——承台底面高于地面,它的受力和变形不同于低承台桩基础。一般应用在桥梁、码头工程中。

②低承台桩基础——承台底面低于地面,一般用于房屋建筑工程中。

(2)按承载性质不同。

①端承桩——是指穿过软弱土层并将建筑物的荷载通过桩传递到桩端坚硬土层或岩层上。桩侧较软弱土对桩身的摩擦作用很小,其摩擦力可忽略不计。

②摩擦桩——是指沉入软弱土层一定深度通过桩侧土的摩擦作用,将上部荷载传递扩散于桩周围土中,桩端土也起一定的支承作用,桩尖支承的土不甚密实,桩相对于土有一定的相对位移时,即具有摩擦桩的作用。

(3)按桩身的材料不同。

①钢筋混凝土桩。

钢筋混凝土桩可以预制也可以现浇。根据设计,桩的长度和截面尺寸可任意选择。

②钢桩。

常用的钢桩有直径250～1200 mm的钢管桩和宽翼工字形钢桩。钢桩的承载力较大,起吊、运输、沉桩、接桩都较方便,但消耗钢材多,造价高。

③木桩。

目前已很少使用,只在某些加固工程或能就地取材的临时工程中使用。在地下水位以下时,木材有很好的耐久性,而在干湿交替的环境下,极易腐蚀。

④砂石桩。

主要用于地基加固,挤密土壤。

⑤灰土桩。

主要用于地基加固。

(4)按桩的使用功能分。

①竖向抗压桩。

②竖向抗拔桩。

③水平荷载桩。

④复合受力桩。

(5)按桩直径大小分。

①小直径桩 $d \leqslant 250$ mm。

②中等直径桩 250 mm<d<800 mm。

③大直径桩 d≥800 mm。

(6)按成孔方法分。

①非挤土桩:泥浆护壁灌筑桩、人工挖孔灌筑桩,应用较广。

②部分挤土桩:先钻孔后打入。

③挤土桩:打入桩。

(7)按制作工艺分。

①预制桩。

钢筋混凝土预制桩是在工厂或施工现场预制,用锤击打入、振动沉入等方法,使桩沉入地下。

②灌筑桩。

又叫现浇桩,直接在设计桩位的地基上成孔,在孔内放置钢筋笼或不放钢筋,后在孔内灌筑混凝土而成桩。

与预制桩相比,可节省钢材,在持力层起伏不平时,桩长可根据实际情况设计。

(8)按截面形式分。

①方形截面桩。

制作、运输和堆放比较方便,截面边长一般为 250~550 mm。

②圆形空心桩。

是用离心旋转法在工厂中预制,它具有用料省、自重轻、表面积大等特点。国内铁道部门已有定型产品,其直径有 300 mm、450 mm 和 550 mm,管壁厚 80 mm,每节长度自 2~12 m 不等。

2. 沉井基础。

沉井基础是一个用混凝土或钢筋混凝土等制成的井筒形结构物,它可以仅作为建筑物基础使用,也可以同时作为地下结构物使用。沉井基础施工的施工方法是先就地制作第一节井筒,然后在井筒内挖土,使沉井在自重作用下克服土的阻力而下沉。随着沉井的下沉,逐步加高井筒,沉到设计标高后,在其下端浇筑混凝土封底。沉井只作为建筑物基础使用时,常用低强度混凝土或砂石填充井筒,若沉井作为地下结构物使用,则不进行填充而在其上端接筑上部结构。

3. 地下连续墙。

地下连续墙是利用专门的成槽机械在地下成槽,在槽中安放钢筋笼(网)后以导管法浇灌水下混凝土,形成一个单元墙段,再将顺序完成的墙段以特定的方式连接组成的一道完整的现浇地下连续墙体。地下连续墙具有挡土、防渗兼作主体承重结构等多种功能;能在沉井作业、板桩支护等法难以实施的环境中进行无噪音、无震动施工;能通过各种地层进入基岩,深度可达 50 m 以上而不必采取降低地下水的措施,因此可在密集建筑群中施工。尤其是用于二层以上地下室的建筑物,可配合“逆筑法”施工而更显出其独特的作用。

二、钢筋混凝土受弯、受压、受扭构件的基本知识

(一)钢筋混凝土受弯构件

受弯构件是指仅承受弯矩和剪力作用的构件,它是钢筋混凝土结构中用量最大的一种构件。一般房屋建筑中的梁、板以及楼梯和过梁是典型的受弯构件。此外,房屋结构中经常采用的钢筋混凝土框架的框架梁虽然除承受弯矩和剪力外还承受轴向力(由于水平荷载引起的压力或拉力),但由于轴向力值通常较小,其影响可以忽略不计,因此在实际工程中,框架梁也按受弯构件进行设计。

(二)钢筋混凝土受压构件

以承受轴向压力为主的构件属于受压构件。例如:单层厂房柱、拱、屋架上弦杆,多层和高层建筑中的框架柱、剪力墙、筒体,烟囱的筒壁,桥梁结构中的桥墩、桩等均属于受压构件。受压构件按其受力情况可分为轴心受压构件、单向偏心受压构件和双向偏心受压构件。

(三)钢筋混凝土受扭构件

工程结构中,处于纯扭矩的情况是很少的,绝大多数都是处于弯矩、剪力、扭矩共同作用下的复合受扭情况。例如图 3.110 所示的吊车梁、现浇框架的边梁,以及雨篷梁、曲梁、槽形墙板等,都属弯、剪、扭复合受扭构件。

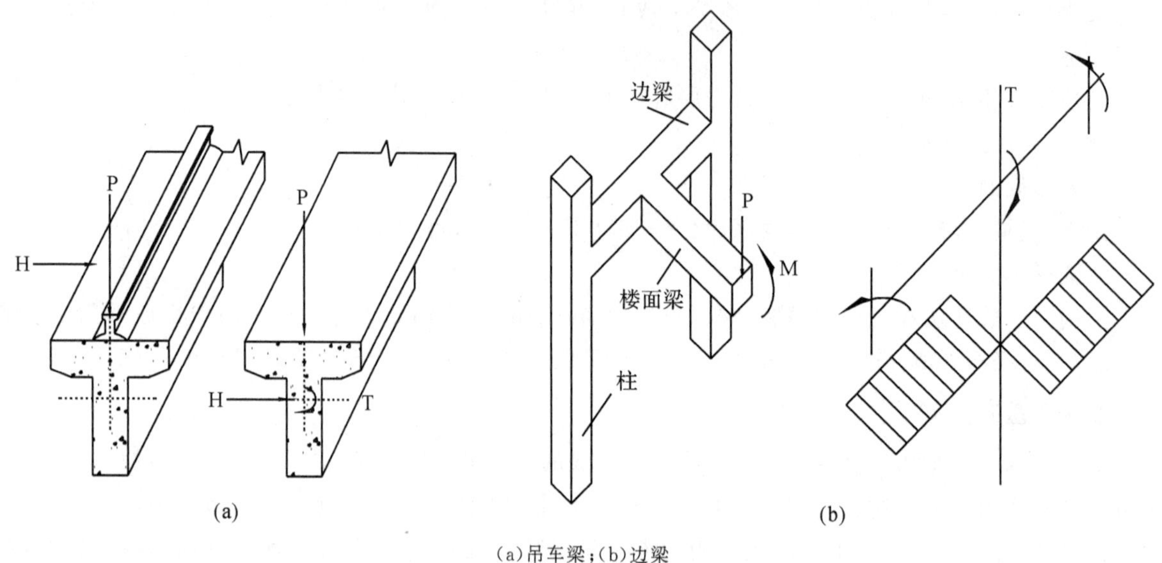

(a)吊车梁;(b)边梁

图 3.110 平衡扭转与协调扭转图例

静定的受扭构件,由荷载产生的扭矩是由构件的静力平衡条件确定而与受扭构件的扭转刚度无关的,称为平衡扭转。例如图 3.110(a)所示的吊车梁,在吊车横向水平制动力和轮压的偏心对吊车梁截面产生的扭矩 T 就属于平衡扭转。图 3.110(b)所示的现浇框架的边梁,边梁承受的扭矩 T 就是由楼面梁支座负弯矩,并由楼面梁支承点处的转角与该处边梁扭转角的变形协调条件所决定。当边梁和楼面梁裂开后,由于楼面梁的弯曲刚度特别是边梁的扭转刚度发生了显著的变化,楼面梁和边梁都产生内力重分布,此时边梁的扭转角急剧增大,从而作用于边梁的扭矩迅速减小。

三、现浇钢筋混凝土楼板的基本知识

现浇钢筋混凝土楼板是现场支模板、绑扎钢筋、浇捣混凝土而成型的楼板。这种楼板具有结构整体性强、抗震性能好、梁板布置灵活等优点,但需用大量模板,现场作业量大,而且施工工期长,尤其适用于平面布置不规则、整体性要求高或管道穿越楼板较多的工程。随着工具式模板的发展和现场浇筑机械化程度的提高,现浇钢筋混凝土楼板的应用日趋广泛。

现浇钢筋混凝土楼板根据结构形式的不同,可分为板式楼板、梁板式楼板、井式楼板、无梁楼板等多种类型。

(一)板式楼板

板式楼板的钢筋混凝土板支承在墙上,楼板所承受的荷载直接传给墙体。这种楼板上下板面平整,便于支模施工,是构造最简单的一种楼板形式。板式楼板施工方便、造价低,但隔声效果差。适用于平面尺寸较小的空间,如走廊、厕所、厨房等。

在多层普通砖、多孔砖建筑中,楼板在纵横墙内的支承长度均应≥120 mm。板的厚度为跨度的1/30～1/40,一般不超过120 mm,亦不小于60～80 mm,经济跨度在3000 mm之内。

(二)梁板式楼板

工程经验表明:板的厚度与板的跨度成正比,当房间尺寸较大时,如采用板式楼板,必然会加大板的厚度,增加板内配筋。为了使楼板的结构经济合理,就在楼板下设置梁来增加板的支承支座,从而减小板的跨度。这样楼板所承受的荷载就先由板传给梁再由梁传给墙或柱,这种由板和梁组成的楼板被称为梁板式楼板。梁板式楼板中的梁可以单一方向布置,称为单梁楼板,也可双向成角布置甚至多向布置(但大多为纵横双向布置)。做双向成角布置时,一般两个方向梁的交角为90°,两个方向的梁经常以不等高的形式出现,以这种方式构造的楼板被称为肋形楼板。如有特殊需要,两个方向的梁也可以以等高的形式出现,以这种方式构造的楼板被称为井字楼板。

1. 肋形楼板。

肋形楼板所承受的楼面荷载先由板传给次梁(楼板中高度较小的梁),再由次梁传给主梁(楼板中高度较大的梁)。

工程经验表明:梁的断面高度与梁的跨度成正比,梁的断面宽度与梁的断面高度成正比。为了取得较好的经济效果,肋形楼板的主梁沿房间短跨方向布置,支承在墙或柱上;次梁沿垂直于主梁的方向布置,支承在主梁上;板支承在次梁上,次梁的间距即为板的跨度,主梁的间距即为次梁的跨度。如图3.111所示。

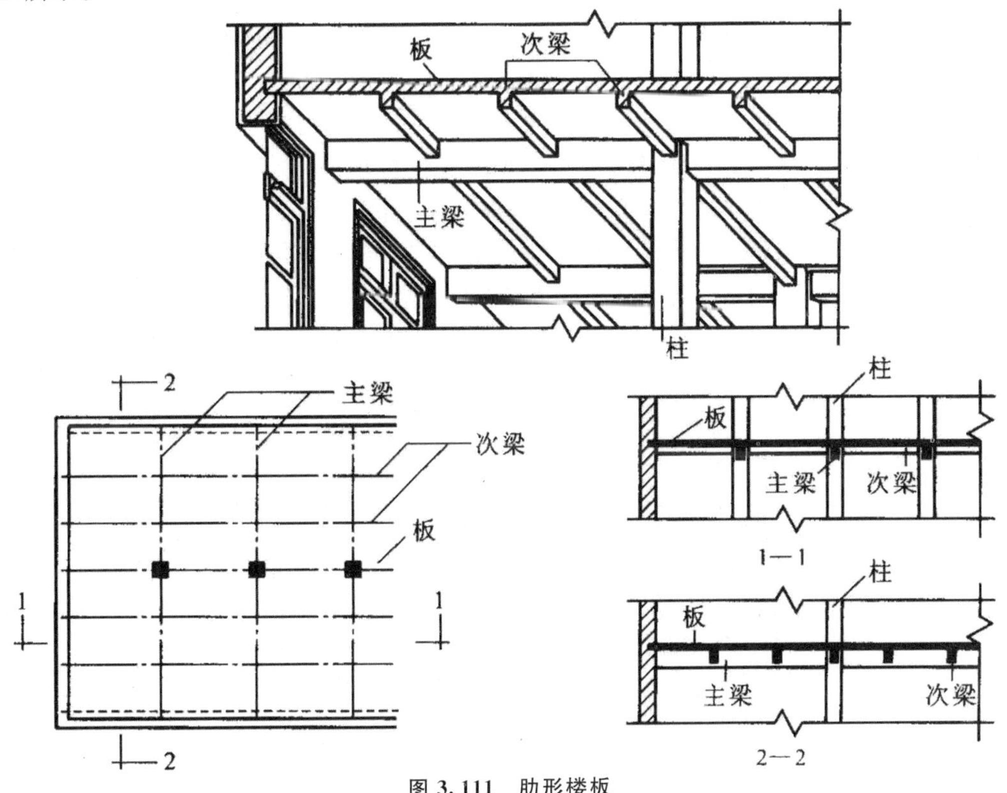

图3.111　肋形楼板

2. 井式楼板。

井式楼板是梁板式楼板的一种特殊形式，也由梁和板组成。这种楼板的梁无主次梁之分，两个方向的梁等断面等距离井字交叉布置，形成井字形梁的梁板式楼板。井式楼板的跨度一般多为 10 m 左右，最大可达 30 m，两个方向的梁的间距一般为 1000～3000 mm。井式楼板的梁的布置通常采用正交正放的正井式或正交斜放的斜井式，由于布置规整，井式楼板下部自然形成美观的顶棚，具有较好的装饰性，一般多用于公共建筑的门厅、大厅或平面尺寸较大的房间，如图 3.112 所示。井式楼板的两个方向的梁相交整体连接，形成框格整体受力承担由板传来的荷载，同时也加大了楼板的刚度，其结构高度只有肋形楼盖的 60%。

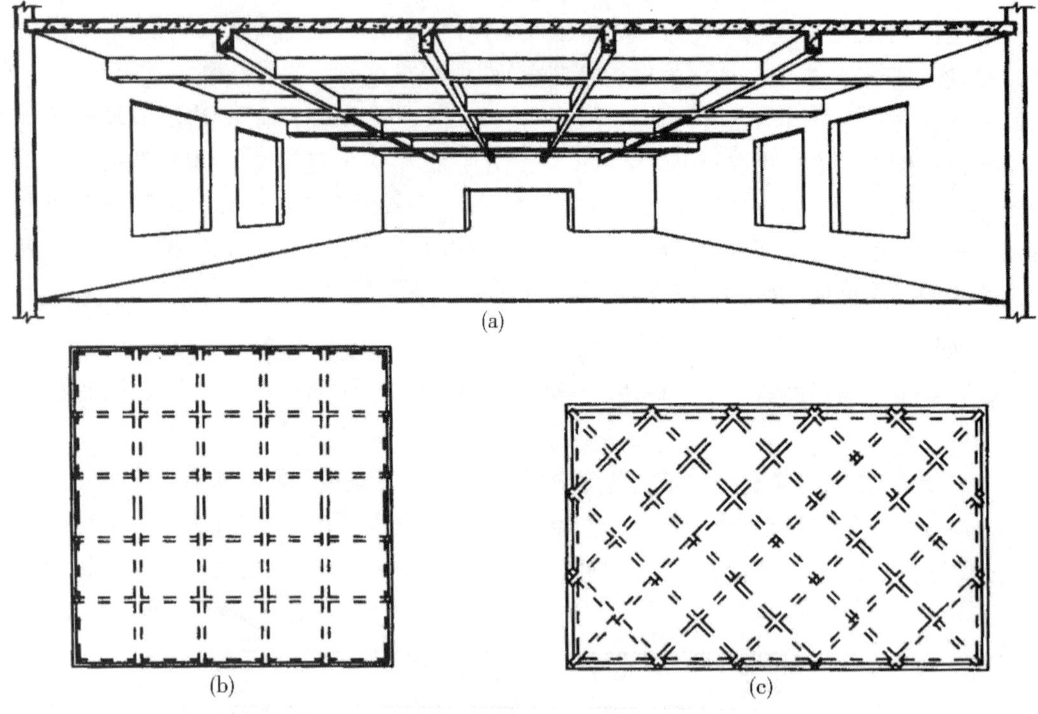

图 3.112 井式楼板

在板式楼板、梁板式楼板中，钢筋混凝土板的四周都有支承，在板式楼板中往往以墙体作为支座；梁板式楼板中往往以梁作为支座。对这种钢筋混凝土板来说，当其长短边之比 $l_1/l_2>2$ 时，板基本沿短边方向传递荷载和呈现弯曲变形，称为单向受力板，简称单向板，单向板中短向的钢筋为受力钢筋，长向的钢筋为构造钢筋，短向钢筋要更靠近板的底模板。当长短边之比 $l_1/l_2\leqslant 2$ 时，板在两个方向都传递荷载，两个方向都出现弯曲，称为双向受力板，简称双向板，如图 3.113 所示。双向板的受力、传力更加合理，构件的材料更能充分发挥作用。对于双向板来说，不但板底长短方向都要配置受力钢筋，而且在板的四角上表面还要按结构规范设置钢筋网片和角筋。

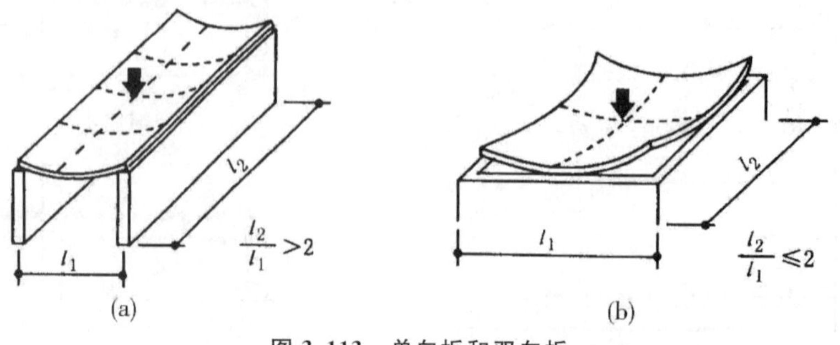

图 3.113 单向板和双向板

(三)无梁楼板

无梁楼板将楼板直接支承在柱上,楼面荷载由板直接传给柱子。与梁式楼板相比,无梁楼板由于不在板底设梁,减少了楼板层的结构高度,在层高相同的情况下,可以得到更大的净高高度。无梁楼板的柱网一般布置成正方形,柱距一般不超过 6000 mm,板厚不应小于 120 mm,如图 3.114 所示。无梁楼板分无柱帽和有柱帽两种。当楼面荷载较大时,为增加板在柱上的支承面积,以提高楼板的刚度和减少板的厚度,多采用有柱帽无梁楼板。柱帽的形式有方形、多边形、圆形等多种,如图 3.115 所示。无梁楼板顶棚平整,室内净空大、跨度大,板的厚度大,对采光通风、承受与传递荷载都有利,多用于商店、仓库、展览馆等需要大空间、有重荷载的建筑。

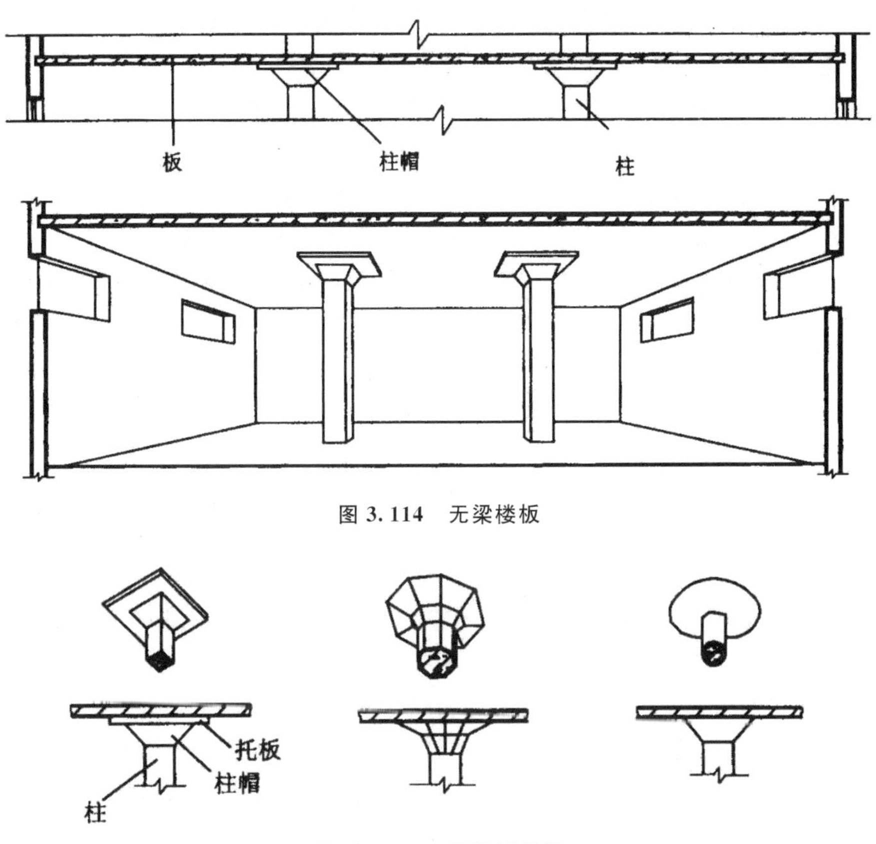

图 3.114　无梁楼板

图 3.115　无梁楼板柱帽

四、钢结构的连接及轴心受力、受弯构件知识

(一)钢结构构件的连接

钢结构构件的连接方法有焊接、普通螺栓连接、高强度螺栓连接和铆接,具体如下。

1. 焊接。

(1)建筑工程中钢结构常用的焊接方法:按焊接的自动化程度一般分为手工焊接、半自动焊接和自动化焊接三种。如图 3.116 所示。

(2)钢材的可焊性:是指在适当的设计和工作条件下,材料易于焊接和满足结构性能的程度。可焊性常常受钢材的化学成分、轧制方法和板厚等因素影响。为了评价化学成分对可焊性的影响,一般用碳当量(Ceq)表示,Ceq 越小,钢材的淬硬倾向越小,可焊性就越好;反之,Ceq 越大,钢材的淬硬倾向

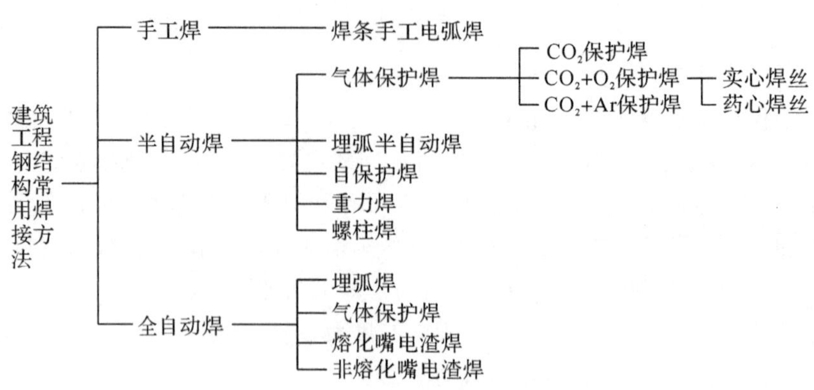

图 3.116　建筑工程钢结构常用焊接方法分类

越大，可焊性就越差。

(3)根据焊接接头的连接部位，可以将熔化焊接头分为：对接接头、角接接头、T形及十字接头、搭接接头和塞焊接头等。

(4)焊接是一种局部加热的工艺过程。被焊构件将不可避免地产生焊接应力和焊接变形，将不同程度地影响焊接结构的性能。因此，在焊接时应合理选择焊接方法、条件、顺序和预热等工艺措施，尽可能把焊接应力和焊接变形控制到最小。必要时应采取合理措施，消减焊接残余力和变形。

(5)根据设计要求、接头形式、钢材牌号和等级等合理选择、使用和保管好焊接材料和焊剂、焊接气体。

(6)对于全熔透焊接接头中的T形、狮子形、角接接头，全焊透结构应特别注意Z向撕裂问题，尤其在板厚较大的情况下，为了防止Z向层状撕裂，必须对接头处的焊缝进行补强角焊，补强焊脚尺寸一般大于t/4(t为较厚板的板厚)和小于10 mm。当其翼缘板厚度等于或大于40 mm时，设计宜采用抗层状撕裂的钢板，钢板的厚度方向、性能、级别应根据工程结构类型、节点形式及板厚和受力状态等具体情况选择。

(7)焊缝缺陷通常分为六类：裂纹、孔穴、固体夹杂、未熔合、未焊透、形状缺陷和上述以外的其他缺陷。其主要产生原因和处理方法为：

裂纹：通常有热裂纹和冷裂纹之分。产生热裂纹的主要原因是母材抗裂性能差、焊接材料质量不好、焊接工艺参数选择不当、焊接内应力过大等；产生冷裂纹的主要原因是焊接结构设计不合理、焊缝布置不当、焊接工艺措施不合理，如焊前未预热、焊后冷却快等。处理办法是在裂纹两端钻止裂孔或铲除裂纹处的焊缝金属，进行补焊。

孔穴：通常分为气孔和弧坑缩孔两种。产生气孔的主要原因是焊条药皮损坏严重、焊条和焊剂未烘烤、母材有油污或锈和氧化物、焊接电流过小、弧长过长、焊接速度太快等，其处理方法是铲去气孔处的焊缝金属，然后补焊。产生弧坑缩孔的主要原因是焊接电流太大且焊接速度太快、熄弧太快，为反复向熄弧处补充金属等，其处理方法是在弧坑处补焊。

固体夹杂：有夹渣和夹钨两种缺陷。产生夹渣的主要原因是焊接材料质量不好、焊接电流太小、焊接速度太快、熔渣密度太大、阻碍熔渣上浮、多层焊时熔渣未清除干净等，其处理方法是铲除夹渣金属，然后焊补。产生夹钨的主要原因是氩弧焊时钨极与熔池金属接触，其处理方法是挖去夹钨处缺陷金属，重新补焊。

形状缺陷：包括咬边、焊瘤、下塌、根部收缩、错边、角度偏差、焊缝超高、表面不规则等。

产生咬边的主要原因是焊接工艺参数选择不当，如电流过大、电弧过长等；操作技术不正确，如焊枪角度不对、运条不当等；焊条药皮端部的电弧偏吹；焊接零件的位置安放不当等。其处理方法是用铲、锉、磨等手工或机械方法除去多余的堆积金属。

其他缺陷：主要有电弧擦伤、飞溅、表面撕裂等。

2. 螺栓连接。

钢结构中使用的连接螺栓一般分为普通螺栓和高强度螺栓两种。

(1)普通螺栓。

常用的普通螺栓有六角螺栓、双头螺栓和地脚螺栓等。Φ50 以下的螺栓孔必须钻孔成型，Φ50 以上的螺栓孔可以采用数控气割制孔，严禁气割扩孔。对于精制螺栓(A、B 级螺栓)，必须是Ⅰ类孔；对于粗制螺栓(C 级螺栓)，螺栓孔为Ⅱ类孔。

普通螺栓作为永久性连接螺栓时，应符合下列要求：螺栓头和螺母(包括螺栓)应和结构件的表面及垫圈密贴。螺栓头和螺母下面应放置平垫圈，以增大承压面。每个螺栓一端不得垫两个及以上的垫圈，并不得采用大螺母代替垫圈。螺栓拧紧后，外露丝扣不应少于 2 扣。对于设计有要求防松动的螺栓应采用有防松动装置的螺栓(即双螺母)或弹簧垫圈，或用人工方法采取防松动措施(如将螺栓外露丝扣打毛或将螺母与外露螺栓点焊等)。对于动荷载或重要部位的螺栓连接应按设计要求放置弹簧垫圈，弹簧垫圈必须设置在螺母一侧。对于工字钢和槽钢翼缘之类上倾斜面的螺栓连接，则应放置斜垫圈垫平，使螺母和螺栓的头部支承面垂直于螺杆。使用的螺栓等级、规格、长度、材质等应符合设计要求。

(2)高强度螺栓。

高强度螺栓按连接形式通常分为摩擦连接、张拉连接和承压连接等，其中，摩擦连接是目前广泛采用的基本连接形式。

高强度螺栓的安装顺序：应从刚度大的部位向不受约束的自由端进行。一个接头上的高强度螺栓，初拧、复拧、终拧都应从螺栓群中部开始向四周扩展逐个拧紧，每拧一遍均应用不同颜色的油漆做上标记，防止漏拧。同一接头中高强度螺栓的初拧、复拧、终拧在 24 h 内完成。接头如有高强度螺栓连接又有电焊连接时，是先紧固高强度螺栓还是先焊接应按设计规定进行；如设计无规定时，宜按先紧固高强度螺栓后焊接(即先栓后焊)的施工工艺顺序进行。

施工注意事项：高强度螺栓超拧应更换，并废弃换下来的螺栓，不得重复使用。严禁用火焰或电焊切割高强度螺栓梅花头。安装中的错孔、漏孔不应用气割扩孔、开孔。错孔可用铰刀扩孔，扩孔数量应征得设计同意，扩孔后的孔径不应超过 1.2 d(d 为螺栓直径)。漏孔采用机械钻孔。安装环境气温不宜低于－10℃，当摩擦面潮湿或暴露于雨雪中时，应停止作业。对于露天使用或接触腐蚀性气体的钢结构，在高强度螺栓拧紧检查验收合格后，连接处板缝及时用防水或耐腐蚀的泥子封闭。

(二)轴心受力、受弯构件知识

1. 轴心受力构件。

只受通过构件截面形心轴线的轴向力作用的构件称为轴心受力构件。

轴心受力构件分轴心受拉及受压两类构件，作为一种受力构件，就应满足承载能力与正常使用两种极限状态的要求。正常使用极限状态的要求用构件的长细比来控制；承载能力极限状态包括强度、整体稳定、局部稳定三方面的要求。稳定问题是钢构件的重点问题，所有钢构件都涉及稳定问题，这是钢构件设计的重点与难点。

轴心受力构件的截面分实腹式与格构式两类。实腹式又分型钢截面(包括普通型钢与薄壁型钢)、组合截面(钢板组合与型钢组合截面)；格构式截面又分缀条式截面与缀板式截面。

轴心受力构件包括轴心受压杆和轴心受拉杆。轴心受力构件广泛应用于各种钢结构之中，如网架与桁架的杆件、钢塔的主体结构构件、双跨轻钢厂房的铰接中柱、带支撑体系的钢平台柱等。实际上，纯粹的轴心受力构件是很少的，大部分轴心受力构件在不同程度上也受偏心力的作用，如网架弦杆受自重作用、塔架杆件受局部风力作用等。但只要这些偏心力作用非常小(一般认为偏心力作用产生的应力仅占总体应力的 3%以下)就可以将其作为轴心受力构件。

2. 轴心受弯构件。

承受横向荷载和弯矩的构件称为受弯构件。如图 3.117 所示：

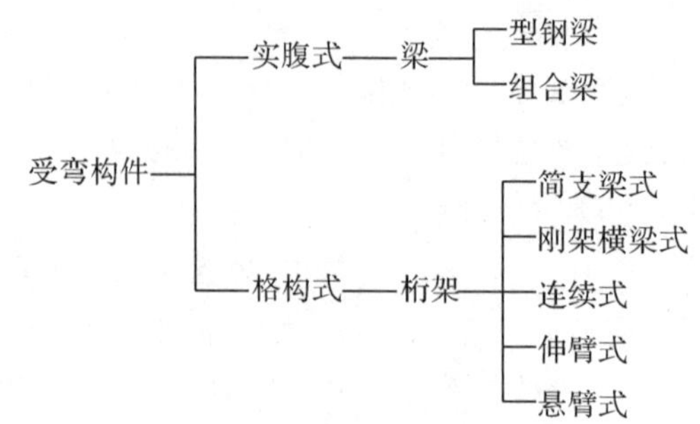

图 3.117 受弯构件的分类

(1)实腹式受弯构件。

梁在钢结构中是应用较广泛的一种基本构件。梁的截面类型如图 3.118 所示。例如房屋建筑中的楼盖梁、墙梁、檩条、吊车梁和工作平台梁。如图 3.119 所示。

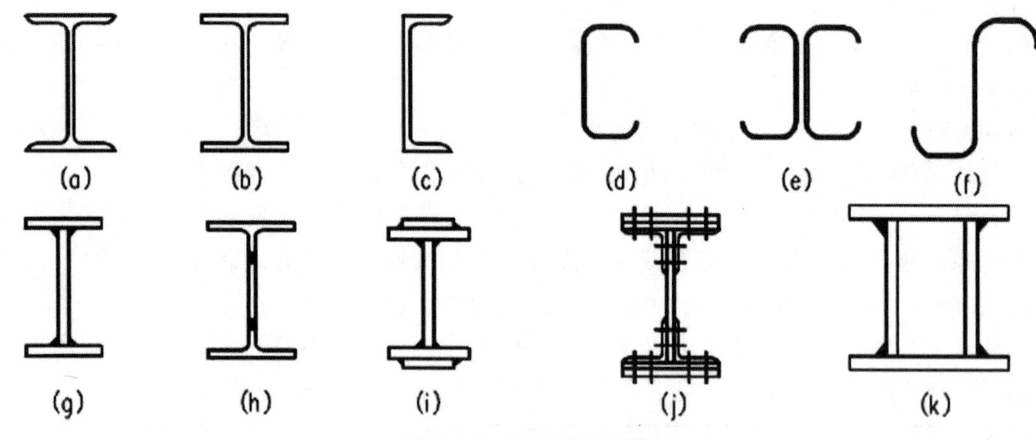

图 3.118 梁的截面类型

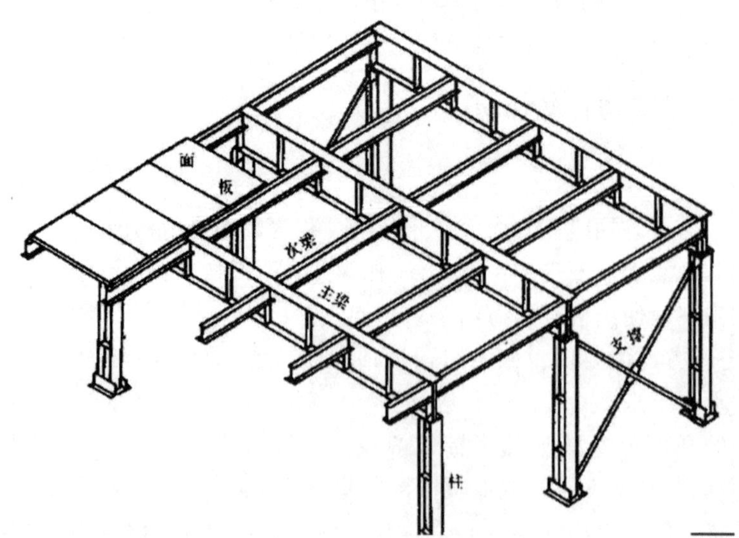

图 3.119 工作平台梁格示例

(2)格构式受弯构件。

桁架是典型的格构式受弯构件，主要形式有简支梁式、钢架横梁式、连续式、伸臂式、悬臂式。如图 3.120、图 3.121、图 3.122 所示。

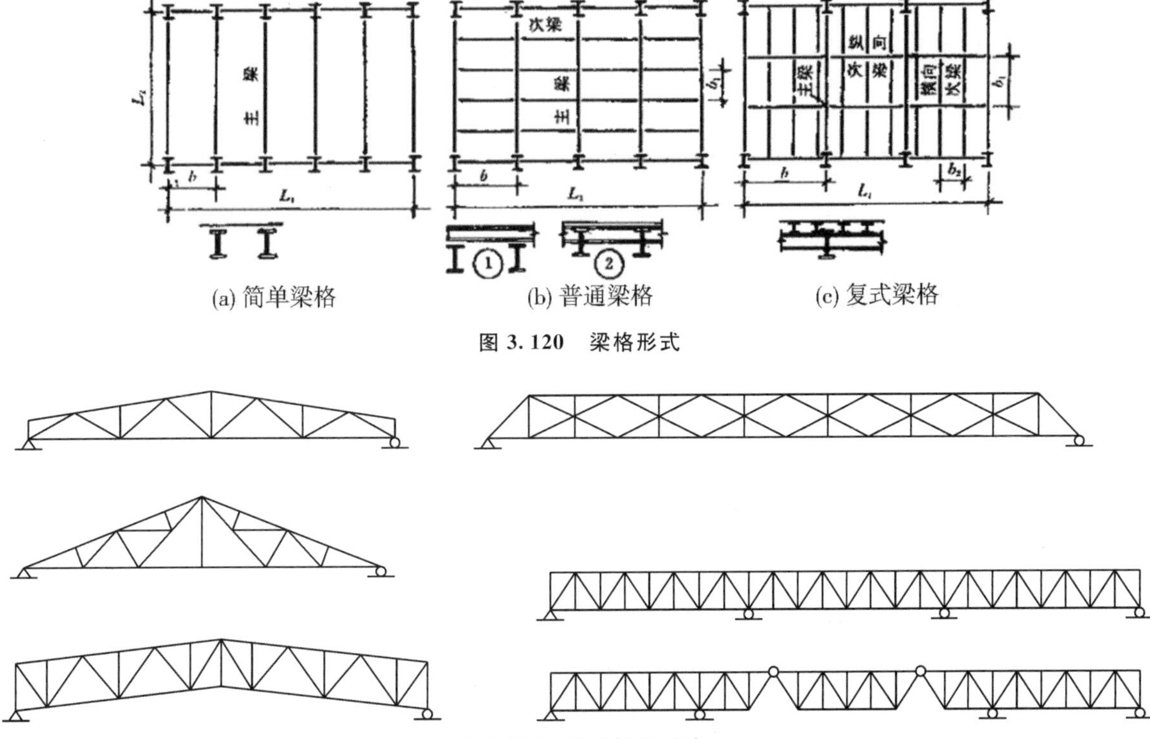

图 3.120 梁格形式

图 3.121 梁式桁架形式

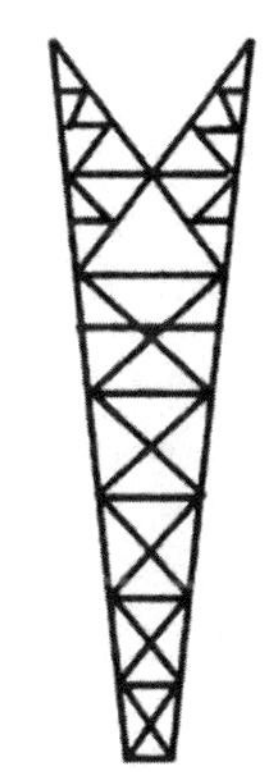

图 3.122 悬臂桁架

五、砌体结构的知识

砌体结构是以块材和砂浆砌筑而成的墙、柱作为建筑物主要受力构件的结构。砌体结构是以受压为主的结构形式。

砌体结构的优点主要表现为：便于就地取材；成本低廉；耐久性较好：砖石材料具有良好的耐火性、化学稳定性和大气稳定性；砖石材料具有较好的隔热、隔音性能；此外，砌体结构施工中部需要特殊的设备。缺点主要表现为：砌筑劳动强度大；结构自重大；构件强度较低，承载力有限。

砌体可分为无筋砌体、配筋砌体和预应力砌体三类。

(一)无筋砌体

无筋砌体不配置钢筋，仅由块材和砂浆组成，包括砖块砌体、砌块砌体、石砌体。无筋砌体抗震性能和抵抗不均匀沉降的能力较差。

1. 砖砌体。

由砖和砂浆砌筑而成的砌体称为砖砌体。

2. 砌块砌体。

由砌块和砂浆砌筑而成的砌体称为砌块砌体。目前采用较多的为混凝土小型空心砌块砌体，主要用于民用建筑和一般工业建筑的承重墙或围护墙，常用的墙厚为 190 mm。

3. 石砌体。

由天然石材和砂浆或天然石材和混凝土砌筑而成的砌体称为石砌体，分为料石砌体、毛石砌体和毛石混凝土砌体三类。

(二)配筋砌体

配筋砌体是指配置适量钢筋或钢筋混凝土的砌体，它可以提高砌体强度、减少截面尺寸、增加整体性。配筋砌体分为网状配筋砖砌体、组合砖砌体、砖砌体和钢筋混凝土柱组合墙以及配筋砌块砌体。

1. 网状配筋砖砌体。

网状配筋砖砌体是在砌体的水平灰缝中每隔几层砖放置一层钢筋网。钢筋网有方格网式和连弯式两种。方格网式一般采用直径为 3～4 mm 的钢筋；连弯式采用直径为 5～8 mm 的钢筋。

2. 组合砖砌体。

组合砖砌体是由砖砌体和钢筋混凝土面层或钢筋砂浆面层组合而成。适用于荷载偏心距较大，超过届满核心范围，或进行增层，改造原有的墙、柱。

3. 砖砌体和钢筋混凝土柱组合墙。

砖砌体和钢筋混凝土柱组合墙是由砖砌体和钢筋混凝土构造柱共同组成。工程实践表明，在砌体墙的纵横墙交接处及大洞口边缘，设置钢筋混凝土构造柱与房屋圈梁连接组成钢筋混凝土空间骨架，可以有效提高墙体的承载力，加强整体性。这种墙体施工时必须先砌墙，后浇筑钢筋混凝土构造柱。

(三)预应力砌体

在砌体的孔洞或槽口内放置预应力钢筋，构成预应力砌体，国外已有这方面的应用，国内应用比较少。

六、变形缝

建筑由于受气温变化、地基不均匀沉降以及地震等因素的影响，使结构内部产生附加应力和变形，如处理不当，将会造成建筑破坏，产生裂缝甚至倒塌，影响使用安全。其解决的方法有两种：一是设置圈梁、构造柱等构件，设计和施工中采取措施等来加强建筑的整体性，使之具有足够的强度和刚度来克服这些破坏应力，不产生破裂；二是预先在这些变形敏感部位将建筑从结构上断开，留出一定缝隙以保证建筑有关部分在这些缝隙中有足够的变形宽度而不造成建筑整体结构性破坏。这种将建筑竖直分割开来的预留缝隙称为建筑变形缝。

建筑变形缝有三种：伸缩缝(又称温度缝)、沉降缝、防震缝。建筑变形缝供建筑自由变形活动之用，不得以非可压缩性材料堵塞，也不得供其他用途占用。变形缝最好设置在建筑平面变化的阴角处，以便隐蔽不影响建筑立面美观。

(一)伸缩缝(温度缝)

建筑因受温度变化的影响而产生热胀冷缩，在结构内部产生温度应力，当建筑长度超过一定限度时，建筑平面变化较多或结构类型变化较大时，建筑会因热胀冷缩变形较大而产生开裂。为预防这种情况发生，常常沿建筑长度方向每隔一定距离或结构变化较大处预留缝隙，将建筑断开。这种因温度变化而设置的缝隙就称为伸缩缝或温度缝。

伸缩缝要求将建筑的墙体、楼板、屋盖等地面以上部分全部断开，基础部分因有泥土覆盖，受温度变化影响较少，一般不需断开。

伸缩缝的最大间距，应根据不同材料和结构及建筑保温隔热条件等因素不同而定，详细情况可见有关规范。砌体建筑伸缩缝的最大间距如表 3.7 所示；钢筋混凝土结构建筑伸缩缝的最大间距如表 3.8 所示。

表 3.7　砌体建筑伸缩缝的最大间距(m)

<table>
<tr><th>砌体类别</th><th colspan="2">屋顶或楼板层的类别</th><th>间距</th></tr>
<tr><td rowspan="3">各种砌体</td><td>整体式或装配整体式钢筋混凝土结构</td><td>有保温层或隔热层的屋顶、楼板层
无保温层或隔热层的屋顶</td><td>50
40</td></tr>
<tr><td>装配式无檩体系钢筋混凝土结构</td><td>有保温层或隔热层的屋顶
无保温层或隔热层的屋顶</td><td>60
50</td></tr>
<tr><td>装配式有檩体系钢筋混凝土结构</td><td>有保温层或隔热层的屋顶
无保温层或隔热层的屋顶</td><td>75
60</td></tr>
<tr><td>普通黏土、空心砖砌体</td><td colspan="2" rowspan="3">黏土瓦或石棉水泥瓦屋顶、木屋顶或楼板层、砖石屋顶或楼板层</td><td>100</td></tr>
<tr><td>砌体</td><td>80</td></tr>
<tr><td>硅酸盐、硅酸盐砌块和混凝土砌块砌体</td><td>75</td></tr>
</table>

表 3.8　钢筋混凝土结构建筑伸缩缝的最大间距(m)

<table>
<tr><th>项　次</th><th colspan="2">结构类型</th><th>室内或土中</th><th>露　天</th></tr>
<tr><td>1</td><td>排架结构</td><td>装配式</td><td>100</td><td>70</td></tr>
<tr><td>2</td><td>框架结构</td><td>装配式
现浇式</td><td>75
55</td><td>50
35</td></tr>
<tr><td>3</td><td>剪刀墙结构</td><td>装配式
现浇式</td><td>65
45</td><td>40
30</td></tr>
<tr><td>4</td><td>挡土墙及地下室墙壁等类结构</td><td>装配式
现浇式</td><td>40
30</td><td>30
20</td></tr>
</table>

在特殊工程中也有采用附加应力钢筋，加强建筑物的整体性，来抵抗可能产生的温度应力，使之少设缝或不设缝。这需要经过严密计算慎重确定。

(二)沉降缝

沉降缝是为了预防建筑各部分由于沉降不均匀引起的破坏而设置的变形缝。凡出现下述情况建筑应考虑设置沉降缝：

1. 同一建筑相邻部分的高度相差较大(≥6m)、层数相差较多(≥2 层)、荷载相差悬殊，或结构形式、结构类型变化较大，易导致地基沉降不均匀。

2. 建筑各部分基础的种类、型式、宽度及埋置深度相差较大，造成基础底部压力有很大差异，易形成不均匀沉降。

3. 建筑建造在不同地基上，且难以保证均匀沉降。

4. 建筑体形比较复杂、连接部位又比较薄弱，如图 3.123 所示。

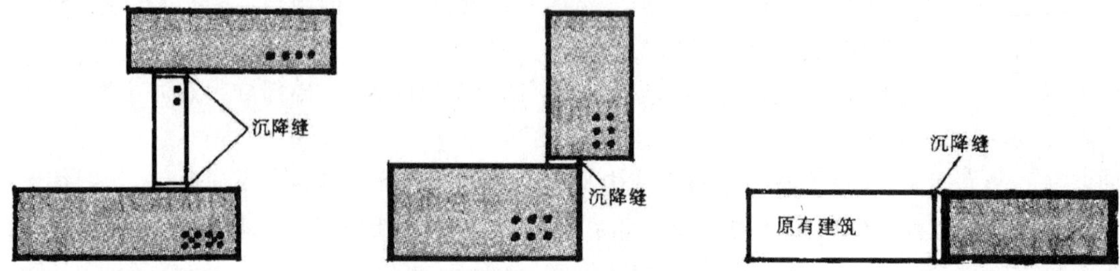

图 3.123　沉降缝设置部位示意图

5. 新建部分与原有部分两者沉降不均匀。

6. 建筑体形过长，地基状态很难一致。

沉降缝构造复杂，给建筑结构设计和施工都带来一定的难度。因此在工程设计时，应尽可能通过合理的选址、地基处理、建筑体形的优化、结构选型和计算方法的调整以及施工程序上的配合(如高层建筑与裙房之间采用后浇带的办法)来避免和克服不均匀沉降，从而达到不设或尽量少设缝的目的。

(三)防震缝

在地震设防地区的建筑必须充分考虑地震对建筑造成的影响。为此我国制定了相应的建筑抗震设计规范。多层砌体建筑，应优先采用横墙承重或纵横墙混合承重的结构体系。在设防裂度为 8 度和 9 度的地区，有下列情况之一时，建筑宜设防震缝：

1. 建筑立面高差在 6 m 以上；

2. 建筑有错层且错层楼板高差较大；

3. 建筑各相邻部分结构刚度、质量截然不同。

此时，防震缝宽度 B 可采用 50～100 mm。缝两侧均需设置墙体，以加强防震缝两侧房屋刚度。

多层和高层钢筋混凝土结构建筑，应尽量选用合理的建筑结构方案，不设防震缝。

防震缝要沿建筑全高设置，缝两侧应布置双墙或双柱，或一墙一柱，使各部分结构都有较好的刚度。

防震缝应与伸缩缝、沉降缝统一布置，并满足防震缝的要求。一般情况下，设防震缝时，基础可以不分开，但在平面复杂的建筑中或建筑相邻部分刚度差别很大时，也需将基础分开。按沉降缝要求的防震缝也应将基础分开。

防震缝因缝隙较宽，在构造处理时，应充分考虑盖缝条的牢固性以及适应变形的能力。

思考题

1. 建筑按使用性质分为哪几类？其中民用建筑分为哪两大类？

2. 房屋的耐火性等级分为几级？是根据什么确定的？

3. 民用建筑的基本组成包括哪些部分？各适用于哪些建筑？

4. 民用建筑常用的地面、墙面、顶面构造有哪些？各有什么特点？

5. 民用建筑常用门窗有几类？其中特殊的门窗做法如何？

6. 建筑的室外装饰构造与室内装饰构造有何不同？

第四章　施工图识读、绘制的基本知识

本章共 4 节，它的主要内容包括建筑装饰工程图的组成、特点、分类；建筑装饰工程图的识读方法、深化设计等。掌握施工图识读、绘制的基本知识。

建筑装饰装修施工图，是工程技术的语言及表达的一种方式，熟练识读建筑工程图纸的能力是建筑工程技术人员的一项基本核心能力。

第一节　施工图的基本知识

一、房屋建筑工程施工图的组成、作用及表达内容

(一)建筑工程施工图的组成

一套完整的施工图，根据其专业内容或作用不同，一般包括图纸目录、设计总说明、建筑施工图、结构施工图、设备施工图。

1. 图纸目录：包括每张图纸的名称、内容、图纸编号等，表明该工程施工图由哪几个专业的图纸及哪些图纸所组成，以便查找。

2. 设计总说明：主要说明工程的概况和总的要求。内容一般应包括：设计依据(如设计规模、建筑面积以及有关的地质、气象资料等)；施工要求(如施工技术、材料、要求以及采用新技术、新材料或有特殊要求的做法说明)等。以上各项内容，对于简单的工程，也可分别在各专业图纸上写成文字说明。

3. 建筑施工图：包括总平面图、平面图、立面图、剖面图和构造详图。表示建筑物的内部布置情况、外部形状，以及装修、构造、施工要求等。

4. 结构施工图：包括结构平面布置图和各构件的结构详图。表示承重结构的布置情况、构件类型、尺寸大小及构造做法等。

5. 设备施工图：包括给水排水、采暖通风、电气等设备的平面布置图、系统图和详图。表示上、下水及暖气管线布置、卫生设备及通风设备等的布置、电气线路的走向和安装要求等。

(二)建筑施工图的作用及表达内容、图示特点

1. 建筑平面图：假想用一水平剖切平面经门、窗洞将房屋剖开，将剖切平面以下部分从上向下投射所得到的图形，其作用是反映房屋的平面形状、大小和房间的布置，墙或柱的位置、大小、厚度和材料，门窗的类型和位置等情况的相互关系。建筑物有几层就画几个平面图，楼层平面相同时，只画标准层平面图。图示特点：横向编号从左往右以阿拉伯数字顺序编写、竖向编号从下往上以大写拉丁字母顺序编写，但字母 I、O、Z 不能用。图上断面轮廓为粗实线，断面后的可见轮廓为细实线。

2. 建筑立面图：将房屋向与其立面平行的投影面投影即得到立面图。立面图主要反映房屋的外貌和立面装修的一般做法。一般以立面两端的轴线命名；或以朝向命名。其图示特点是以粗实线画外轮廓线，以特粗线画地坪线，其余轮廓按层次用中、细实线画出。应标注竖向尺寸和有关部位的标高。

3. 建筑剖面图：假想用一平行于某墙面的铅垂剖切平面将房屋从屋顶到基础全部剖开，把需表达的部分投射到与剖切平面平行的投影面上而成。剖面图表示房间内部的结构或构造形式、分层情况和各部位的联系、材料及其高度等。其图示特点是剖面图应标注外墙的定位轴号、必要的尺寸和标高。

4. 建筑详图：对房屋的细部或构、配件用不同的比例（1∶20，1∶10，1∶5，1∶2，1∶1 等）将其形状、大小、材料和做法，按正投影的画法，详细地表示出来的图样。图示特点：为了便于查阅详图，在需绘制详图的地方，应注明详图的编号和详图所在图纸的编号。

二、建筑装修施工图的组成、作用及表达的内容、图示特点

建筑装修施工图是表示装饰设计、构造做法、材料选用、施工工艺等，并遵照建筑及装饰设计规范的要求编制的用于表现装饰效果和指导装饰施工的图样，称为装饰施工图，简称装施。装饰施工图是装饰施工和验收的依据，同时也是进行造价管理、工程监理等工作的必备技术文件。

（一）建筑装修施工图的组成

装饰施工图一般由装饰设计说明、目录表、材料表、装饰平面图（包括平面布置图、地面布置图、顶棚平面图、隔墙平面图等）、装饰立面图、装饰详图、效果图、配套专业设备工程图等相关文件和工程图样组成。

（二）建筑装修施工图的作用及图示特点

建筑装修施工图是表示装饰设计、构造做法、材料选用、施工工艺等，并遵照建筑及装饰设计规范的要求编制的用于表现装饰效果和指导装饰施工的图样，是装饰施工和验收的依据，同时也是进行造价管理、工程监理等工作的必备技术文件。

（三）平面图

简而言之，装饰建筑水平剖开后，由上向下正投影称为平面图；由下向上正投影称为天花图。

平面图应注写房间的名称或编号。编号注写在直径为 6 mm 细实线绘制的圆圈内，并在同张图纸上列出房间名称表。平面较大的建筑物，可分区绘制平面图，各区应分别用大写拉丁字母编号，但每张平面图均应绘制组合示意图。在组合示意图中要提示的分区，应采用阴影或填充的方式表示。为表示室内立面在平面图上的位置，应在平面图上用内视符号注明视点位置、方向及立面编号。

（四）立面图

将室内装饰四周的投影面依次展开，所得到的就是装饰立面图。装饰立面一般按序展开；如遇不规则空间，可单独设置序号。

室内立面图应包括投影方向可见的室内轮廓线和装修构造、门窗、构配件、墙面做法、固定家具、灯具、必要的尺寸和标高及需要表达的非固定家具、灯具、装饰物件等。平面形状曲折的建筑物，可绘制展开立面图、展开室内立面图。圆形或多边形平面的建筑物，可分段展开绘制立面图、室内立面图，

但均应在图名后加注“展开”二字。有定位轴线的建筑物，宜根据两端定位轴线号编注立面图名称（如：①～⑩立面图）。无定位轴线的建筑物可按平面图各方的朝向确定名称。

（五）节点图（细部详图）和剖面图

节点图（细部详图）和剖面图都是为表示装饰细部结构与细部组织的详细说明设计图纸，便于解释和反映其内部或局部的实际构造状况。因此，该图的设计与绘制必须充分考虑组织、组合结构的关系与完成面相对应。为了便于查阅详图，在需绘制详图的地方，应注明详图的编号和详图所在图纸的编号。

第二节　施工图的图示方法及内容

一、建筑装修平面布置图的图示方法及内容

建筑装修平面图包括装饰平面布置图和顶棚平面图。

装饰平面布置图是假想用一个水平的剖切平面，在窗台上方位置将经过内外装饰的房屋整个剖开，移去上面部分向下所做的水平投影图。它的作用主要是用来表明建筑室内外种种装饰布置的平面形状、位置、大小和所用材料，表明这些布置与建筑主体结构之间以及这些布置相互之间的关系等。

顶棚平面图有两种形成方法：一是假想房屋水平剖开后，移去下面部分向上作直接正投影而成；二是采用影像投影法，将地面视为镜面，对镜中顶棚的形象作正投影而成。顶棚平面图一般都采用镜像投影法绘制。顶棚平面图的作用主要是用来表明顶棚装饰的平面形状、尺寸和材料，以及灯具和其他各种室内顶部设施的位置和大小等。

二、楼地面装修图的图示方法及内容

楼地面平面布置图需要标明楼地面、门窗和门窗套、护壁板或墙裙、隔断、装饰柱等装饰结构的平面形式和位置。门窗的平面形式主要用图例表示，其装饰应按比例和投影关系绘制。平面布置图上应标明门窗是里装、外装还是中装，并应注上它们各自的设计编号。

装饰平面布置图还要标明室内家具、陈设、绿化、配套产品和室外水池、装饰小品等配套实体的平面形状、数量和位置。这些布置当然不能将实物原形画在平面布置图上，只能借助一些简单、明确的图例来表示。

为了明确装饰结构和配套布置在建筑空间内的具体位置和大小，以及与建筑结构的相互关系，平面布置图上的另一主要内容就是尺寸标注。平面布置图的尺寸标注也分外部尺寸和内部尺寸。外部尺寸一般是套用建筑平面图的轴间尺寸和门窗洞、洞间墙尺寸，而装饰结构和配套布置的尺寸主要在图形内部标注。内部尺寸一般比较零碎，直接标注在所表示的内容附近。若遇重复相同的内容，其尺寸可代表性地标注。

为了区别平面布置图上不同平面的上下关系，必要时也要注出标高。为了简化计算、方便施工起见，装饰平面布置图一般取各层室内主要地面为标高零点。平面布置图上还应该标注各种视图符号，如剖切符号、索引符号、投影符号等。投影符号可以说是装饰平面布置图所特有的视图符号，它用于

标明室内各立面的投影方向和投影面编号。

为了使图面的表达更为详尽周到，必要的文字说明是不可缺少的。为了给图以总的提示，平面布置图还应有图名、图的比例等。

三、天花平面图的图示方法及内容

顶棚天花平面图一般都采用镜像投影法绘制。顶棚平面图一般不图示门窗及其开启方向线，只图示门窗过梁底面，它表明顶棚装饰造型的平面形式和尺寸，并通过附加文字说明其所用材料、色彩及工艺要求。

顶棚的选级变化应结合造型平面分区线用标高的形式来表示，由于所注是顶棚各构件底面的高度，因而标高符号的尖端应向上。

它需表明顶部灯具的种类、式样、规格、数量及布置形式和安装位置。顶棚平面图上的小型灯具按比例用一个细实线圆表示，大型灯具可按比例画出它的正投影外形轮廓，力求简明概括，并附加文字说明。还需表明空调风口以及顶部消防与音响设备等设施的布置形式与安装位置、墙体顶部有关装饰配件（如窗帘盒、窗帘等）的形式与位置、顶棚剖面构造详图的剖切位置及剖面构造详图的所在位置。作为基本图的装饰剖面图，其剖切符号不在顶棚图上标注。

四、柱墙面装修图的图示方法及内容

柱墙面装修图主要表明建筑内部某一装饰空间的立面形式、尺寸及室内配套布置等内容。在装饰立面图上使用相对标高，即以室内地面为标高零点，并以此为基准来标明装饰立面图上有关部位的标高。

在图中要标明室内外立面装饰的造型和式样，并用文字说明其饰面材料的品名、规格、色彩和工艺要求、室内外立面装饰造型的构造关系和尺寸、各种装饰面的衔接收口形式，还要标明室内外立面上各种装饰（如壁画、壁挂、金属字等）的式样、位置和尺寸大小及门窗、花格、装饰隔断等设施的高度尺寸和安装尺寸、室内外景园小品或其他艺术造型体的立面形状和高低错落位置尺寸等。室内外立面上的所用设备及其位置尺寸和规格尺寸、详图所示部位及详图所在位置也要标明。作为基本图的装饰剖面图，其剖切符号一般不应在立面图上标注。

作为室内装饰立面图，还要标明家具和室内配置产品的安放位置和尺寸。

建筑装饰立面图的线型选择和建筑立面图基本相同。

五、装修详图的图示方法及内容

1. 装饰剖面图。

它是用假想平面将室外某装饰部位或室内某装饰空间垂直剖开而得的正投影图。它主要表明上述部位或空间的内部结构情况，或者装饰结构与建筑结构、结构材料与饰面材料之间的构造关系等。

在图中，需表明建筑的剖面基本结构和剖切空间的基本形状，并注出所需的建筑主体结构的有关尺寸和标高。表明装饰结构的剖面形状、构造形式、材料组成及固定与支承构件的相互关系。表明装饰结构与建筑主体之间的衔接尺寸与连接方式。表明剖切空间内可见实物的形状、大小与位置。表明装饰结构和装饰面上的设备安装方式或固定方法。表明某些装饰构配件的尺寸、工艺做法与施工要求，另有详图的可概括表明。

还需表明节点详图和构件详图的所示部位与详图所在的位置。如是建筑内部某一装饰空间的剖面图，还要表明剖切空间与剖切平面平行的墙面装饰形式、装饰尺寸、饰面材料与工艺要求。表明图名、比例和被剖切墙体的定位轴线及其编号，以便与平面布置图和顶棚平面图对照阅读。

2. 装饰构配件详图。

建筑装饰所属的构配件项目很多。包括各种室内配套设置体；还包括结构上的一些装饰构件。

装饰构配件详图的主要内容有：详图符号、图名、比例；构配件的形状、详细构造、层次、详细尺寸和材料比例；构配件各部分所用材料的品名、规格、色彩以及施工做法和要求；部分尚需放大比例详示的索引符号和节点详图。

3. 装饰节点详图。

装饰节点详图是将两个或多个装饰面的交会点或构造的连接部位按垂直和水平方向剖开，并以较大比例绘出的详图。它是装饰工程中最基本和最具体的施工图，有时供构配件详图引用，有时又直接供基本图所引用。

节点详图的比例常采用 1∶1，1∶2，1∶5 或 1∶10，其中比例为 1∶1 的详图又称为足尺图。

第三节　施工图的绘制与识读

一、常用建筑制图规范

（一）图纸尺寸

A0：841×1189，A1：594×841，A2：420×594，A3：297×420，A4：210×297。

（二）比例

常用比例：1∶100，1∶50，1∶30，1∶10 等。

（三）剖切符号

需要转折的剖切位置线，应在转角的外侧加注与该符号相同的编号。建（构）筑物剖面图的剖切符号宜注在±0.00 标高的平面图上。断面剖切符号的编号宜采用阿拉伯数字，按顺序连续编排，并应注写在剖切位置线的一侧；编号所在的一侧应为该断面的剖视方向。

（四）对称符号由对称线和两端的两对平行线组成

对称线用细点画线绘制；平行线用细实线绘制，其长度宜为 6～10 mm，每对的间距宜为 2～3 mm；对称线垂直平分于两对平行线，两端超出平行线宜为 2～3 mm。

（五）连接符号应以折断线表示需连接的部位

（六）指北针

其圆的直径宜为 24 mm，用细实线绘制；指针尾部的宽度宜为 3 mm，指针头部应注“北”或“N”字。需用较大直径绘制指北针时，指针尾部宽度宜为直径的 1/8。

(七)轴线

定位轴线应用细点画线绘制。定位轴线一般应编号,编号应注写在轴线端部的圆内。圆应用细实线绘制,直径为 8 mm～10 mm。定位轴线圆的圆心,应在定位轴线的延长线上或延长线的折线上。平面图上定位轴线的编号,应标注在图样的下方与左侧。横向编号应用阿拉伯数字,从左至右顺序编写,竖向编号应用大写拉丁字母,从下至上顺序编写。拉丁字母的 I,O,Z 不得用作轴线编号。

(八)材料图例

表 4.1 常用材料图例

序 号	名 称	图 例	备 注
1	自然土壤		包括各种自然土壤
2	夯实土壤		
3	砂、灰土		靠近轮廓线绘较密的点
4	砂砾石、碎砖三合土		
5	石材		
6	毛石		
7	普通砖		包括实心砖、多孔砖、砌块等砌体。断面较窄不易绘出图例线时,可涂红
8	耐火砖		包括耐酸砖等砌体
9	空心砖		指非承重砖砌体
10	饰面砖		包括铺地砖、马赛克、陶瓷锦砖、人造大理石等
11	焦渣、矿渣		包括与水泥、石灰等混合而成的材料
12	混凝土		(1)本图例指能承重的混凝土及钢筋混凝土 (2)包括各种强度等级、骨料、添加剂的混凝土 (3)在剖面图上画出钢筋时,不画图例线 (4)断面图形小,不易画出图例线时,可涂黑
13	钢筋混凝土		
14	多孔材料		包括水泥珍珠岩、沥青珍珠岩、泡沫混凝土、非承重加气混凝土、软木、蛭石制品等

续表

序　号	名　称	图　例	备　注
15	纤维材料	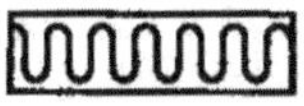	包括矿棉、岩棉、玻璃棉、麻丝、木丝板、纤维板等
16	泡沫塑料材料	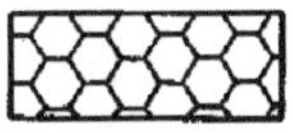	包括聚苯乙烯、聚乙烯、聚氨酯等多孔聚合物类材料
17	木材	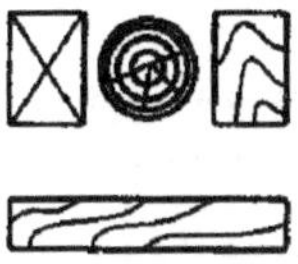	(1)上图为横断面，自左向右依次为垫木、木砖或木龙骨；(2)下图为纵断面
18	胶合板	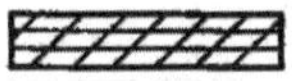	应注明为×层胶合板
19	石膏板	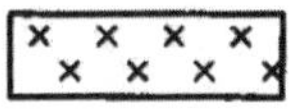	包括圆孔、方孔石膏板、防水石膏板等
20	金属		(1)包括各种金属 (2)图形小时，可涂黑
21	网状材料		(1)包括金属、塑料网状材料 (2)应注明具体材料名称
22	玻璃		包括平板玻璃、磨砂玻璃、夹丝玻璃、钢化玻璃、中空玻璃、加层玻璃、镀膜玻璃等
23	橡胶		
24	塑料		包括各种软、硬塑料及有机玻璃等
25	防水材料		构造层次多或比例大时，采用上面图例
26	粉刷		本图例采用较稀的点

(九)尺寸标注

尺寸数字一般应依据其方向注写在靠近尺寸线的上方中部。如没有足够的注写位置，最外边的尺寸数字可注写在尺寸界线的外侧，中间相邻的尺寸数字可错开注写。常用的三道尺寸线、互相平行的尺寸线，应从被注写的图样轮廓线由近向远整齐排列，较小尺寸应离轮廓线较近，较大尺寸应离轮廓线较远。连续排列的等长尺寸，可用“个数×等长尺寸＝总长”的形式标注。

(十)标高

标高符号应以直角等腰三角形表示,标高符号的尖端应指至被注高度的位置。尖端一般应向下,也可向上。标高数字应以米为单位,注写到小数点以后第三位。在总平面图中,可注写到小数点以后第二位。零点标高应注写成±0.000,正数标高不注“+”,负数标高应注“-”,例如3.000,-0.600。在图样的同一位置需表示几个不同标高时,标高数字可按图的形式注写。

(十一)索引符号和详图符号

表4.2 索引符号和详图符号

名称	表示方法	备注
索引符号	1 —详图的编号 — —详图在本页图纸内 1 —详图的编号 JS-01 —详图所在的图纸编号 03J502 1 JS-01 标准图集的编号 —详图的编号 —详图所在的图纸编号	圆圈和引出线均用细实线绘制,圆圈直径10 mm,引出线应对准索引符号的圆心。
剖面索引符号	1 —详图的编号 — —详图在本页图纸内 1 —详图的编号 JS-01 —详图所在的图纸编号 1 JS-01 —详图的编号 —详图所在的图纸编号	圆圈和引出线画法同上,粗短线代表剖切问题引出线所在的一侧为剖视方向。
详图符号	1 —详图的编号 (详图在被索引的图纸内) 1 JS-01 —详图的编号 —被索引的详图所在图纸编号	圆圈直径为14 mm的粗实线圆。

二、建筑装修施工图的绘制步骤与方法

(一)楼地面平面布置图

1. 选比例、定图幅。
2. 画出建筑主体结构,标注其开间、进深、门窗洞口等尺寸,标注楼地面标高。
3. 画出各功能空间的家具、陈设、隔断、绿化等的形状、位置。
4. 标注装饰尺寸,如隔断、固定家具、装饰造型等的定型、定位尺寸。
5. 绘制内视投影符号、详图索引符号等。
6. 注写文字说明、图名比例等。
7. 检查并加深、加粗图线。剖切到的墙柱轮廓、剖切符号用粗实线,未剖到但能看到的图线,如门扇开启符号、窗户图例、楼梯踏步、室内家具及绿化等用细实线表示。

(二)天花平面图

1. 选比例、定图幅。
2. 画出建筑平面及门窗洞口,门画出门洞边线即可,不画门扇及开启线。

3. 画出室内(外)顶棚的造型、尺寸、做法和说明，有时可画出顶棚的重合断面图并标注标高。

4. 画出室内(外)顶棚灯具符号及具体位置(灯具的规格、型号、安装方法由电气施工图反映)。

5. 标注室内各种顶棚的完成面标高(按每一层楼地面为±0.000标注顶棚装饰面标高，这是实际施工中常用的方法)。

6. 画出窗帘及窗帘盒、窗帘帷幕板等。

7. 画出空调送风口位置、消防自动报警系统及与吊顶有关的音视频设备的平面布置形式及安装位置。

8. 标注与顶棚相接的家具、设备的位置及尺寸。

9. 图外标注开间、进深、总长、总宽等尺寸。

(三)立面图

1. 选比例、定图幅。

2. 画出室内立面轮廓线，顶棚有吊顶时可画出吊顶、叠级、灯槽等剖切轮廓线(粗实线表示)，墙面与吊顶的收口形式，可见的灯具投影图形等。

3. 画出墙面装饰造型及陈设(如壁挂、工艺品等)，门窗造型及分格，墙面灯具、暖气罩等装饰内容。

4. 标出装饰选材、立面的尺寸标高及做法说明。图外一般标注一至两道竖向及水平向尺寸，以及楼地面、顶棚等的装饰标高；图内一般应标注主要装饰造型的定型、定位尺寸。做法标注采用细实线引出。

5. 画出附墙的固定家具及造型(如影视墙、壁柜)。

6. 注写索引符号、说明文字、图名及比例等。

(四)装修详图

1. 依据平、立面，确定绘制部位或截取部位。

2. 依据平、立面图上的尺寸，确定绘制部位或截取部位的尺寸界限，明确尺寸表示。

3. 将在平、立面图上不能表示表达的具体细部组织与构造按比例放大绘制，明确组合结构。

4. 注写索引符号、说明文字、图名及比例等。

三、建筑装修施工图识读的步骤与方法

(一)阅读图纸的步骤

当要阅读一套图纸时，如果不注意方法，不分先后，不分主次，无法快速准确获取施工图纸的信息和内容。根据实践经验，读图的方法一般是：从整体到局部，再由局部到整体；互相对照，逐一核实。按照以下程序进行：

1. 先看图纸目录，了解本套图纸的设计单位、建设单位及图纸类别和数量。

2. 按照图纸目录检查各类图纸是否齐全，图纸编号与图名是否符合，是否使用标准图，标准图的类别等。

3. 通过设计说明，了解工程概况和工程特点，并应掌握和了解有关的技术要求。

4. 阅读建筑施工图。在看装饰施工图之前，一般应先看懂建筑施工图，大中型装饰工程还有必要对照结构施工图、设备施工图的有关内容。在建筑施工图中，平面图中的技术信息很多，应首先了解房屋的长度、宽度、轴线设置位置、轴线间尺寸(开间与进深等)、平面形状、各房间相邻关系等。

5. 阅读建筑装饰施工图。装饰施工图分为室内装饰施工图和室外装饰施工图。建筑装饰施工图

一般包括平面图(家具设备布置图)、地坪平面图、顶棚平面图(含灯具、空调、消防位置)、放样图(局部平面图)、房间展开立面图、节点大样图(详图)及其他(说明、门窗表图)。

(二)装饰平面图布置识读

阅读装饰平面布置图应抓住面积、功能、装饰面、设施以及与建筑结构的关系这五个要点。

1. 看装饰平面布置图要先看图名、比例、标题栏,认定该图是什么布置图。

2. 再看建筑平面基本结构及其尺寸,把各房间名称、面积以及门窗、走廊、楼梯等的主要位置和尺寸了解清楚。然后看建筑平面结构内的装饰结构和装饰设置的平面布置等内容。

3. 通过对各房间和其他空间主要功能的了解,明确为满足功能要求所设置的设备与设施的种类、规格和数量,以便制订相关的购买计划。

4. 通过图中对装饰面的文字说明,了解各装饰面对材料规格、品种、色彩和工艺制作的要求,明确各装饰面的结构材料与饰面材料的衔接关系与固定方式,并结合面积做材料计划和施工安排计划。

5. 面对众多的尺寸,要注意区分建筑尺寸和装饰尺寸。在装饰尺寸中,又要分清其中的定位尺寸、外形尺寸和结构尺寸。定位尺寸是确定装饰面或装饰物在平面布置图上位置的尺寸。在平面图上需两个定位尺寸才能确定一个装饰物的平面位置,其基准往往是建筑结构面。外形尺寸是装饰面或装饰物的外轮廓尺寸,由此可确定装饰面或装饰物的平面形状与大小。结构尺寸是组成装饰面和装饰物各构件及其相互关系的尺寸,由此可确定各种装饰材料的规格,以及材料之间和材料与主体结构之间的连接固定方法。

6. 通过平面布置图上的投影符号,明确投影面编号和投影方向,并进一步查出各投影方向的立面图。通过平面布置图上的剖切符号,明确剖切位置及其剖视方向,进一步查阅相应剖面图。通过平面布置图上的索引符号,明确被索引部位及详图所在位置。

(三)天花平面图的识读方法与步骤

1. 首先应弄清楚天花平面图与平面布置图各部分的对应关系,核对顶棚平面图与平面布置图在基本结构和尺寸上是否相符。

2. 对于某些有迭级变化的顶棚,要分清它的标高尺寸和线型尺寸,并结合造型平面分区线,在平面上建立起三维空间的尺度概念。

3. 通过顶棚平面图,了解顶部灯具和设备设施的规格、品种和数量。

4. 通过顶棚平面图上的文字标注,了解顶棚所用材料的规格、品种及其施工要求。

5. 通过顶棚平面图上的索引符号,找出详图对照阅读,弄清楚顶棚的详细构造。

(四)建筑装饰立面图的识读方法与步骤

阅读室内装饰立面图时,要结合平面布置图、顶棚平面图和该室内其他立面图对照阅读,明确该室内的整体做法与要求。

1. 明确建筑装饰立面图上与该工程有关的各部分尺寸和标高。

2. 通过图中不同线型的含义,搞清楚立面上有几种不同的装饰面,以及这些装饰面所选用的材料与施工工艺要求。

3. 立面上各装饰面之间的衔接收口较多,这些内容在立面图上标示得比较概括,多在节点详图中详细标明。看说明及索引符号等。

4. 明确装饰结构之间以及装饰结构与建筑主体之间的连接固定方式,以便提前准备预埋件和紧固件。

5. 要注意设施的安装位置,确定电源开关、插座的安装位置和安装方式,以便在施工中留位。

(五)剖面图的识读步骤和要点

阅读建筑装饰剖面图要结合平面布置图和顶棚平面图进行，某些室外装饰剖面图还要结合装饰立面图来综合阅读，才能全方位地理解剖面的图示内容。

1.阅读建筑装饰剖面图时，首先要求对照平面布置图，看清楚剖切面的编号是否相同，了解该剖面的剖切位置和剖视方向。

2.在众多图像和尺寸中，要分清哪些是建筑主体结构的图形和尺寸，哪些是装饰结构的图形和尺寸。

3.当装饰结构与建筑结构所用材料相同时，它们的剖断面的表示方法是一致的。通过对剖面图中所示内容的阅读研究，明确装饰工程各部位的构造方法、构造尺寸、材料要求与工艺要求。

4.查看图中的索引符号，以便对照看相应的详图。

(六)装饰构配件详图

1.应先看详图符号和图名，弄清楚从何图索引而来。有的构配件详图自有立面图和平面图，有的装饰构配件图的立面形状或平面形状及其尺寸就在被索引图样上，不再另行画出。因此，阅读时要注意联系被索引图样，并进行周密的核对，检查它们之间在尺寸和构造方法上是否相符。

2.通过阅读，了解各部件的装配关系和内部结构，紧紧抓住尺寸、详图做法和工艺要求三个要点。

第四节　深化设计

一、深化设计的概念

深化设计是指业主、设计方委托施工方在原建筑设计图或原设计方案图的基础上，结合施工现场的实际情况，对图纸进行完善、补充、绘制成具有可实施性的施工图纸，深化设计后的图纸要满足原方案的设计技术要求，符合相关地域设计规范和施工规范，并通过审查，图形合一，能直接指导现场施工。

建筑室内装饰深化设计根据不同设计深度可分为三个层面：

在方案设计单位完成方案设计的情况下，由施工单位完成施工图设计。

已有施工图但不完备，如节点大样图只给出所用材料而未给出具体做法等，由施工单位完成补充设计。

设计图纸已达到施工图要求，但具体实施过程中仍需继续施工细化，主要体现在精装施工方面，如建筑装饰材料排版方案、家具工艺设计、水电空调等安装专业定位设计等。

二、深化设计的目的

深化设计后的图纸要具备可实施性，满足现场施工，以控制工程进度。

深化设计后的图纸更详细，准备调整招标后工程预算。

深化设计后的图纸更完善，明确装饰与土建及相关单位的工作范围，为配合交叉施工提供有利条件。

深化设计后的图纸形成系统化，满足各种材料，构件标准化、装配化，控制工程项目的成本。

三、深化设计的作用

明确设计意图，立足于协调配合其他专业，保证本专业施工的可实施，同时保障设计创意的最终实现。

发现问题，反映问题，并提出有建设性的解决方法。

将图纸中（设计上）某些不合理的地方和施工单位依照目前的施工条件还达不到的某些要求，提出来进行商讨，并与设计单位形成一致意见，做好原始记录。

通过对施工图的深化设计，协助主体设计单位发现方案中存在的问题，发现各专业间可能存在的交叉；同时，协助施工单位理解设计意图，把可实施性的问题及相关专业交叉施工的问题及时向主体设计单位反映。

细化施工图纸。

各专业间核对图纸，消除差错，协商配合施工事宜，如装饰与土建之间，装饰与室内给排水之间，装饰与建筑强电、弱电之间的配合。设计计算的假定条件和采用的处理方法是否符合实际情况，施工时有无足够的稳定性，对安全施工有无影响。核对各专业图纸是否齐全，各专业图纸本身和相互之间有无错误和矛盾，如各部位尺寸、平面位置、标高、预留孔洞、预埋件、节点大样和构造说明有无错误和矛盾，如有，应在施工前通知设计单位协商解决，设计要求的新技术、新工艺、新材料和特殊技术要求是否能做到，难度有多大，施工前应做到心中有底。

四、室内设计施工图深化设计的内容

根据现场实际情况，审查核实图纸目录、设计说明、材料及做法表、各层平面布置图、各层铺地平面图、各层顶棚平面图、房间各面墙立面图、节点详图、效果图。

室内装修部分除用文字说明以外，亦可用表格形式表达；较复杂或较高级的民用建筑应另行委托室内装修设计；凡属二次装修的部分，可不列装修做法表和进行室内施工图设计，但对原建筑设计、结构和设备设计有较大改动时，应征得原设计单位和设计人员的同意。

对采用新技术、新材料的做法说明及对特殊建筑造型和必要的建筑构造的说明。

门窗表及门窗性能（防火、隔声、防护、抗风压、保温、空气渗透、雨水渗透等）、用料、颜色，玻璃、五金件等的设计要求。

思考题

1. 建筑装饰工程图有哪些组成？各有什么特点？
2. 建筑装修施工图的绘制步骤与方法是什么？
3. 建筑装修施工图识读的步骤与方法是什么？
4. 深化设计的概念、目的、作用及内容是什么？

第五章　工程材料的基本知识

本章共 7 节，它的主要内容包括各类建筑材料的类型、品种和材料性能；并着重介绍建筑装饰材料的品种和材料的性能。要求熟悉工程材料的基本知识。

建筑材料指建筑工程中使用的所有材料，是一切建筑工程的物质基础。建筑材料按用途可分为结构材料、装饰材料和其他专用材料。

建筑材料的品种、性能和质量，直接影响着建筑工程的坚固、适用和美观，影响着结构形式和施工进度。各种建筑工程的质量和造价在很大程度上取决于正确地选择和合理地使用建筑材料。

建筑材料应满足的最基本要求是技术性能、美观、耐久性、工艺性、经济性的要求。

建筑装饰材料，又称建筑饰面材料，是指铺设或涂装在建筑物表面起装饰和美化环境作用的材料。建筑装饰材料是集材料、工艺、造型设计、美学于一身的材料，它是建筑装饰工程的重要物质基础。建筑装饰的整体效果和建筑装饰功能的实现，在很大程度上受到建筑装饰材料的制约，尤其受到装饰材料的光泽、质地、质感、图案、花纹等装饰特性的影响。因此，应熟悉各种装饰材料的性能、特点，按照建筑物及使用环境条件，合理选用装饰材料，才能材尽其能、物尽其用，更好地表达设计意图，并与室内其他配套产品来体现建筑装饰性。

第一节　无机凝胶材料

一、无机凝胶材料的分类及特性

建筑材料中，凡是自身经过一系列物理、化学作用，或与其他物质（如水等）混合后一起经过一系列物理、化学作用，能由桨体变成坚硬的固体，并能将散粒材料（如砂、石等）或块、片状材料（如砖、石块等）胶结成整体的物质，称为凝胶材料。

建筑工程中常用的无机凝胶材料主要包括：水泥、石灰、石膏及胶粉剂等。

无机凝胶材料是能单独或与其他材料混合形成塑性浆体，经物理或化学作用转变成坚固的石状体的一种无机非金属材料，也称无机胶结料。

无机凝胶材料按所需硬化条件不同，可分为水硬性和非水硬性两类。

水硬性凝胶材料具有既能在空气中，又能在水中硬化的特性，各种水泥属于此类；

非水硬性凝胶材料只能在空气中或其他条件下（如热处理、掺加外加剂等）硬化，不能在水中硬化，石灰、石膏、磷酸盐胶结料、水玻璃胶结料、镁质胶结料和硫黄胶结料等属于此类。

二、通用水泥的品种、主要技术性能及应用

(一)通用水泥的品种

《通用硅酸盐水泥》GB175 规定:通用硅酸盐水泥是以硅酸盐水泥熟料和适量的石膏及规定的混合材料制成的水硬性凝胶材料。

通用硅酸盐水泥按混合材料的品种和掺量分为硅酸盐水泥、普通硅酸盐水泥、矿渣硅酸盐水泥、火山灰质硅酸盐水泥、粉煤灰硅酸盐水泥和复合硅酸盐水泥。在一些特殊工种中,还使用高铝水泥、膨胀水泥、快硬水泥、低热水泥和耐酸水泥等特性水泥和专用水泥。

(二)强度等级

1. 硅酸盐水泥的强度等级分为 27.5,32.5,32.5R,42.5,42.5R,52.5,52.5R,62.5,62.5R 九个等级。

2. 普通硅酸盐水泥的强度等级分为 42.5,42.5R,52.5,52.5R 四个等级。

3. 矿渣硅酸盐水泥、火山灰质硅酸盐水泥、粉煤灰硅酸盐水泥、复合硅酸盐水泥的强度等级分为 32.5,32.5R,42.5,42.5R,52.5,52.5R 六个等级。

(三)硅酸盐水泥的主要技术性能

1. 凝结时间。

硅酸盐水泥初凝不小于 45 min,终凝不大于 390 min。

普通硅酸盐水泥、矿渣硅酸盐水泥、火山灰质硅酸盐水泥、粉煤灰硅酸盐水泥和复合硅酸盐水泥初凝不小于 45 min,终凝不大于 600 min。

2. 体积安定性。

国家标准规定,用沸煮法检验水泥的体积安定性。如果在水泥已经硬化后,产生不均匀的体积变化,即安定性不良;体积安定性不良的水泥就会使构件产生膨胀性裂缝,降低建筑物质量,不能用于工程中。

3. 强度。

不同品种不同强度等级的通用硅酸盐水泥,其不同龄期的强度应符合国家标准的要求。

三、装饰工程常用的特种水泥的品种、特性及应用

(一)白水泥

白水泥是白色硅酸盐水泥的简称,由白色硅酸盐水泥熟料加入适量石膏,磨细制成的水硬性胶凝材料。

1. 白水泥的分级。

白色硅酸盐水泥强度等级分为 32.5,42.5,52.5 三个等级。

2. 凝结时间。

初凝应不早于 45 min,终凝应不迟于 10 h。

3. 安定性。

用沸煮法检验必须合格。

4. 水泥白度。

水泥白度值应不低于 87。

5. 白水泥的用途。

白水泥的典型特征是拥有较高的白度，一般用作各种建筑装饰材料，典型的有粉刷、雕塑、地面、水磨石制品等，白水泥还可用于制作白色和彩色混凝土构件，是生产规模最大的装饰水泥品种。

(二)彩色水泥

凡由硅酸盐水泥熟料及适量石膏(或白色硅酸盐水泥)、混合材及着色剂磨细或混合制成的带有色彩的水硬性凝胶材料称为彩色硅酸盐水泥。

1. 颜色分类。

基本色有红色、黄色、蓝色、绿色、棕色和黑色等。

2. 强度等级。

彩色硅酸盐水泥强度等级分为 27.5,32.5,42.5 三个等级。

3. 彩色水泥的用途。

彩色水泥是一种全新的彩色混凝土装饰面层材料，其主要用于建筑装饰工程的装饰材料，可用于混凝土、砖、石等的粉刷饰面。可用于各种不同功能的道路及城市标志性建筑，可制成各种不同颜色的彩色水磨石、人造大理石、水刷石、斧剁石和干粘石等各种石材。

四、石灰的主要技术性能及应用

(一)石灰的概念

主要成分为碳酸钙的天然岩石在适宜的温度下煅烧所得的以氧化钙为主要成分的产品即为石灰，又称生石灰。在煅烧的过程中，由于原材料石灰的尺寸大或煅烧时窨中温度分布不均匀等原因，所产生的石灰中常含有欠火石灰和过火石灰。

(二)石灰的熟化

生石灰与水反应生成氢氧化钙熟石灰(又称消石灰)的过程，称为石灰的熟化或消解，石灰熟化过程会放出大量的热，同时体积增大 1～2.5 倍，生石灰不能直接用于工程。

(三)石灰的技术性质

1. 保水性好，在水泥砂浆中掺入石灰膏，配成混合砂浆，可提高砂浆的和易性。

2. 硬化较慢，强度低于 1∶3 的石灰砂浆 28d 抗压强度通常为 0.2～0.5mpa。

3. 耐水性差，石灰不能放在潮湿的环境中使用，也不能单独用于建筑基础。

4. 硬化时体积收缩大。除调成石灰乳在粉刷时使用外，不宜单独使用，工程上通常要掺入砂、纸筋、麻刀等材料以减小收缩，并节约石灰。

5. 生石灰吸湿性强。储存生石灰不仅要防止受潮，而且也不宜储存过久。

(四)石灰的应用

1. 石灰乳用于内墙和顶棚的粉刷。

2.砂浆用石灰膏或消石粉配成石灰浆和水泥混合砂浆,用于抹灰或砌筑。

3.硅酸盐制品,常用的有蒸压灰砂砖、粉煤灰砖、蒸压加气混凝土砌块或板材等。

五、石膏的主要技术性能及应用

石膏胶凝材料是一种以硫酸钙为主要成分的气硬性无机胶凝材料,石膏品具有质轻、强度较高、隔热耐火、吸声美观及易于加工等优良性质。

石膏有建筑石膏、高强石膏、粉刷石膏、无水石膏、高温煅烧石膏等。

(一)建筑石膏的定义

建筑石膏是将天然H水石膏等原材料在107℃~170℃的温度下煅烧成熟石膏,再经磨细而成的白色粉状物。

(二)建筑石膏的技术性质

1.凝结硬化快。

2.硬化时体积微膨胀。

3.硬化后空隙率高。

4.防火性能好。

5.耐水性和抗冻性差。

(三)建筑石膏的技术要求

包括组成物理力学性能、放射性核素限量和限制成分含量、物理力学性能,主要有细度、初凝时间、抗折强度和抗压强度。质量分数应不小于60.0%,细度0.2mm方孔,筛余不大于10%,初凝不小于3min,终凝时间不大于30min。

(四)建筑石膏的用途

主要用于石膏制品、石膏板、石膏砌体。建筑石膏运输及储存要注意防潮,一般储存3个月,强度将降低30%左右,超过3个月或受潮的石膏需检验后才能用。建筑石膏不能用于室外工程和65℃以上的高温工程。

六、陶瓷墙地砖胶粘剂

陶瓷墙地砖胶粘剂是由水硬性胶凝材料、矿物集料、有机外加剂组成的粉状混合物,使用时需与水或其他液体拌和。

(一)按化学组成和物理形态分为5类

A类:由水泥等无机胶凝材料、矿物集料和有机外加剂等组成的粉状产品。

B类:由聚合物分散液与填料等组成的膏糊状产品。

C类:由聚合物分散液和水泥等无机胶凝材料、矿物集料等组成的双包装产品。

D类:由聚合物溶液和填料等组成的膏糊状产品。

E类:由反应性聚合物及其填料等组成的双包装或多包装产品。

(二)按时水性分为 3 个级别

F 级:较快具有耐水性的产品。

S 级:较慢具有耐水性的产品。

N 级:无耐水性要求的产品。

第二节　砂浆

建筑砂浆是由无机凝胶材料、细骨料和水,加入某些掺和料,按一定比例配合调制而成。建筑砂浆是建筑工程中用量大、用途广泛的建筑材料。主要用于砌筑、抹面、灌缝及粘贴饰面材料等。

按凝胶材料不同可分为水泥砂浆、石灰砂浆和混合砂浆。混合砂浆有水泥石灰砂浆、水泥黏土砂浆和石灰黏土砂浆等。

按用途可分为砌筑砂浆、抹面砂浆、特种砂浆。特种砂浆是主要用于防水、绝热、吸声、防腐等方面的砂浆。

一、砌筑砂浆的分类、组成材料及主要技术性能

用于砌筑砖、石等各种砌块的砂浆称为砌筑砂浆。它起着黏结砌块、构筑砌体、传递荷载的作用,是砌体的重要组成部分,砌筑砂浆应采用重量比。

(一)砌筑砂浆的组成材料

1. 水泥。

普通水泥、矿渣水泥、火山灰质水泥等常用品种的水泥都可以用来配制砌筑砂浆。不同的水泥不得混合使用。

2. 石灰。

为改善砂浆的和易性和节约水泥,可在砂浆中掺入适量的石灰而制成混合砂浆。为了保证砂浆的质量,需将石灰预先充分"陈化"熟化制成石灰膏,然后再掺入砂浆中搅拌均匀。如采用生石灰粉或消石灰粉,则可直接掺入砂浆搅拌均匀后使用。

3. 砂。

砌筑砂浆用砂应符合混凝土用砂的技术性质要求。对于毛石砌体所用的砂,最大粒径应小于砂浆层厚度的 1/4~1/5。对于砖砌体以使用中砂为宜,粒径不得大于 0.35 mm。抹面及勾缝的砂浆则应采用细砂。

砂的含泥量对砂浆的强度、变形性、稠度及耐久性影响较大。对 M5 以上的砂浆,砂中含泥量不应大于 5%;M5 以下的水泥混合砂浆,砂中含泥量可大于 5%,但不应超过 10%。若采用人工砂、山砂、炉渣等作为骨料配制砂浆,应经试配而确定其配合比。

4. 水。

砂浆拌和水应选用无杂质的饮用水拌制。

(二)砌筑砂浆的主要技术性能

包括砂浆的配合比、砂浆的稠度、砂浆的保水性、砂浆的分层度和砂浆的强度等级。

1. 砂浆的配合比：指根据砂浆强度等级及其他性能要求而确定砂浆的各组成材料之间的比例。以重量比或体积比表示。

2. 砂浆的稠度：指在自重或施加外力下，新拌制砂浆的流动性能。以标准的圆锥体自由落入浆中的沉入深度表示。

3. 砂浆的保水性：指在存放、运输和使用过程中，新拌制砂浆保持各层砂浆中水分均匀一致的能力，以砂浆分层度来衡量。

4. 砂浆的分层度：指新拌制砂浆的稠度与同批砂浆静态存放达规定时间后所测得下层砂浆稠度的差值。

5. 砂浆的强度等级：指用标准试件(70.7 mm×70.7 mm×70.7 mm 的立方体)一组 3 块，用标准方法养护 28 天，用标准方法测定其抗压强度的平均值(MPa)。砌筑砂浆按抗压强度划分为 M15，M10，M7.5，M5，M2.5 等五个强度等级。砂浆的强度除受砂浆本身的组成材料及配比影响外，还与砌筑基层的吸水性能有关。

二、抹面砂浆的分类、组成材料及主要技术性能

抹面砂浆，是抹在建筑物及构筑物的表面，以使外表平整美观，并有抵御周围环境侵蚀的作用。根据抹面砂浆功能的不同，可将抹面砂浆分为普通抹面砂浆、装饰抹面砂浆和具有某些特殊功能的抹面砂浆(如防水砂浆、绝热砂浆、吸音砂浆和耐酸砂浆等)。对抹面砂浆要求具有良好的和易性，容易抹成均匀平整的薄层，便于施工。还应有较高的黏结力，砂浆层应能与底面黏结牢固，长期不致开裂或脱落。处于潮湿环境或易受外力作用部位(如地面和墙裙等)，还应具有较高的耐水性和强度。

(一)一般抹面砂浆

一般抹面砂浆，有外用和内用两类。为保证抹灰层表面平整，避免开裂脱落，抹面砂浆通常以底层、中层、面层三个层次分层涂抹。底层砂浆主要起与基底材料的黏结作用，依所用基底材料的不同，选用不同种类的砂浆。如砖墙常用白灰砂浆，当有防潮、防水要求时则选用水泥砂浆。对于混凝土基底，宜采用混合砂浆或水泥砂浆。板条、苇箔上的抹灰，多用掺麻刀或玻璃丝的砂浆。中层砂浆主要起找平作用，所使用的砂浆基本上与底层相同。面层砂浆主要起装饰、保护作用，通常要求使用较细的沙子，且要求涂抹平整，色泽均匀，施工时也常根据需要掺麻刀或纸筋，以代替沙子。

(二)装饰抹面砂浆

装饰抹面砂浆是用于室内外装饰，以增加建筑物美感为主要目的的砂浆，应具有特殊的表面形式及不同的色彩和质感。

装饰抹面砂浆常以白水泥、石灰、石膏、普通水泥等为胶凝材料，以白色、浅色或彩色的天然砂、大理石及花岗石的石屑或特制的塑料色粒为骨料。为进一步满足人们对建筑艺术的需求，还可利用矿物颜料调制成多种彩色，但所加入的颜料应具有耐碱、耐光、不溶等性质。

装饰砂浆的表面可进行各种艺术处理，以形成不同形式的风格，达到不同的建筑艺术效果，如制成水磨石、水刷石、斩假石、麻点、干粘石、粘花、拉毛、拉条及人造大理石等。

(三)抹面砂浆的特点

与砌筑砂浆相比,抹面砂浆具有以下特点:

1.抹面层不承受荷载;

2.抹面层与基底层要有足够的黏结强度,使其在施工中或长期自重和环境作用下不脱落、不开裂;

3.抹面层多为薄层,并分层涂抹,面层要求平整、光洁、细致、美观;

4.多用于干燥环境,大面积暴露在空气中。

(四)各种抹面砂浆配合比参考表

表 5.1　各种抹面砂浆配合比参考表

材　料	配合比(体积比)	应用范围
石灰∶砂	1∶2～1∶4	用于砖石墙表面(檐口、勒脚、女儿墙以及防潮房间的墙除外)
石灰∶黏土∶砂	1∶1∶4～1∶1∶8	用于干燥环境的墙表面

续 表

材　料	配合比(体积比)	应用范围
石灰∶石膏∶砂	1∶0.6∶2～1∶1∶3	用于不潮湿房间的墙及天花板
石灰∶水泥∶砂	1∶0.5∶5～1∶1∶5	用于檐口、勒脚、女儿墙外脚以及比较防潮的部位
水泥∶砂	1∶3～1∶2.5	用于浴室、潮湿车间等墙裙、勒脚或地面基层
水泥∶砂	1∶2～1∶1.5	用于地面、天棚或墙面面层
水泥∶石膏∶砂∶锯末	1∶1∶3∶5	用于吸声粉刷
水泥∶白石子	1∶2～1∶1	用于水磨石(打底用1∶2.5水泥砂浆)

第三节　建筑装饰石材

一、天然饰面石材的品种、特性及应用

所谓天然石材,是指从天然岩体中开采出来的毛料,或经过加工成为板状或块状的饰面材料。用于建筑装饰用的主要有大理石和花岗石两大类。其他还有砂岩、板岩等。

(一)花岗石

花岗岩是饰面石材的商品分类名称,并非岩石学定义。花岗岩是天然石材,一般指具有装饰功能、结构致密、质地坚硬、性能稳定,可加工成所需形状的各种岩浆岩、火山岩和部分深变质岩类岩石。常见的岩石有花岗岩、凝灰岩、闪长岩、安山岩、辉长岩、辉绿岩、蛇纹岩、玄武岩、片麻岩等。

花岗岩虽然是建筑的好材料,但是部分地区的花岗岩会溢出氡——一种天然放射性气体。氡可能使人罹患肺癌。

1. 花岗岩的特点。

物理性稳定,组织缜密,受撞击晶粒不易脱落,表面不起毛边,不影响其平面精度,材质稳定,能够保证长期不变形,线膨胀系数小,机械精度高,防锈、防磁、绝缘。资源分布广泛,便于大规模开采和工业化加工。花岗岩结构均匀,质地坚硬,颜色美观,是优质建筑石料。花岗岩化学性质呈弱酸性。

2. 花岗岩的用途。

花岗岩以其硬度高、耐磨损、耐腐蚀、具有装饰性等特点,是生产墙面板和地面板的理想材料。花岗岩台面容易维护,抗污能力较强。总体而言,花岗岩板材可为用户提供一个极其耐用和易于维护的表面。此外,不同于人造合成材料,天然花岗岩板材拥有独特的耐温性,故为各类板材加工的首选。

幕墙石材宜采用火成岩,即花岗岩。幕墙石材的常用厚度为25～30 mm。为满足强度计算的要求,幕墙石板的厚度最薄不得小于25 mm。火烧石板的厚度应比抛光石板的厚度尺寸大于3 mm。石材经火烧加工后,在板材表面形成细小的不均匀麻坑效果而影响了板材厚度,同时也影响了板材的强度,故规定在设计计算强度时,对同厚度火烧板一般需要按减薄3 mm进行。用于建筑幕墙的花岗岩的吸水率应小于0.8%,花岗岩板材的弯曲强度应经法定检测机构检测确定,其弯曲强度不应小于8.0Mpa。

（二）大理石板

大理石是商品名称，并非岩石学定义。大理石是天然建筑装饰石材的一大门类，一般指具有装饰功能，可以加工成建筑石材或工艺品的已变质或未变质的碳酸盐岩类。它是由中国云南大理市点苍山所产的具有绚丽色泽与花纹的石材而得名。大理石泛指大理岩、石灰岩、白云岩以及碳酸盐岩经不同蚀变形成的夕卡岩和大理岩等。

1. 大理石的特点。

物理性稳定，组织缜密，受撞击晶粒不易脱落，表面不起毛边，不影响其平面精度，材质稳定，能够保证长期不变形，线膨胀系数小，机械精度高，防锈、防磁、绝缘。材质颗粒细腻均匀，其结晶粒度的粗细千变万化；颜色众多，同时其纹理图案繁多。质地比花岗岩软，属于中硬度石材，有较高的抗压强度和良好的物理化学性能。但是其材质的间隙较大，同时伴有裂纹裂缝，容易断裂。花岗岩化学性质呈弱碱性。

大理石属于变质岩，其形成过程复杂多样，且矿物种类繁多，所以不同的大理石其材质性能差别很大，像摩氏硬度就从 2.5 到 5 相差了一倍。所以大理石的使用有一定的标准：体积密度不小于 2.6 g/cm^3；吸水率不大于 0.75%；干燥压缩强度不小于 20 Mpa；弯曲强度不小于 7.0 Mpa。

2. 大理石的用途。

大理石主要用于加工成各种型材、板材，做建筑物的墙面、地面、台、柱，还常用于纪念性建筑物如碑、塔、雕像等的材料。大理石还可以雕刻成工艺美术品、文具、灯具、器皿等实用艺术品。大理石质感柔和，美观庄重，格调高雅，花色繁多，是装饰豪华建筑的理想材料，也是艺术雕刻的传统材料。大理石不宜用于建筑幕墙。

有些大理石（包括石灰岩、白云岩、大理岩等）还可以用作耐碱材料。在大理石开采、加工过程中产生的碎石、边角余料也常用于人造石、水磨石、石米、石粉的生产，可用于涂料、塑料、橡胶等行业的填料。

（三）砂岩

砂岩是一种沉积岩，主要由砂粒胶结而成，其中砂粒含量要大于 50%。绝大部分砂岩是由石英或长石组成的，石英和长石是组成地壳最常见的成分。砂岩的颜色和沙子一样，可以是任何颜色，最常见的是棕色、黄色、红色、灰色和白色。地球上常见由砂岩相成的悬崖峭壁。

1. 砂岩的特点。

强度低、吸水率高、耐候性差，不是外墙装饰的理想材料。隔音、吸潮、抗破损，户外不风化，水中不溶化、不长青苔、易清理等。砂岩具有独特质感、颜色和风格。

2. 砂岩的用途。

砂岩是使用最广泛的一种建筑用石材，几百年前用砂岩装饰而成的建筑至今仍风韵犹存，如巴黎圣母院、卢浮宫、英伦皇宫、美国国会大厦、哈佛大学等。

砂岩可以按照设计意图任意着色、彩绘、打磨明暗、贴金；并可以通过技术处理使作品表面呈现粗犷、细腻、龟裂、自然缝隙等真石效果。砂岩主要颜色有黄色、白色、红色。

（四）板岩

1. 板岩的特点。

板岩是以泥质和粉砂质成分为主的板状劈理发育的变质岩。

2. 板岩的主要用途。

板岩石材主要用于建筑行业，板岩石材优于一般的人工覆盖材料，防潮，抗风，具有保温性。板岩屋顶可以持续数百年。

板岩地板可用于外部地板、内部地板和外墙。板岩地板通常铺设在户外的走廊、地下室和厨房。室内的板岩地板持久耐用，功能多样，造型美观。使用板岩可将室内装修成独一无二的环境。室内板岩地板可以是抛光后的板岩，也可以是天然的样式和颜色，颜色非常丰富，主要以复合灰为主，如灰黄、灰红、灰黑、灰白等，达256种集合颜色。

(五)洞石

洞石，学名叫作石灰华或凝灰石，是一种多孔的岩石，洞石属于陆相沉积岩，它是一种碳酸钙的沉积物。洞石大多形成于富含碳酸钙的石灰石地形，是由溶于水中的碳酸钙及其他矿物沉积于河床、湖底等而形成的。

洞石的色调以米黄色居多，又使人感到温和，质感丰富，条纹清晰，促使装饰的建筑物常有强烈的文化和历史韵味，被世界上多处建筑使用。

洞石因为有孔洞，它的单位密度并不大，适合做覆盖材料，不适合做结构材料。洞石除了有米黄色的外，还有绿色、白色、紫色、粉色、咖啡色等多种。我国河南也有洞石发现和产出。

1. 洞石的特点。

洞石的岩性均一，质地软，硬度小，非常易于开采加工，比重(密度)轻，易于运输，是一种用途很广的建筑石料；

洞石具有良好的加工性、隔音性和隔热性，可深加工应用，是优异的建筑装饰材料；

洞石的质地细密，加工适应性高，硬度小，容易雕刻，适合用作雕刻用材和异型用材；

洞石的颜色丰富，纹理独特，更有特殊的孔洞结构，有着良好的装饰性能，同时由于洞石天然的孔洞特点和美丽的纹理，也是做盆景、假山等园林用石的好材料。

2. 洞石的用途。

洞石主要应用在建筑外墙装饰和室内地板、墙壁装饰。

二、人造装饰石材的品种、特性及应用

人造石材一般指人造大理石和人造花岗石，以不饱和聚酯树脂为黏结剂，配以天然大理石或方解石、白云石、硅砂、玻璃粉等无机物粉料，以及适量的阻燃剂、颜色等，经配料混合、瓷铸、振动压缩、挤压等方法成型固化制成。与天然石材相比，人造石材具有色彩艳丽、光洁度高、颜色均匀一致，抗压耐磨、韧性好、结构致密、坚固耐用、比重轻、不吸水、耐侵蚀风化、色差小、不褪色、放射性低等优点。人造石材具有资源综合利用的优势，在环保节能方面具有不可低估的作用，也是名副其实的建材绿色环保产品。已成为现代建筑重要的饰面材料。

(一)人造石材的分类

1. 树脂型人造石材。

树脂型人造石材又称聚酯合成石，是以不饱和聚酯树脂为胶结剂，与天然大理碎石、石英砂、方解石、石粉或其他无机填料按一定的比例配合，再加入催化剂、固化剂、颜料等外加剂，经混合搅拌、固化成型、脱模烘干、表面抛光等工序加工而成。

2. 复合型人造石材。

复合型人造石材采用的黏结剂中，既有无机材料，又有有机高分子材料。对板材而言，底层用性能稳定而价廉的无机材料，面层用聚酯和大理石粉制作。无机胶结材料可用快硬水泥、白水泥、普通硅酸盐水泥、铝酸盐水泥、粉煤灰水泥、矿渣水泥以及熟石膏等。有机单体可用苯乙烯、甲基丙烯酸甲酯、醋酸乙烯、丙烯腈、丁二烯等，这些单体可单独使用，也可组合使用。复合型人造石材制品的造价较低，但它受温差影响后聚酯面易产生剥落或开裂。

3. 水泥型人造石材。

水泥型人造石材是以各种水泥为胶结材料，砂、天然碎石粒为粗细骨料，经配制、搅拌、加压蒸养、磨光和抛光后制成的人造石材。配制过程中，混入色料，可制成彩色水泥石。水泥型人造石材的生产取材方便，价格低廉，但其装饰性较差。水磨石和各类花阶砖即属此类。

4. 烧结型人造石材。

烧结型人造石材的生产方法与陶瓷工艺相似，是将长石、石英、辉绿石、方解石等粉料和赤铁矿粉，以及一定量的高岭土共同混合，一般配比为石粉 60%，黏土 40%，采用混浆法制备坯料，用半干压法成型，再在窑炉中以 1000℃左右的高温焙烧而成。烧结型人造石材的装饰性好，性能稳定，但需经高温焙烧，因而能耗大，造价高。

5. 微晶玻璃陶瓷复合板。

微晶玻璃陶瓷复合板也称微晶石、玉晶石，是一种新型的绿色环保建筑装饰材料。是玻璃、陶瓷、石材“三和一”产品。

（二）人造石材的特性

1. 高性能。

具有良好的美感质感，板面平整洁净，色调均匀一致，纹理清晰雅致，光泽柔和晶莹，色彩绚丽璀璨，质地坚硬细腻，不吸水防污染，耐酸碱抗风化，绿色环保，无放射性毒害等优质素质和优良的理化性能。

2. 产品多样性。

人造石材由于在加工过程中石块粉碎的程度不同，再配以不同的色彩，可以生产出多种花色、图案、形状的产品，可塑性强，可自由裁切、弯曲、研磨、接合耐久等卓越性能，人造石材较天然石材薄，重量比天然石材轻。

同时人造石材铺设的施工工艺简单，人造复合石材的背面经过波纹处理，使铺设后的墙面或地面品质更可靠。

（三）人造石材的用途

人造石材的使用几乎不受限制。各种规格的、不同颜色的平面板、弧形板可用于建筑物的内外墙面、地面、圆柱、台面和家具装饰等任何需要石材建设、装饰的地点。

能满足设计上的多样化需求，为建筑师和设计师提供极为广泛的设计空间，人造石材可以根据不同的要求配方做成一种先进的合成物，因其特殊成分的组成很难被磨损，如有磨损，只要采取相应的办法进行翻新，便可恢复如初。

第四节　木质装饰材料

一、木材的分类、特性及应用

(一)木材的分类

木材从树叶的外观形状可分为针叶树木和阔叶树木两大类。

针叶树树干通直而高大,易得大材,纹理平顺,材质均匀,木质较软而易于加工,故又称软木材。表观密度和胀缩变形较小,耐腐性较强。为建筑工程中的主要用材,多用作承重构件。常用树种有松、杉、柏等。

阔叶树树干通直部分一般较短,材质较硬,较难加工,故又名硬木材。一般较重,强度较大,胀缩、翘曲变形较大,较易开裂。建筑上常用作尺寸较小的构件。有些树种具有美丽的纹理,适于做内部装修、家具及胶合板等。常用树种有榆木、水曲柳、柞木等。

装饰用木材大致分为软杂木、硬杂木、名贵硬木、进口木材。

1. 软杂木。

软杂木材质较轻,相对结构强度比较大,抗弯性比较强,耐腐蚀性能比较好,但是多数木材的花纹和材色不理想,有的树种体积质量较轻,因此承受荷载能力较差。主要树种有松木、杉木、杨木、柳木、椴木、色木、桦木。

2. 硬杂木。

硬杂木多属于装饰用材,是中档装修的主要家具用材和装饰装修的重要饰面用材。硬杂木多数木材的花纹和材色漂亮,材质的重量适中,不易变形。硬杂材主要有梓树、刺楸、榔榆、黄菠萝、水曲柳等。

3. 名贵硬木。

名贵硬木来源较少,价格比较昂贵。主要特点是堆密度较大,材质较坚硬,结构强度较好,能承受较重的荷载,多数花纹非常漂亮,纹理细腻,是高级家具和室内装修的高级饰面材料,并具有较强的耐久性和耐腐蚀性,材色也比较理想。

主要树种有:黄杨木、铁梨木、黄花梨、花梨木、紫檀、酸枝木、鸡翅木、榉木、楠木、樟木等。

4. 进口木材。

进口木材价格昂贵,是比较少的饰面材料和结构材料。主要有:桃花心木、柳桉、柚木、橡木、枫木、黑胡桃木、菠萝格、沙比利等。

(二)木材的主要性质

树木的生长方向为高、粗向,以纵向管状细胞为主的构造,组成管状细胞壁的纤维,属链状联结的胶粒,纵向比横向联结要牢固得多。再加上木材本身的构造是很不均匀的,所以各个方向的各种性能,都相差甚巨,即所谓各向异性。

1. 强度。

(1)抗压强度。

木材的顺纹抗压强度很高。因此，多用于桩、柱和木桁架的受压杆件。但木材的横纹抗压强度很低，所以在发生横纹受压的部位，需认真核算局部承压力，采取补强措施。

(2)抗拉强度。

木材的顺纹抗拉强度比顺纹抗压强度还高。横纹抗拉强度甚低。木材的顺纹抗拉强度虽然很高，但受拉杆件的两端节点难以处理妥善，因此难以发挥。木材横纹抗拉强度过弱，在木结构和木制品中，必须避免承受横纹拉力。

(3)抗弯强度。

木材承受弯曲，是同时承受拉伸和压缩的主要作用力，在受压区首先达到强度极限后，最终为受拉破坏所支配。因此，木材的抗弯强度值居于顺纹抗拉强度值和顺纹抗压强度值之间。由于木材的抗弯强度很高，故多用于梁、檩等抗弯构件。

(4)抗剪强度。

木材的横纹抗剪强度尚高，顺纹抗剪强度极弱。从结构应用角度讲，主要是克服顺纹抗剪的薄弱环节，在发生顺纹剪力的部位，应采取有效措施。

2. 吸水性和吸湿性。

由于木材的化学组成和组织构造所致，所有木材都是吸水的。长期浸入水中的木材，可接近或达到水饱和状态。处于空气中的木材，随环境中的湿度增、减，在不停地进行着吸水或失水，直到自身的含水率与环境中的湿度平衡为止，此时的含水率 n 称平衡含水率。平衡含水率不是恒定的，它会随环境的温、湿度变化而变化。自然干燥达到或接近平衡含水率的干材，含水率为 12%～18%，因树种、地区不同而异。

当含水率在纤维饱和点以下时，其强度随含水率增加而降低，这是由于吸附水的增加使木材的细胞壁逐渐软化所致。当木材含水率在纤维饱和点以上时，木材的强度等性能基本稳定，不随含水率的变化而变化。我国标准规定，以含水率为 15%时的强度值作为标准，其他含水率时的强度可通过公式换算。含水率对顺纹抗压和抗弯强度的影响较大，对顺纹抗剪强度影响则小，对顺纹抗拉强度几乎无影响。

木材中含水率的变化，会引起木材的湿胀与干缩。干燥木材被水润湿，其体积及各向尺寸，均随含水率的提高而增大，即湿胀过程。反之，将含水率为纤维饱和点的木材进行干燥，其体积及各向尺寸随含水率的降低而减小，即产生干缩过程。木材的湿胀和干缩，会造成开裂、翘曲、胶结处脱离等危害。

(三)木材的应用

木材具有许多优良性质：轻质高强、易加工、不导电、导热性低，有很好的弹性和塑性、能承受冲击和震动等作用，在干燥环境或长期置于水中均有很好的耐久性。因而木材历来与水泥、钢材并列为建筑工程中的三大材料。目前，木材用于结构相应减少，但由于木材具有美丽的天然花纹，给人以淳朴、古雅、亲切的质感，因此木材作为装饰与装修材料，仍有其独特的功能和价值，因而被广泛应用。木材也有使其应用受到限制的缺点，如构造不均匀性，各向异性，易吸湿吸水从而导致形状、尺寸、强度等物理、力学性能变化；长期处于干湿交替环境中，其耐久性变差；易燃、易腐、天然疵病较多等。

建筑工程中所用木材主要来自某些树木的树干部分。然而，树木的生长缓慢，而木材的使用范围广、需求量大，因此对木材的节约使用与综合利用显得尤为重要。

二、木质人造板材的品种、特性及应用

(一)木质人造板的品种及特性

木质人造板材是以木材为主要原料加工而成的板材，如胶合板、纤维板和刨花板。人造板材是节

约木材、提倡木材综合利用的有效途径。常用人造板材的品种及特性如表 5.2 所示：

表 5.2　常用人造板材的品种及特性

板材名称	表面性能	结构对称与均匀性	强度均齐性	尺寸稳定性	耐潮性
胶合板	木材天然构造	对称、质地均匀	纵横方向性	稳定	较好
硬质纤维板	表面平整背面网痕	不对称、质地均匀	各向同性	较差	较差
中密度纤维板	光洁平整	对称、质地细腻均匀	各向同性	较稳定	一般
软质纤维板	粗糙、多孔	对称、质地均匀	各向同性	稳定	很差
刨花板	平整	对称、质地不均匀	各向同性	较差	较差
细木工板	木材天然构造	对称、质地似木材	纵横方向性	较稳定	较好
指接集成材	木材天然构造	对称、质地似木材	纵横方向性	较稳定	较好

1. 胶合板。

胶合板是将原木沿年轮方向旋切成大张单板，经干燥、涂胶后按相邻单板层木纹方向相互垂直的原则组坯、胶合而成的板材。单板层数为奇数，一般为三层至十三层，常见的有三合板、五合板、九合板和十三合板（市场上俗称为三厘板、五厘板、九厘板、十三厘板）。最外层的正面单板称为面板，反面的称为背板，内层板称为芯板。

细木工板俗称大芯板，是由两片单板中间胶压拼接木板而成。细木工板的两面胶黏单板的总厚度不得小于 3 mm。中间木板是由优质天然的木板经热处理（即烘干室烘干）以后，加工成一定规格的木条，由拼板机拼接而成。拼接后的木板两面各覆盖两层优质单板，再经冷、热压机胶压后制成。

2. 饰面板。

饰面板全称为装饰单板贴面胶合板，它是将天然木材旋切或刨切成一定厚度的薄片，黏附于胶合板表面，然后热压而成的一种用于室内装修或家具制造的表面材料。常见的饰面板分为天然木质单板饰面板和人造薄木饰面板。人造薄木贴面与天然木质单板贴面的外观区别在于前者的纹理基本为通直纹理或图案有规则；而后者为天然木质花纹，纹理图案自然，变异性比较大，无规则。其特点：既具有了木材的优美花纹，又达到了充分利用木材资源，降低了成本。

3. 纤维板。

纤维板是用木材或植物纤维作为主要原料，经机械分离成单体纤维，加入添加剂制成板坯，通过热压或胶黏剂组合成人造板。厚度主要有 3 mm，4 mm，5 mm 三种。纤维板因做过防水处理，其吸湿性比木材小，形状稳定性、抗菌性都较好。

纤维板很容易进行涂饰加工。各种油质、胶质的漆类均可涂饰在纤维板上，使其美观耐用。纤维板本身又是一种美观的装饰板材，可覆贴在被装饰或需要保温的结构件上，也可用各种花样美观的胶纸薄膜及塑料贴面，单板或轻金属薄板等材料胶贴在纤维板表面上。

硬质纤维板是木材的优良代用品，可用于室内地面装饰，也可用于室内墙面装饰、装修，制作硬质纤维板室内隔断墙，用双面包箱的方法达到隔音的目的，经冲制，钻孔，硬质纤维板还可制成吸声板应用于建筑的吊顶工程。

4. 刨花板。

刨花板又称碎料板，是将木材加工剩余物、小径木、木屑等物切削成一定规格的碎片，经过干燥，拌以胶料，硬化剂、防水剂等，在一定的温度、压力下压制成的一种人造板，具有良好的吸音和隔音性能；结构比较均匀；加工性能好，便于储存，表面平整，纹理逼真，容重均匀，厚度误差小，耐污染，耐老化，美观。刨花板主要用作隔断墙，室内墙面装饰板，吊顶材料，隔断、隔热板和吸声板等。

三、木制品的品种、特性及应用

木制品是指以木材或木质材料为主制成的成品。用于建筑的木制品主要包括木质家具、木地板、建筑构件(门窗、楼梯、木柱、梁等)。

1. 木质地板。

(1)实木地板：又名原木地板，是用实木直接加工成的地板。它具有木材自然生长的纹理，是热的不良导体，能起到冬暖夏凉的作用，有脚感舒适，使用安全的特点。

实木地板按形状情况可分为榫接实木地板、平接实木地板和仿古实木地板(具有独特表面结构包括平面、凹凸面、拉丝面等和特殊色泽的实木地板)。按表面涂饰可分为未涂饰实木地板和涂饰实木地板。

用于实木地板的木材树种要求纹理美观，材质软硬适度，尺寸稳定性和加工性都较好。常用的实木地板树种在国家标准“GB/T15036.1—2009”规定有：白桦、西南桦、平果铁苏木、水曲柳、大甘巴豆、马来甘巴豆、水青冈、小叶青、白栎、红栎、苦栎、柞木、榉树、柚木、苦楝、木荚豆、香二翅豆、香脂木豆等。

实木地板因为具有一定的含水率，不宜在使用地暖的房间作为地材使用。

(2)实木复合地板：实木复合地板是由不同树种的板材交错层压而成，克服了实木地板单向同性的缺点，干缩湿胀率小，具有较好的尺寸稳定性，并保留了实木地板的自然木纹和舒适的脚感。

实木复合地板分为多层实木地板和三层实木地板。三层实木复合地板是由三层实木单板交错层压而成，其表层多为名贵优质长年生阔叶硬木，材种多用柞木、桦木、水曲柳、绿柄桑、缅茄木、菠萝格、柚木等。芯层由普通软杂规格木板条组成，树种多用松木、杨木等；底层为旋切单板，树种多用杨木、桦木和松木。多层实木复合地板是以多层胶合板为基制，以规格硬木薄片镶拼板或单板为面板，层压而成。

(3)浸渍纸层压木质地板：以一层或多层纸浸渍热固性氨基树脂，铺装在刨花板、中密度纤维板、高密度纤维板等人造板基材表面，背面加平衡层，正面加耐磨层，经热压而成的地板称为浸渍纸层压木质地板(商品名为强化木地板)。

(4)软木地板：绝热、隔震、防滑、防潮、阻燃、耐水、不霉变、不易翘曲和开裂、脚感舒适有弹性。原料为栓树皮，可再生，属于绿色建材。

(5)竹地板：一般可分为全竹地板和竹木复合地板两大类。华丽高雅，足感舒适。用于室内地面装饰。

2. 成品木门。

(1)实木木门。

实木门是天然原木做门芯，经过干燥处理，然后经下料、刨光、开榫、打眼、高速铣形等工序科学加工而成。实木木门所选用的多是名贵木材，如樱桃木、胡桃木、柚木、沙比利等。

实木木门经加工后的成品门具有不变形、耐腐蚀、无裂纹及隔热保温、隔音等特点。实木木门天然的木纹纹理和色泽，对崇尚回归自然的装修风格的家庭来说，无疑是最佳的选择。实木木门自古以来就透着一种温情，不仅外观华丽，雕刻精美，而且款式多样。

实木木门缺点：市场的纯实木木门很少，价格相对较高，纯实木木门如果做工不好，非常容易变形。

(2)实木复合木门。

实木复合木门的门芯多以松木、杉木或进口填充材料等黏合而成，外贴密度板和实木木皮，经高温热压后制成，并用实木线条封边。一般高级的实木复合木门，其门芯多为优质白松，表面则为实木单板。除此之外，现代木门的饰面材料贴纸较为常见，贴纸的木门也称“木纹木门”。

实木复合木门重量都较轻，也不易变形、开裂。另外，实木复合木门还具有保温、耐冲击、阻燃，手感光滑、色泽柔和的特点，还非常环保，坚固耐用，而且隔音效果同实木木门基本相同。

实木复合木门缺点：材质不易辨别，贴纸的实木复合木门较容易破损，且怕水。

(3)模压木门。

模压木门是由两片带造型和仿真木纹的高密度纤维模压门皮板经机械压制而成。模压木门采用仿真木纹的高密度纤维模压门皮板。

模压木门具有防潮、膨胀系数小、抗变形的特性，使用一段时间后，不会出现表面龟裂和氧化变色等现象。另外，一般的复合模压木门在交货时都带中性的白色底漆，消费者可以回家后在白色中性底漆上根据个人喜好再上色，满足了消费者个性化的需求。

模压木门因价格较实木木门更经济实惠而受到中等收入家庭的青睐。

模压木门缺点：由于门板内是空心的，自然隔音效果相对实木木门来说要差些，并且不能湿水。

3. 成品木饰面。

成品木饰面是用各种名贵木材如红榉、樱桃木等 0.6 mm 厚进口实木单板作为木饰面，经过复杂的设备流程、160T 压力、250℃高温将单板牢固定在模板基层上，将原本在现场装修项目木工工程和木器漆工程中凡是要做油漆的饰面部分在工厂内通过精加工作业进行生产(如房门、门套、窗套、踢脚线、墙面木饰造型、衣柜、橱柜等)，然后到现场进行组装。

(1)成品木饰面的应用。

高档成品木饰面大量应用于星级酒店、高级写字楼、会所、会议中心等高级商业建筑。

(2)成品木饰面的特点。

①装修质量大幅提高；②施工周期大大缩短；③实现了环保要求；④容易控制成本；⑤提升装修的品位；⑥应用领域广泛。

第五节　金属装饰材料

一、建筑装饰用金属的种类及应用

金属材料具有独特的光泽、色彩与质感。金属作为装饰材料以其高贵华丽、经久耐用而优于其他各类饰材。

作为装饰材料的金属常用的有不锈钢、铝、钢，其中又各有板、条、管等装饰制品，广泛应用于现代各类高档建筑的室内环境设计中。

装饰金属主要有铝合金及其制品(如铝合金门窗、铝合金花纹板、铝合金装饰板等)、不锈钢及其制品(如板材、管材、型材及各种连接件等)。

二、铝合金装饰材料的主要品种、特性及应用

铝及铝合金材料是现代饰材中新近开放的奇葩。现代装饰工程中常用的铝合金饰材有：铝合金门窗、铝合金型材、铝合金吊顶、格栅及极具现代感的铝合金装饰板、镁铝板及铝塑板等。

(一)铝合金门窗及型材

铝合金门窗的装饰性、加工性能、耐腐蚀性等类似于塑钢门窗,但优于钢木门窗,加之其密封性能好、节能环保等优点,故同塑钢门窗一起逐渐成为传统钢木门窗的换代产品。

铝合金门窗按其结构与开闭方式可分为:推拉门窗、平开门窗、旋转门窗、内开内倒窗、上悬窗、固定窗、纱窗等。不同形式的门窗均有各自配套的型材,这些型材可根据框料断面厚度分为不同的规格系列。目前还有不同系列和品牌的系统门窗。

铝合金型材采用挤压法和轧制法生产,无论哪种复杂的断面形式及规格均可一次挤压成型,具有轻质、高强、耐磨蚀、刚度大等特点,不仅有装饰作用而且具有一定的承重作用。型材经氧化着色处理后可得到各种雅致的色泽,广泛应用于铝合金门窗、幕墙、展示柜、货柜等装饰的主要骨架材料及收口压边线条。

(二)铝装饰板

铝板的种类繁多,常用的有铝塑复合板、单层彩色压型板、铝合金花纹板、铝制浅花纹板、冲孔吸音板等,下面分述之。

1. 铝塑复合板。

铝塑复合板简称为铝塑板。铝塑板一般是由内外两层高强铝合金板,内夹聚乙烯芯板或低密度PVC泡沫板三层构成,板材表面喷涂氟碳树脂面漆。其表面平整、光洁、色彩丰富、持久,质感好。

铝塑板的施工性能优良,易切割、裁剪、折边、弯曲、施工便利;耐酸碱、易清洁,隔声、减震,阻燃效果好,火灾时不产生有毒烟雾;它还有很强的耐候性能和耐紫外线性能,以及轻质、高强、刚性优等特点。

铝塑复合板有内墙板与外墙板之分,内外墙板价格差别较大。内墙板厚度一般为 3 mm,外墙板厚度一般为 4 mm。板宽有 1220 mm,1470 mm 不等;长有 2000 mm,2440 mm,3050 mm 及非标准长度。

铝塑板主要用于现代建筑幕墙或与玻璃配合形成铝与玻璃幕墙,光洁,庄重,极具现代感。另外,还广泛用于门面、包柱、内墙面、吊顶、家具、展台等处的装饰。铝板被弯成流线形曲面,用于室内包柱及弧形天棚墙面装饰;室外铝板用于室外包柱及大型门廊的天棚装饰,都显示了铝板的较强表现力和易加工性能。

2. 铝单板及铝合金单层彩色压型板。

单层彩色压型板是由铝合金一次压制成具有一定厚度、形状,目前在世界上广泛应用的一种新兴建筑装饰材料。

单层彩色压型板具有重量轻、外形美、耐腐蚀、经久耐用、易安装、施工快捷等特点,主要用于墙面、屋面装修以及幕墙面板。

3. 铝合金花纹板。

铝合金花纹板是采用防锈铝合金等坯料用特别的花纹轧辊轧制而成的。

花纹美观大方,筋高适中,不易磨损,防滑,防腐蚀,便于冲洗,花纹板板材平整,裁剪尺寸准确,便于安装,广泛用于现代建筑物墙面、车辆、船舶、飞机等工业防滑部位装饰。

4. 铝蜂窝板。

铝蜂窝板又称全铝蜂窝板,是将铝合金薄板加工成蜂窝状板(以提高强度)做芯板,内外再用高强黏结剂覆盖两层高强铝合金板构成。铝合金面板可喷涂各种颜色的氟碳树脂,并可罩光处理,这种新型装饰材料具有轻质、高强、刚度大、耐酸碱、防腐性能好、阻燃、保温隔热等性能。铝蜂窝板装饰性与铝单板相同，但其强度提高了，可用于建筑幕墙和室内装饰，板厚 12～25 mm。

5. 铝合金冲孔板。

铝合金冲孔板是用各种铝合金平板经机械冲孔而成，它的特点是有良好的防腐蚀性能，光洁度高，有一定强度，有良好的防震、防水、防火性能，易于加工成各种规格的形状、尺寸，最重要的是冲孔带来的优良的吸音效果，使其在各种声学要求的建筑中得到广泛的应用。孔形根据需要有圆孔、方孔、长圆孔、长方孔、三角孔、大小组合孔等。

6. 铝合金顶棚。

铝合金有良好的加工性能和较强的装饰效果，目前广泛用于大型及大空间公共建筑天棚的顶棚的装饰。

(1)铝合金圆筒装饰顶棚。

(2)铝合金挂片顶棚。

(3)铝合金格栅装饰顶棚。

(4)铝合金方板顶棚。

(5)铝合金藻井式顶棚。

三、不锈钢装饰材料的主要品种、特性及应用

不锈钢的主要特征是耐腐蚀，而金属光泽与质感是其另一重要装饰特征。不锈钢经不同的表面加工可形成不同的光泽度和反射性，分为不同的等级与种类，其装饰性正是利用了不锈钢表面的这种金属质感的光泽度与反射性。高级别抛光不锈钢表面，具有同玻璃相同的反射能力。建筑装饰工程可根据不同的装饰要求选择使用。

建筑装饰用不锈钢制品主要是薄钢板，各种不锈钢型材、管材、异形材及其他装饰制品。不锈钢及其制品在建筑环境设计上通常用于幕墙、屋面、门、内墙、包柱、栏杆、扶手等。

1. 不锈钢面板。

不锈钢面板有镜面抛光不锈钢饰面板、亚光不锈钢饰面板以及拉丝不锈钢饰面板之分，它们除了具有耐火、耐潮、耐腐蚀，不会变形和破碎，施工方便等性能外，镜面抛光不锈钢饰面板光亮如镜，其反射率、变形率与高级镜面相似，并有与玻璃不同的金属质感，尽显高贵华丽之美；亚光以及拉丝不锈钢饰面板色泽灰白、高贵典雅，也极富装饰性。

2. 不锈钢管材与不锈钢线材。

不锈钢线材与管材都具有高强、耐蚀等不锈钢的共同特点。表面处理有抛光与亚光之分。

不锈钢管材端面有方管、圆管、矩形管、槽形管以及其他制品。主要用于栏杆扶手、家具、厨房设备、卫生间配件等。

第六节　建筑陶瓷与玻璃

一、常用建筑陶瓷制品的主要品种、特性及应用

建筑陶瓷制品是指房屋、道路、给排水和庭园等各种土木建筑工程用的陶瓷制品。有陶瓷面砖、

彩色瓷粒、卫生陶瓷、陶管等。按制品材质分为粗陶、精陶、半瓷和瓷质四类;按坯体烧结程度分为多孔性、致密性以及带釉、不带釉制品。

建筑陶瓷制品的共同特点是强度高、防潮、防火、耐酸、耐碱、抗冻、不老化、不变质、不褪色、易清洁等,并具有丰富的艺术装饰效果。

带釉的建筑陶瓷制品是在坯体表面覆盖一层玻璃质釉,能起到防水、装饰、洁净和提高耐久性的作用。

建筑陶瓷的成型方法有模塑、挤压、干压、浇注、等静压、压延和电泳等。烧成工艺有一次和二次烧成。

(一)常用建筑陶瓷的特性及用途

1. 陶瓷面砖。

陶瓷面砖是用作墙、地面等贴面的薄片或薄板状陶瓷质装修材料,有内墙面砖、外墙面砖、地面砖、陶瓷锦砖和陶瓷壁画等。

按照陶瓷面砖的吸水率可以进行以下排序:陶质砖＞10%≥炻质砖＞6%≥细炻质＞3%≥炻瓷质＞0.5≥瓷质砖。其中吸水率0.5%~10%概括为半瓷砖。

用于外墙的陶瓷面砖吸水率不应大于10%,而吸水率≤0.5%的陶瓷面砖应进行放射性检测。

(1)内墙面砖。

也称釉面砖,用精陶质材料制成,制品较薄,坯体气孔率较高,吸水率较高,正表面上釉,以白釉砖和单色釉砖为主要品种,并在此基础上应用色料制成各种花色品种。

主要用于内墙面装饰,常用于卫生间、盥洗室、厨房等。

(2)外墙面砖。

由半瓷质或瓷质材料制成。分有釉和无釉两类,均饰以各种颜色或图案。釉面一般为单色、无光或弱光泽。具有经久耐用、不褪色、抗冻、抗蚀和依靠雨水自洗清洁的特点。

(3)地面砖。

用半瓷质材料制成,分为有釉和无釉两种,均饰以单色、多色、斑点和各种花纹图案。

地面砖和外墙砖面向通用的墙地两用砖(又称彩釉砖、防潮砖)发展,其坯体材质相同,但产品厚度和釉的性能因用途而不同。

(4)陶瓷锦砖。

也称马赛克,是用于地面或墙面的小块瓷质装修材料。可制成不同颜色、尺寸和形状,并可拼成一个图案单元,粘贴于纸或尼龙网上,以便于施工,并分有釉和无釉两种。

(5)陶瓷壁画。

为贴于内外墙壁上的艺术陶瓷。用于外墙的由半瓷质或瓷质材料制成,用于内墙的可由精陶材料制成。特点是经久耐用,永不褪色。一般以数十甚至数千块白釉内墙砖拼成,用无机陶瓷颜料手工绘画烧制成画面。还有运用磁州窑特殊装饰工艺,制成特殊风格的花釉画面,以单块或以多块拼镶制成大小不同的壁画。

2. 彩色瓷粒。

彩色瓷粒为散粒状彩色瓷质颗粒,用合成树脂乳液作黏合剂,形成彩砂涂料,涂敷于外墙面上,施工方便,不易褪色。

(二)建筑琉璃制品的特性及用途

建筑琉璃制品是我国陶瓷宝库中的古老珍品之一。是用难熔黏土制坯,经干燥、上釉后焙烧而成。颜色有绿、黄、蓝、青等。品种可分为三类:瓦类(板瓦、滴水瓦、筒瓦、沟头)、脊类和饰件类(吻、博古、兽)。

琉璃制品色彩绚丽、造型古朴、质坚耐久，用它装饰的建筑物富有我国传统的民族特色。

（三）卫生陶瓷的特性及用途

瓷质卫生陶瓷：由黏土或其他无机物质经混炼成型高温烧制而成的用作卫生设施的、吸水率≤0.5%的有釉陶瓷制品。

陶质卫生陶瓷：由黏土或其他无机物质经混炼成型高温烧制而成的用作卫生设施的8.0%≤吸水率<15.0%的有釉陶瓷制品。

卫生陶瓷为用于浴室、盥洗室、厕所等处的卫生洁具，如洗面器、坐便器、水槽等。

卫生陶瓷结构型式多样，颜色分为白色和彩色，表面光洁、不透水，易于清洗，并耐化学腐蚀。

二、普通平板玻璃的规格和技术要求

玻璃是以石英砂(SiO_2)、砂岩或石英岩、石灰石($CaCO_3$)、长石($R_2O+Al_2O_3+6SiO_2$)、白云石及纯碱($NaCO_3$)等为主要原料，经粉碎、筛分、配料、高温熔融、成型、退火、冷却、加工等工序制成。建筑玻璃为建筑用玻璃的统称。

玻璃作为一种典型的非晶态结构材料，具有一系列优异的性能：具有极高的透光性，并且随添加物的不同，具有各种不同的颜色；质地坚硬，致密，具有较高的机械强度和气密性；具有极高的化学稳定性，耐腐蚀性比许多金属材料都高；具有极好的成型性能和加工性能，可以很容易地制作成各种特殊形状的玻璃器材；玻璃具有较好的热稳定性和隔热性，可以通过改变玻璃成分和制作工艺，得到具有不同性能的玻璃；制备原料来源广，价格低廉。

建筑玻璃的主要品种是平板玻璃，具有表面晶莹光洁、透光、隔声、保温、耐磨、耐气候变化、材质稳定等优点。建筑玻璃主要有平板玻璃、钢化玻璃、磨砂玻璃、有色玻璃、玻璃空心砖、夹层玻璃、中空玻璃、玻璃锦砖等品种。

（一）普通平板玻璃的规格

1. 平板玻璃按厚度分：2 mm，3 mm，4 mm，5 mm，6 mm，8 mm，10 mm，12 mm，15 mm，19 mm，22 mm，25 mm。

2. 平板玻璃按照颜色属性分为无色透明平板玻璃和本体着色平板玻璃。

3. 平板玻璃按照外观质量分为合格品、一等品和优等品。

（二）普通平板玻璃的技术要求

普通平板玻璃的主要技术要求包括尺寸偏差、对角线差、厚度偏差、厚薄差、外观质量、弯曲度以及光学性能，其中除光学性能外均为强制性要求。

三、安全玻璃、节能玻璃、装饰玻璃、玻璃砖的主要品种、特性及应用

（一）安全玻璃

安全玻璃是指一类经剧烈震动或撞击不破碎，即使被震碎也不会四散飞溅伤人的玻璃，包括符合现行国家标准的钢化玻璃、夹层玻璃及由钢化玻璃或夹层玻璃组合加工而成的其他玻璃制品，如安全中空玻璃等。

单片半钢化玻璃（热增强玻璃）、单片夹丝玻璃不属于安全玻璃。

1. 钢化玻璃。

钢化玻璃即淬火增强玻璃。将玻璃均匀加热达软化温度时，用高速空气等冷却介质骤冷而制成的玻璃。这种玻璃表面存在有均匀的压应力，从而可提高玻璃的机械强度和抗热震性能。

钢化玻璃的抗弯强度比未经处理的玻璃大 3～5 倍，可达 150～250 Mpa，热稳定性提高 3～4 倍，可经受 200～250℃的温差急变，破碎时形成无尖锐棱角的颗粒，对人体伤害很小，是最广泛使用的安全玻璃。

钢化玻璃在建筑中主要应用于门、窗、橱窗、围护结构及用作饰面材料等。

2. 夹层玻璃。

在两片或多片玻璃间夹以透明的聚乙烯醇缩丁醛胶片（PVB）或其他胶合材料，经加热、加压胶合而成的复合玻璃制品。当受冲击时，由于中间层有弹性，黏结力强，能提高抗冲击强度，破碎时其碎片不掉落、不飞溅，能有效地防止或减轻对人体的伤害。此外，还可以利用吸热玻璃、热反射玻璃、颜色玻璃和导电膜玻璃等，制成特殊的夹层玻璃。

3. 安全玻璃的应用。

《建筑安全玻璃管理规定》列举了建筑物需要以玻璃作为建筑材料的下列部位必须使用安全玻璃：

(1)7 层及 7 层以上建筑物外开窗；

(2)面积大于 1.5 m^2 的窗玻璃或玻璃底边（玻璃在框架中装配完毕，玻璃的透光部分与玻璃安装材料覆盖的不透光部分的分界线）离最终装修面小于 500 mm 的落地窗；

(3)幕墙（全玻幕墙除外）；

(4)倾斜装配窗、各类天棚（含天窗、采光顶）、吊顶；

指各种倾斜安装以及水平安装的玻璃，只要该玻璃破碎后存在坠落的可能性，而玻璃的下方存在人员通行的可能性，应使用夹层安全玻璃。

(5)观光电梯及其外护围；

(6)室内隔断、屏风；

(7)楼梯、阳台、平台走廊的栏板和中庭内护栏板；

(8)用于承受行人行走的地面板玻璃；

是指玻璃下方悬空，玻璃起承受人员行走作用的玻璃板应使用夹层安全玻璃，玻璃下方不悬空的玻璃地面不在此列。

(9)水族馆和游泳池的观察窗、观察孔；

(10)公共建筑物的出入口、门厅等部位；

包括：门玻璃；安装在门上方的玻璃；安装在门两侧的玻璃，其近门道开口的竖直边与门道开口的距离小于 300 mm。

(11)易遭受撞击、冲击而造成人体伤害的其他部位。

(二)节能玻璃

节能玻璃是能够通过保温和隔热减低建筑物能耗的玻璃制品，种类有吸热玻璃、热反射玻璃、低辐射玻璃、中空玻璃、真空玻璃以及普通玻璃等。

1. 吸热玻璃。

吸热玻璃是一种能够吸收太阳能的平板玻璃，它是利用玻璃中的金属离子对太阳能进行选择性地吸收，同时呈现出不同的颜色。有些夹层玻璃胶片中也掺有特殊的金属离子，用这种胶片可以生产出吸热的夹层玻璃。吸热玻璃一般可减少进入室内的太阳热能的 20%～30%，降低了空调负荷。吸热玻璃的特点是遮蔽系数比较低，太阳能总透射比、太阳光直接透射比和太阳光直接反射比都较低，见光透射比、玻璃的颜色可以根据玻璃中的金属离子的成分和浓度变化。可见光反射比、传热系数、辐射率则与普通玻璃差别不大。

2. 热反射玻璃。

热反射玻璃是对太阳能有反射作用的镀膜玻璃，其反射率可达20%～40%，甚至更高。它的表面镀有金属、非金属及其氧化物等各种薄膜，这些膜层可以对太阳能产生一定的反射效果，从而达到阻挡太阳能进入室内的目的。在低纬度的炎热地区，夏季可节省室内空调的能源消耗，它同时具有较好的透光性能，使室内光线柔和舒适。另外，这种反射层的镜面效果和色调对建筑物的外观装饰效果都较好。热反射玻璃的遮蔽系数、太阳能总透射比、太阳光直接透射比和可见光透射比都较低。太阳光直接反射比、可见光反射比较高，而传热系数、辐射率则与普通玻璃差别不大。

3. 低辐射玻璃。

低辐射玻璃又称为Low-E玻璃，是一种对波长在4.5～25 μm范围的远红外线有较高反射比的镀膜玻璃，它具有较低的辐射率。在冬季，它可以反射室内暖气辐射的红外热能，将热能保护在室内。在夏季可以反射马路、水泥地面和建筑物的墙面在太阳的暴晒下所吸收了大量的热量所产生的红外热能。低辐射玻璃的遮蔽系数、太阳能总透射比、太阳光直接透射比、太阳光直接反射比、可见光透射比和可见光反射比等都与普通玻璃差别不大，其辐射率传热系数比较低。

4. 中空玻璃。

中空玻璃是将两片或多片玻璃以有效支撑均匀隔开并对周边黏结密封，使玻璃层之间形成有干燥气体的空腔，其内部形成了一定厚度的被限制了流动的气体层。由于这些气体的导热系数大大小于玻璃材料的导热系数，因此具有较好的隔热能力。中空玻璃的特点是传热系数较低，与普通玻璃相比，其传热系数至少可降低40%，是目前最实用的隔热玻璃。我们可以将多种节能玻璃组合在一起，可产生良好的节能效果。

5. 真空玻璃。

真空玻璃的结构类似于中空玻璃，所不同的是真空玻璃空腔内的气体非常稀薄，近乎真空，其隔热原理就是利用真空构造隔绝了热传导，传热系数很低。同种材料真空玻璃的传热系数至少比中空玻璃低15%。

6. 普通玻璃。

普通玻璃可以通过贴膜产生吸热、热反射或低辐射等效果。由于节能的原理相似，贴膜玻璃的节能效果与同功能的镀膜玻璃类似。

7. 节能玻璃的应用。

节能玻璃主要用于建筑的外围护结构以及门窗玻璃。

(三)装饰玻璃

装饰玻璃包括深加工平板玻璃，如彩色玻璃、压花玻璃、彩釉玻璃、镀膜玻璃、磨砂玻璃、镭射玻璃等。

1. 彩色平板玻璃。

彩色玻璃有透明和不透明两种。透明的彩色玻璃是在玻璃原料中加入一定量的金属氧化物制成。不透明的彩色玻璃是经过退火处理的一种饰面玻璃，可以切割，但经过钢化处理的不能再进行切割加工。

彩色玻璃的颜色有茶色、海洋蓝色、宝石蓝色、翡翠绿等。彩色玻璃可以拼成各种图案，并有耐腐蚀、抗冲刷、易清洗的特点，主要用于建筑物的内外墙、门窗装饰及对光线有特殊要求的部位。

2. 釉面玻璃。

釉面玻璃是指在按一定尺寸切裁好的玻璃表面上涂敷一层彩色易熔的釉料，经过烧结、退火或钢化等处理，使釉层与玻璃牢固结合，制成具有美丽的色彩或图案的玻璃。它一般以平板玻璃为基材。特点是：图案精美，不褪色，不掉色，易于清洗，可按用户的要求或艺术设计图案制作。

3. 压花玻璃。

压花玻璃是将熔融的玻璃液在急冷中通过带图案花纹的辊轴滚压而成的制品。可一面压花，也可两面压花。压花玻璃分普通压花玻璃、真空冷膜压花玻璃和彩色膜压花玻璃三种，一般规格为 800 mm×700 mm×3 mm。

压花玻璃具有透光不透视的特点，其表面有各种图案花纹且表面凹凸不平，当光线通过时产生漫反射，因此从玻璃的一面看另一面时，物象模糊不清。压花玻璃由于其表面有各种花纹，具有一定的艺术效果。使用时应将花纹朝向室内。

4. 玻璃锦砖。

玻璃锦砖又称玻璃马赛克，它含有未熔融的微小晶体（主要是石英）的乳浊状半透明玻璃质材料，是一种小规格的饰玻璃制品。其一般尺寸为（mm）：20×20，30×30，40×40，厚 4～6 mm，背面有槽纹，有利于与基面黏结。其成联、黏结及施工与陶瓷锦砖基本相同。

5. 喷花玻璃。

喷花玻璃又称为胶花玻璃，是在平板玻璃表面贴以图案，抹以保护层，经喷砂处理形成透明与不透明相间的图案而成。喷花玻璃适用于室内门窗、隔断和采光。

6. 乳花玻璃。

乳花玻璃是新近出现的装饰玻璃，它的外观与喷花玻璃相近。乳花玻璃是在平板玻璃的一面贴上图案，抹以保护层，经化学处理蚀刻而成。它的花纹清新、美丽，富有装饰性，其用途与喷花玻璃相同。

7. 刻花玻璃。

刻花玻璃是由平板玻璃经涂漆、雕刻、围蜡与酸蚀、研磨面成。图案的立体感非常强，似浮雕一般，在室内灯光的照射下，更是熠熠生辉。

8. 冰花玻璃。

冰花玻璃是一种利用平板玻璃经特殊处理形成具不自然冰花纹理的玻璃。冰花玻璃对通过的光线有漫射作用，如作为门窗玻璃，犹如蒙上一层纱帘，看不清室内的景物，却有着良好的透光性能，具有良好的装饰效果。

9. 镜面玻璃。

镜面玻璃即镜子，指玻璃表面通过化学（银镜反应）或物理（真空铝）等方法形成反射率极强的镜面反射玻璃制品。为提高装饰效果，在镀镜之前可对原片玻璃进行彩绘、磨刻、喷砂、化学蚀刻等加工，形成具有各种花纹图案或精美字画的镜面玻璃。

10. 磨（喷）砂玻璃。

磨（喷）砂玻璃又称为毛玻璃，是经研磨、喷砂加工，使表面成为均匀粗糙的平板玻璃。用硅砂、金刚砂或刚玉砂等做研磨材料，加水研磨制成的称为磨砂玻璃；用压缩空气将细砂喷射到玻璃表面而成的，称为喷砂玻璃。

这类玻璃易产生漫射，只有透光性而不透视，作为门窗玻璃可使室内光线柔和，没有刺目之感。一般用于浴室、办公室等需要隐秘和不受干扰的房间；也可用于室内隔断和作为灯箱透光片使用。磨砂玻璃还可用作黑板。

11. 镭射玻璃。

镭射玻璃是以玻璃为基材的建筑装饰材料，其特征在于经特种工艺处理，玻璃背面出现全息或其他光栅，在阳光、月光和灯光等光源的照射下，形成物理衍射分光而出现艳丽的七色光，且在同一感光点上会因光线入射角的不同而出现色彩变化。

（四）玻璃砖

玻璃砖是用透明或颜色玻璃料压制成型的块状或空心盒状，体形较大的玻璃制品。其品种主要有玻璃空心砖、玻璃实心砖。多数情况下，玻璃砖并不作为饰面材料使用，而是作为结构材料，作为墙体、屏风、隔断等类似功能使用。

空心玻璃砖是一种隔音、隔热、防水、节能、透光良好的非承重装饰材料，由两块半坯在高温下熔接而成，可依玻璃砖的尺寸、大小、花样、颜色来做不同的设计表现。

第七节　建筑装饰涂料与塑料制品

一、内墙涂料的主要品种、特性及应用

合成树脂乳液内墙涂料（又称乳胶漆）是以合成树脂乳液为基料（成膜材料）的薄型内墙涂料。

溶剂型内墙涂料与溶剂型外墙涂料基本相同，可用作内墙装饰。

水溶性内墙涂料是以水溶性化合物为基料，加入适量的填料、颜料和助剂，经过研磨、分散后制成的，属低档涂料。

多彩内墙涂料简称多彩涂料，它是经一次喷涂即可获得具有多种色彩的立体涂膜的涂料。多彩内墙涂料按其介质可分为水包油型、油包水型、油包油型和水包水型四种，涂层由底层、中层、面层涂料复合而成。

幻彩内墙涂料，又称梦幻涂料、云彩涂料、多彩立体涂料，是用特种树脂乳液和专门的有机、无机颜料制成的高档水性内墙涂料。

其他内墙涂料。

静电植绒涂料是利用高压静电感应原理，将纤维绒毛植入涂胶表面而成的高档内墙涂料，它主要由纤维绒毛和专用胶黏剂等组成。

仿瓷涂料又称瓷釉涂料，是一种质感与装饰效果酷似陶瓷釉面层饰面的装饰涂料。仿瓷涂料分为溶剂型和乳液型两种。可用于公共建筑内墙、住宅内墙、厨房、卫生间等处，还可用于电器、机械及家具的表面防腐与装饰。

真石漆是以天然石材为原料，经特殊加工而成的高级水溶性涂料，以防潮底漆和防水保护膜为配套产品。真石漆具有阻燃、防水、环保等特点。基层可以是混凝土、砂浆、石膏板、木材、玻璃、胶合板等。

彩砂涂料是由合成树脂乳液、彩色石英砂、着色颜料及各种助剂组成。该种涂料无毒、不燃、附着力强，保色性及耐候性好，耐水性、耐酸碱腐蚀性也较好。彩砂涂料的立体感较强，色彩丰富，适用于各种场所的室内外墙面装饰。

二、外墙涂料的主要品种、特性及应用

(一)溶剂型外墙涂料

溶剂型外墙涂料是以合成树脂溶液为主要成膜物质，有机溶剂为稀释剂，加入适量的颜料、填料及助剂，经混合溶解、研磨后配制而成的一种挥发性涂料。溶剂型外墙涂料具有较好的硬度、光泽、耐水性、耐酸碱性及良好的耐候性、耐污染性等特点。目前国内外使用较多的溶剂型外墙涂料主要有丙烯酸酯外墙涂料、聚氨酯系外墙涂料。

(二)乳液型外墙涂料

以高分子合成树脂乳液为主要成膜物质的外墙涂料，称为乳液型外墙涂料。按照涂料的质感可分为薄质乳液涂料(乳胶漆)、厚质涂料等。

(三)彩色砂壁状外墙涂料

彩色砂壁状外墙涂料又称彩砂涂料，是以合成树脂乳液和着色骨料为主体，外加增稠剂及各种助剂配制而成的涂料。

(四)复层外墙涂料

复层外墙涂料也称凹凸花纹涂料或浮雕涂料、喷塑涂料，它是由两种以上涂层组成的复合涂料。复层外墙涂料由底层涂料、主层涂料和罩面涂料三部分组成。

(五)无机外墙涂料

无机外墙涂料是以碱金属硅酸盐或硅溶胶为主要成膜物质，加入填料、颜料、助剂等配制而成的建筑外墙涂料。

三、地面涂料的主要品种、特性及应用

地面涂料的主要功能是装饰与保护室内地面，使地面清洁美观。为了获得良好的装饰效果，地面涂料应具有以下特点：耐碱性好、黏结力强、耐水性好、耐磨性好、抗冲击力强、涂刷施工方便及价格合理等。

地面涂料一般可分为木地板涂料和水泥砂浆地面涂料。

水泥砂浆地面涂料分为薄质涂料(分溶剂型和水乳型)和厚质涂料(分溶剂型和水乳型)。

按树脂类型分，可分为环氧地坪涂料、聚氨酯涂料、氯化橡胶地坪涂料、丙烯酸地坪涂料、过氯乙烯地坪涂料等。

此外还有一些功能性的地坪涂料如防静电环氧地坪涂料。

四、建筑装饰塑料制品的主要品种、特性及应用

建筑塑料是用于建筑工程的塑料制品的统称。在建筑装饰工程中常用作地面材料，墙面材料，顶棚材料，装饰构件，各种管材、型材、防水堵漏材料以及各种涂料，等等。

(一)塑料装饰板材

塑料装饰板材按原材料的不同可分为塑料金属复合板、硬质 PVC 板、三聚氰胺层压板、玻璃钢板、聚碳酸酯采光板、有机玻璃装饰板、复合夹层板等类型。

(二)三聚氰胺层压板

三聚氰胺层压板亦称纸质装饰层压板或塑料贴面板,是以厚纸为骨架,浸渍酚醛树脂或三聚氰胺甲醛等热固性树脂,多层叠合经热压固化而成的薄型贴面材料。

三聚氰胺层压板表面光滑致密,具有较强的耐污性,耐湿,耐擦洗,耐酸、碱、油脂及酒精等溶剂的侵蚀,经久耐用。

三聚氰胺层压板常用于墙面、柱面、台面、家具、吊顶等饰面工程。

(三)硬质 PVC 板

硬质 PVC 板主要用作护墙板、屋面板和平顶板。主要有透明和不透明两种。

硬质 PVC 板表面光滑、色泽鲜艳、不变形、易清洗、防水、耐腐蚀,同时具有良好的施工性能,可锯、刨、钻、钉。常用于室内饰面、家具台面的装饰以及公共建筑的墙面或吊顶。

(四)聚碳酸酯采光板

聚碳酸酯采光板是以聚碳酸酯塑料为基材,采用挤出成型工艺制成的栅格状中空结构异型断面板材。

聚碳酸酯采光板的特点为轻、薄、刚性大、不易变形;色调多,外观美丽;透光性好,耐候性好。适用于遮阳棚、大厅采光天幕、游泳池和体育场馆的顶棚、大型建筑和蔬菜大棚的顶罩等。

(五)塑铝板

塑铝板是一种以 PVC 塑料做芯板,正、背两表面为铝合金薄板的复合板材。厚度为 3 mm, 4 mm, 5 mm 和 6 mm 或 8 mm,常见规格为 1220 mm×2440 mm。

主要特点为质量轻,坚固耐久;可自由弯曲,弯曲后不反弹;装饰性好,而且有较强的耐候性,可锯、铆、刨(侧边)、钻,可冷弯、冷折,易加工、组装、维修和保养。

广泛地应用于建筑物的外幕墙和室内外墙面、柱面和顶面的饰面处理。

(六)泡沫塑料板

泡沫塑料板是在树脂中加入发泡剂,经发泡、固化或冷却等工序而制成的多孔塑料制品,空隙率达 95%~98%,且空隙尺寸小于 1 mm,有优良的隔热保温性。

(七)塑料地板

塑料地板称为半硬质聚氯乙烯块状塑料地板,简称塑料地板。是以高分子合成树脂为主要材料,加入其他辅助材料,经一定的制作工艺制成的预制块状、卷材状或现场铺涂整体状的地面材料。

塑料地板有许多优良性能:良好的装饰性能;功能多变,适应面广;质轻,耐磨性好;回弹性好,脚感舒适;施工、维修、保养方便。

(八)塑料卷材

1. 塑料壁纸。

塑料壁纸是以一定的材料为基材,表面进行涂塑后,再经过压延、涂布以及印刷、轧花、发泡等工艺而制成的一种墙面装饰材料。

与传统的织物纤维壁纸相比,具有装饰效果好;性能优越;粘贴方便;使用寿命长,易维修保养等特点。

2. PVC 卷材地板。

PVC 卷材地板亦称地板革,属于软质塑料卷材地板。按其结构和性能分为均质软性卷材地板、印花不发泡卷材和印花发泡卷材地板。

(九)化纤地毯

化纤地毯是 1945 年以后出现的产品,其用量迅速超过了用羊毛等传统原料制作的地毯,主要材料是尼龙长丝、尼龙短纤维、丙烯腈、纤维素及聚丙烯等。地毯的主要使用性能为耐磨损性、弹性、抗脏及抗染色性、易清洁以及产生静电的难易等。丙烯腈、尼龙和聚丙烯纤维的使用性能均可与羊毛媲美。化纤地毯有多种编织法,厚度一般在 4～22 mm 范围内。它的主要优点是脚感舒适,缺点是有静电现象、容易积尘、不易清扫。与地毯类似的还有无纺地毡,也以化纤为原料。

(十)塑料门窗

塑料门窗主要是采用 PVC 树脂为胶结料,以轻体碳酸钙为填料,加入适量的各种添加剂,经混炼、挤出、冷却定型成异型材后,再经切割组装而成。

塑钢门窗作为建筑构配件具有多种特性,如:强度高、耐冲击性好、耐候性及抗老化性好、保温隔热性能好、气密性好、水密性好、隔音性能好、耐腐蚀性好、防火性能好、电绝缘性好、热膨胀性较低、防虫蛀、外观精致、保养容易。

(十一)其他塑料装饰构件

1. 塑料楼梯扶手。

塑料扶手代替木质扶手,不仅可以节省木材,而且不需涂装,手感舒适。它的加工也远比木材简单,省工省料。塑料扶手材质有软质的、半硬质的和低发泡的,断面有开放式的和中空的等。

2. 塑料踢脚线及画镜线。

用异型挤出法制得的踢脚线和画镜线造型美观,富有立体感,断面可按要求设计。

3. 塑料百叶窗及纱窗。

各种断面的卷帘式塑料百叶窗异型材,大多用硬 PVC 制作。在它的顶部有一个挂钩,下部有一个吊钩,相互可以连接起来,活动自由,可以卷起来。

采用韧性好的塑料制成的纱窗,和铁纱窗相比,它有比较安全、不生锈、耐风霜雨雪、可任意着色、维护保养方便等优点。

4. 塑料装饰嵌线和盖条。

装饰嵌线用于家具等边角处,盖条用来封盖石膏板等建筑板材的接缝。它既起保护作用,又起装饰作用。

5. 塑料窗帘盒。

塑料窗帘盒的使用性能优于普通木窗帘盒。在使用过程中不变形,而且美观大方、重量轻、安装操作简便等。可用于工业与民用建筑。

6. 塑料装饰线条及花饰。

(1)塑料装饰线条。

塑料装饰线条是用硬质 PVC 塑料制成,其耐磨性、耐腐蚀性、绝缘性较好,而且具有加工精细、花纹精美、色彩柔和等特点,经加工一次成型后不需再装饰处理。

(2)塑料花饰。

塑料花饰又称 PU 花饰,与石膏花饰有相同的特点(除能调节室内湿度外)。它独具抗压强度大而不易损坏的品质,弥补了石膏花饰的不足。

7. 塑料隔断。

用硬 PVC 门框和门芯板异型材拼起来可以做成各种尺寸的室内隔断,这种隔断美观、洁净、便于清洁,并有一定的隔热隔声性能,适用于工厂车间、控制室、办公室等的分隔及民用和公共建筑室内分隔。

思考题

1. 建筑装饰材料的功能有哪些?建筑装饰材料的选择原则是什么?
2. 建筑装饰石材主要有哪些,分别有什么特点?
3. 安全玻璃可以分为哪些?安全玻璃的应用范围是什么?
4. 装饰玻璃的品种及特点有哪些?

第六章　建筑装饰工程施工工艺

本章共包括6节，它的主要内容包括抹灰工程、门窗工程、楼地面装修工程、顶棚装饰工程、饰面工程、隔墙工程等各个分项工程的施工工艺流程。要求熟悉工程施工工艺和方法。

第一节　抹灰工程

一、内墙抹灰施工工艺流程

施工工艺：基层处理→找规矩→做标志块→做标筋→做门窗护角→底、中层抹灰→面层抹灰。

抹灰前应先对室内阳角用1∶2水泥砂浆做暗护角，高度不应低于2 m，每侧宽度不应小于50 mm。对木、金属及塑料门窗框与墙体之间的缝隙应采用多孔弹性材料填嵌饱满，表面应采用密封胶密封。

墙面抹灰前，应根据墙面的平整情况及抹灰厚度，横线找平，竖线吊直，做出灰饼和冲筋，达到一定强度后，即可对墙面进行抹底层与中层灰，又称刮糙。待中层抹灰至六七成干时，即可抹面层。当墙面为混凝土面时，宜用泥子分遍刮平，各遍应黏结牢固，总厚度为2～3 mm。抹灰工程应分层进行。当抹灰总厚度大于或等于35 mm时，应采取加强措施。不同材料基体交接处表面的抹灰，应采取防止开裂的加强措施，当采用加强网时，加强网与各基体的搭接宽度不应小于100 mm。

抹灰面层，不得有爆灰和裂缝，各抹灰层之间及抹灰层与基体之间应黏结牢固，不得有脱层、空鼓等缺陷，要做到表面光滑，接茬平整。

二、外墙抹灰施工工艺流程

施工工艺：交验→基层处理→找规矩→挂线、做标志块→做标筋→做门窗护角→底、中层抹灰→弹线粘贴分隔条→勾缝→面层抹灰。

外墙抹灰前与内墙抹灰一样，应做灰饼和冲筋。高层建筑的垂直方向控制应用经纬仪。门窗口上沿、窗台前的水平和垂直方向均应拉通线，做好灰饼及冲筋。施工段的划分可以阴阳角交接处或分格缝为界线。抹灰时应先上后下。

分格缝的设置，当外墙面积较大，适当设置分格缝。一般在中层抹灰六七成干时，按要求弹出分格线，粘贴分格条。面层抹好后即可拆除分格条，并用水泥浆把缝勾齐。其宽度和深度应均匀一致，表面光滑，无砂眼，不得有错缝、缺棱掉角。

抹灰面层不得有爆灰、裂缝，各抹灰层之间及抹灰层与基体间应黏结牢固，不得有脱层、空鼓等缺陷，应做到表面光滑，接茬平整，抹灰的总厚度应符合设计要求；水泥砂浆不得抹在石灰砂浆层上；罩面石灰膏不得抹在水泥砂浆层上。

窗台、窗眉、雨篷、阳台、压顶和突出腰线等，上面应做流水坡度，下面应做滴水线或滴水槽。滴水槽的深度和宽度均不应小于 10 mm，并整齐一致。

三、顶棚抹灰施工工艺流程

施工工艺：基层处理→找规矩→底、中层抹灰→面层抹灰。

混凝土顶棚宜用泥子分遍刮平，各遍应黏结牢固，总厚度为 2～3 mm。抹底层时应用力抹实；且越薄越好。抹灰方向应与模板木纹（或钢模拼缝）垂直。使结合牢固。中层抹完后，待六七成干时抹面层。

抹灰面层不得有爆灰和裂缝，各抹灰层之间及抹灰层与基层之间应黏结牢固，不得有脱层、空鼓等缺陷。应做到表面光滑，接茬平整。

第二节　门窗工程

建筑门窗按材料的不同，有木门窗、钢门窗、铝合金门窗、塑料门窗、特种门窗和其他门窗等。

一、木门窗制作安装施工工艺流程

（一）木门窗制作要求

1. 木门窗的结合处和安装配件处不得有木节或已填补的木节。当其他部位有允许限值范围内的死节和直径较大的虫眼时，应用同一材质的木塞加胶填补。当门窗表面用清漆涂饰时，木塞的木纹和色泽应与制品一致。

2. 门窗框、扇的榫与榫眼必须用胶、木楔加紧，嵌合严密平整，胶料品种应符合规范规定。门窗框和厚度大于 50 mm 的门窗扇时，应用双榫连接。榫槽应采用胶料严密嵌合，并用胶木加紧。

3. 胶合板门、纤维板门和模压门不得脱胶，胶合板不得刨透表层单板，不得有戗茬。制作胶合板门、纤维板门时，边框和横楞应在同一平面上，面层、边框及横楞应加压胶结，横楞和上下冒头应有不少于两个透气孔，透气孔应畅通。

4. 机加工的装饰线，表面应将机刨印打磨光滑。

5. 装饰薄皮粘贴牢固平顺，无明显接缝，薄皮不起鼓、不翘边和脱胶。

6. 门窗表面平整，拼缝严密，无戗茬、刨痕、毛刺、锤印、缺棱和掉角。清油制品无明显色差。

（二）木门窗安装施工工艺流程

施工工艺：找规矩弹线→门窗框安装→门窗扇安装。

1. 门窗安装前，应根据施工图拉水平通线在洞口位置标出门窗安装的水平标高，然后用经纬仪或吊垂线在洞口位置标出同一部位门窗的边线和中线，以确定门窗安装的水平和垂直方向的位置。

2. 将不同规格的木门窗框搬到相应洞口位置，并在门窗框上下边画出中线。

3. 木门窗框安装时，应用木楔临时固定，用线垂和水平尺与洞口面标出的位置进行校正，并根据图纸尺寸调整门窗的前后位置，待位置校正后，用钉子将门窗框固定在木砖上，每块木砖应钉两只钉子，钉子钉入木砖深度不应小于 50 mm，钉帽应砸扁冲入框内；当门窗框较大或硬木门窗框时，应用铁脚与洞口墙体结合固定。

4. 门窗扇安装应控制好缝隙大小，以免门缝太大漏风，太小造成门启闭碰擦。不得采用补钉板条调整门窗风缝。

5. 门窗铰链应铲铰链槽，禁止贴铰链。铰链槽的深度应为铰链的厚度。铰链距上下边的距离应等于门边长的 1/10，并应错开冒头。铰链的固定页应安装在门窗框上，活动页安装在门窗扇上。

6. 双扇门窗铲口时，应注意顺手缝，一般右手为盖口，左手为等口。铲口深度不宜超过 12 mm。

7. 门锁不得装在中冒头与立梃的结合处，其高度应距地面 1 m 为宜。

8. 安装五金应用木螺钉固定，不得用铁钉代替。螺钉不得用锤子打入全部深度，应用螺丝刀拧入。当为硬木制品时，应先钻 2/3 深度的孔，孔径为木螺钉直径的 0.9 倍，再将木螺钉拧入。

9. 门窗拉手应位于门窗扇中线以下。窗拉手距地面以 1.5～1.6 m 为宜，门拉手距地面以 0.9～1.05 m 为宜。

10. 推拉门的金属滑槽不应露出门框表面。

11. 当门窗框一面需镶贴面板时，门窗框应凸出墙面，凸出的距离为抹灰层厚度。

二、铝合金门窗制作安装施工工艺流程

(一)铝合金门窗制作要求

1. 铝合金门窗必须有出厂质量证书、准用证和抗压强度、气密性、水密性测试报告。

2. 铝合金门窗选用的铝合金材料的品种、规格、型号、开启方向必须符合设计的要求。选用的五金件和其他配件必须符合相关规范的规定和设计要求。金属附件应采用不锈钢、轻金属或其他表面防腐处理的材料。

3. 组合门窗应采用中竖框、中横框或拼樘料的组合形式，其构造应满足曲面组合的要求。

4. 产品进场和安装前必须进行检验，不得将扭曲变形、节点松脱、表面损坏和附件缺损等缺陷的不合格产品用于工程上。

(二)铝合金门窗安装施工工艺流程

施工工艺：弹线找规矩→门窗洞口处理→门窗洞口内埋设连接铁件→铝合金门窗安装→门窗口四周嵌缝、填保温材料→清理→安装五金配件→安装门窗密封条。

1. 门窗安装前，应根据施工图在洞口部位标出门窗安装水平和垂直方向的控制标志线。

2. 在铝合金门窗框外侧距框边角 150 mm 处用铆钉或螺钉将连接件固定在门窗框上，其余部位的连接件的固定间距不大于 500 mm，连接件应采用厚度不小于 1.5 mm、宽度不小于 25 mm 的金属件，其两端应伸出门窗框。

3. 根据标出的门窗位置检查预埋件的位置和数量是否符合设计要求，并适当调整连接件的位置。

4. 当为组合门窗时，必须在中竖(横)框和拼樘料的对应位置设置预埋件或预留洞。中竖(横)框和拼樘料两端必须同墙体连接，固定牢固。

5. 铝合金门窗框安装就位后，应用木楔临时固定门窗框，木楔间距控制在 500 mm 左右，然后调整好门窗框的垂直度和水平标高及前后位置。

6. 门窗框位置调整完毕后，用射钉或电焊将连接件与预埋件连接固定。

7. 铝合金门窗框安装时，外表面应用保护膜覆盖，以防铝合金表面在施工中污染或损伤。

8. 铝合金门窗框安装应采用弹性连接。门窗框固定后，其与墙体间的空隙用弹性材料填嵌密实、饱满，确保无缝隙。填塞材料与方法应符合设计要求。

9. 当用水泥砂浆塞缝时，铝合金型材表面应有隔离措施。水泥砂浆和铝合金型材不得直接接触。水泥砂浆应分层填实，在门窗框四周与墙表面交接处，应留设 5～8 mm 的凹槽，以填嵌密封胶。如图 6.1 所示。

10. 当为组合门窗时，可采用套插、搭接等方式，如图 6.2 所示，搭接宽度不宜小于 10 mm，并用密封胶封闭。禁止采用平面同平面的组合形式，以免影响其气密性、水密性和隔声的性能要求。框与框(拼樘料)之间应用螺钉或铆钉连接，其间距不应大于 500 mm。

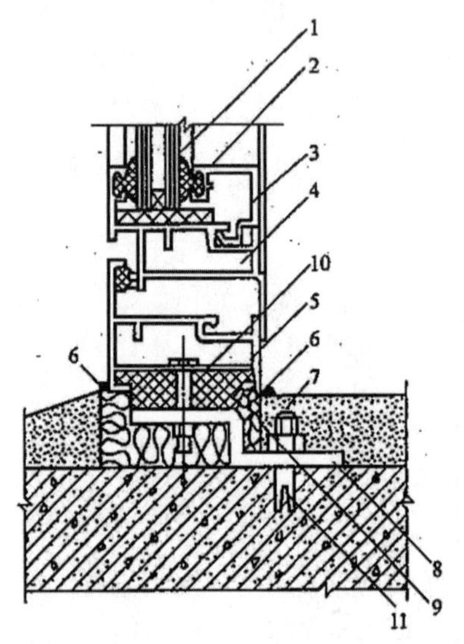

1—玻璃；2—橡胶条；3—压条；4—内扇；5—外框；6—密封膏；7—砂浆；8—地脚；9—软填料；10—塑料垫；11—膨胀螺栓

图 6.1 铝合金门窗安装节点及缝隙处理示意图

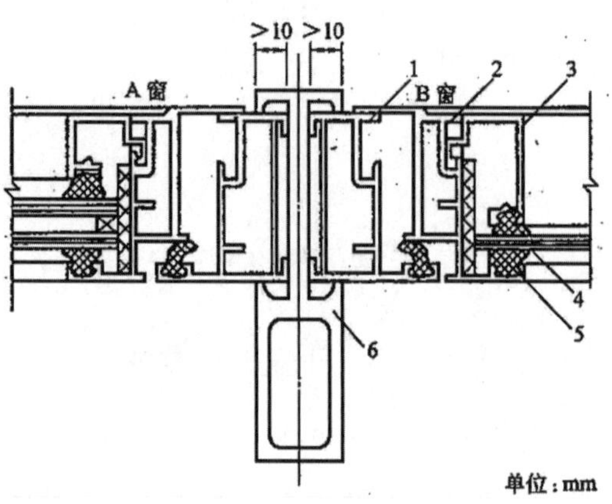

1—外框；2—内扇；3—压条；4—橡胶条；5—玻璃；6—组合杆件

图 6.2 铝合金门窗组合方法示意图

11. 门窗内外侧与墙面交界处应打密封胶，密封胶应具有一定的弹性和足够的黏结强度；以免出现裂缝造成渗水。

12. 平开门窗不宜采用抽芯铝铆钉固定铰链。外墙面平开门窗固定铰链的螺钉尾部不应露在室外，以防门窗关闭时仍可拆下门窗扇。

13. 铝合金门窗推拉门窗扇开关力应不大于 100N。

三、塑钢彩板门窗制作安装施工工艺流程

(一)塑钢彩板门窗制作要求

1. 塑钢彩板门窗产品的外观、外形尺寸、装配质量、力学性能和抗老化性能等必须符合国家现行有关规范的规定。

2. 塑钢彩板门窗必须有出厂质量证书、准用证和抗风压强度、气密性、水密性测试等级报告。

3. 门窗采用的异型材、密封条、紧固件、五金件、增强型钢、金属衬板、玻璃等的型号、规格、性能等必须符合规范规定和设计要求。

4. 玻璃垫块应用邵氏硬度为 70～90(A)的橡胶或塑料，不得使用硫化再生橡胶垫片或其他吸水性材料。其长度宜为 80～150 mm，厚度应按框、扇与玻璃的间隙确定，宜为 2～6 mm。

5. 塑钢彩板门窗所用的紧固件、五金件和其他金属材料除不锈钢外，应采用热镀锌或其他金属防腐镀层处理。固定片应采用 Q235A 冷轧钢板，其厚度应不小于 1.5 mm，宽度应不小于 15 mm。滑撑铰链不得使用铝合金材料。

6. 全防腐型门窗应采用相应的防腐型五金件及紧固件。

7. 在安装五金配件部位的塑料型材内应增设 3 mm 厚的金属衬板，不得使用工艺木衬代替。组合门窗的拼樘料内侧应采用与其内腔紧密吻合的增强型钢做内衬；其两端应长出拼樘料 10～15 mm。

8. 当门窗构件符合下列情况之一时，其内腔必须加衬增强型钢：

(1)大于 50 系列：平开窗框构件长度大于等于 1300 mm，窗扇构件长度大于等于 1200 mm。小于 50 系列：平开窗框构件长度大于等于 1000 mm，窗扇构件长度大于等于 900 mm。

(2)推拉门窗的门窗框上、中、边框构件长度大于等于 1300 mm，门窗框下槛构件长度大于等于 600 mm，窗扇边梃构件长度大于等于 1000 mm，窗扇下帽构件长度大于等于 700 mm。

(3)平开门框、扇构件长度大于等于 1200 mm。可根据重量比较观察检查，必要时可钻孔检查。

9. 门窗不得有焊角开裂、型材断裂等损坏和影响外观质量的缺陷。

10. 与塑料型材直接接触的五金件、紧固件、密封条、垫块、嵌缝密封胶等材料的性能应与塑料具有相容性，应通过取样送具有资质的检测机构检测，并出具相容性报告。

11. 密封条装配后应均匀、牢固，接口黏结严密，无遗漏、脱槽现象。

(二)塑钢彩板门窗安装施工工艺流程

施工工艺：弹线找规矩→门窗洞口处理→门窗洞口内埋设连接铁件→塑料门窗安装→门窗口四周嵌缝、填保温材料→清理→安装五金配件→安装门窗密封条。

1. 将不同规格的塑料门窗搬到相应的洞口位置，对保护膜脱落的应予补贴。在门窗框的上、下边画出中线。

2. 卸下已装上的门窗扇和玻璃，并做好标记，以防安装时出差错。

3. 在距门窗框角、中竖(横)框 150～200 mm 处安装固定片，其他固定片的间距不大于600 mm。固定片不得直接装在中竖(横)框的档头上。

4. 安装固定片时，应采用 Φ3.2 mm 的钻头钻孔，后用 M4×20 mm 的十字槽盘头自攻螺钉拧紧。钻头与螺钉不得同规格。严禁直接将螺钉锤击钉入。塑料门窗安装节点如图 6.3 所示。

5. 根据已标出的门窗洞口中线和门窗框的中线；在框的四角及中横、中竖框的对称位置，用木楔将门窗框临时固定，然后调整门窗的水平和前后位置。并控制好门窗框的垂直度。

6. 固定门窗框时，应先固定上框，再固定边框。

7. 安装组合窗时，拼樘料(中竖、中横框)两端必须与洞口的预埋件固定或插入预留洞中用细石混凝土浇灌固定。两门窗框与拼樘料(中竖、中横框)之间应采用卡接方式，并用紧固件双向拧紧，紧固件间距不大于 600 mm。紧固件端头及拼樘料(中竖、中横框)间的缝隙应用嵌缝胶密封。

8. 连窗门的门与窗之间应采用拼樘料拼接，拼樘料下端应固定在窗台上。

9. 缩缝内腔应用聚苯乙烯、闭孔泡沫塑料以及发泡剂等弹性材料分层填塞。有保温、隔声要求的应用相应的隔热、隔声材料填塞。对临时固定用木楔部位，撤除木楔后也应予以填补；不得将木楔留在缝内。

10. 门窗框内外侧与洞口墙面之间应用砂浆抹平，并留出 5 mm 左右的凹槽，用嵌缝密封胶嵌缝。

11. 玻璃安装时。玻璃不得与槽直接接触，应在玻璃四边垫上不同厚度的垫块，位置按图 6.4 所示放置。边框上的垫块应采用聚氯乙烯胶加以固定。

12. 门窗扇上黏附的水泥砂浆及其他污染物应及时用湿布擦净，不得采用硬质材料铲刮或用有腐蚀性的清洗剂清洗，以免损坏门窗表面或嵌缝密封胶。

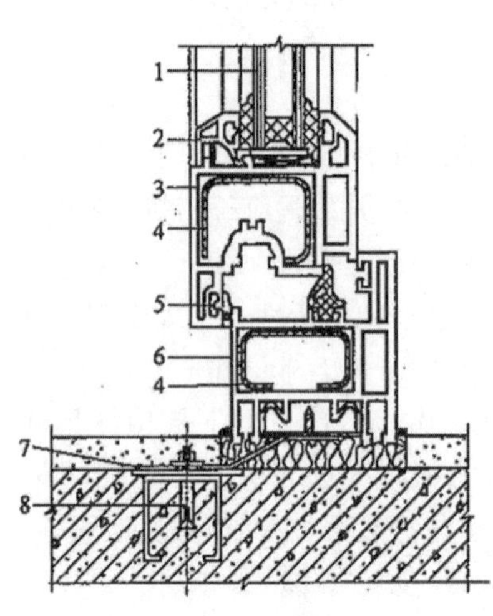

1—玻璃；2—玻璃压条；3—内扇；4—内钢衬；5—密封条；6—外框；7—地脚；8—膨胀螺栓

图 6.3 塑料门窗安装节点示意图

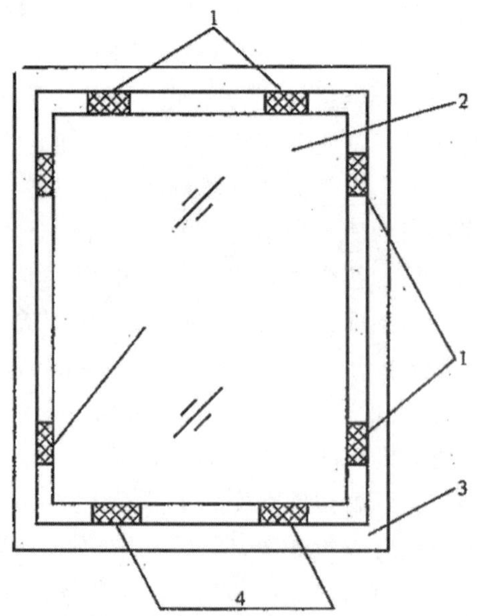

1—定位块；2—玻璃；3—框架；4—支承块

图 6.4 支承块和定位安装位置

四、玻璃地弹门安装施工工艺流程

施工工艺：弹线找规矩→确定门扇高度→地弹簧埋设→固定门扇上下横档→门扇固定→安装拉手。

画线：在玻璃门扇的上下金属横档内画线，按线固定转动销的销孔板和地弹簧的转动轴连接板。具体操作可参照地弹簧产品说明书。

确定门扇高度：玻璃门扇的高度尺寸，在裁割玻璃板时应注意包括插入上下横档的安装部分。一般情况下，玻璃高度尺寸应小于测量尺寸 5 mm 左右，以便于安装时进行定位调节。把上、下横档（多采用镜面不锈钢成型材料）分别装在厚玻璃门扇上下两端，并进行门扇高度的测量。如果门扇高度不足，即其上下边距门横框及地面的缝隙超过规定值，可在上下横档内加垫胶合板条进行调节。如果门扇高度超过安装尺寸，只能由专业玻璃工将门扇多余部分裁去。

地弹簧埋设位置及标高确定后，进行埋设，埋设后需固定。

固定上下横档：门扇高度确定后，即可固定上下横档，在玻璃与金属横档内的两侧空隙处，由两边同时插入小木条，轻敲稳实，然后在小木条、门扇玻璃及横档之间形成的缝隙中注入玻璃胶。

门扇固定：进行门扇定位安装。先将门框横梁上的定位销本身的调节螺钉调出横梁平面 1～2 mm，再将玻璃门扇竖起来，把门扇下横档内的转动销连接件的孔位对准地弹簧的转动销轴，并转动门扇将孔位套入销轴上。然后把门扇转动 90°使之与门框横梁成直角，把门扇上横档中的转动连接件的孔对准门框横梁上的定位销，将定位销插入孔内 15 mm 左右（调动定位销上的调节螺钉）。

安装拉手：全玻璃门扇上的拉手孔洞，一般是事先订购时就加工好的，拉手连接部分插入孔洞时不能很紧，应有松动。安装前在拉手插入玻璃的部分涂少许玻璃胶；若插入过松，可在插入部分裹上软质胶带。拉手组装时，其根部与玻璃贴紧后再拧紧固定螺钉。

当采用磨砂玻璃或镀膜玻璃时，单面镀膜玻璃的镀膜层及磨砂玻璃的磨砂面应朝向室内。中空玻璃的单面镀膜玻璃应在最外层，镀膜层应朝向室内。

第三节　楼地面装修工程

一、整体楼地面施工工艺流程

(一)水泥砂浆面层施工工艺流程

工艺流程:刷素水泥浆结合层→找标高弹线→打灰饼、冲筋→铺设砂浆面层→搓平→压光→养护。

1.刷素水泥浆结合层。宜刷水泥灰比为0.4～0.5的素水泥浆,也可在基层上均匀洒水湿润后,再撒水泥粉,用竹扫帚均匀涂刷,随刷随做面层,应控制一次涂刷面积不宜过大。

2.地面与楼面的标高和找平,控制线应统一弹到房间四周墙上,高度一般比设计地面高500 mm。有地漏等带有坡度的面层,坡度应满足排除液体要求。

3.打灰饼、冲筋。根据+500 mm水平线,在地面四周做灰饼,然后拉线打中间灰饼再用干硬性水泥砂浆做软筋(软筋间距为1.5 m左右)。在有地漏和坡度要求的地面,应按设计要求做泛水和坡度。对于面积较大的地面,则应用水准仪测出面层的平均厚度,然后边测标高边做灰饼。

4.基层为混凝土时,常用干硬性水泥砂浆,且以砂浆外表湿润松散、手握成团、不泌水分为准,而水泥焦砟基层可用一般水泥砂浆。水泥砂浆的配比为1∶2(水泥:砂体积比)。操作时先在两冲筋之间均匀地铺上砂浆,比冲筋面略高,然后用刮尺以冲筋为准刮平、拍实,待表面水分稍干后,用木抹子打磨,要求把砂眼、凹坑、脚印打磨掉,操作人员在操作半径内打磨完后,即用纯水泥浆均匀满涂在面上,再用铁抹子抹光。向后退着操作,在水泥砂浆初凝前完成。

5.第二遍压光。在水泥砂浆初凝前,即可用铁抹子压抹第二遍,要求不漏压,做到压实、压光;凹坑、砂眼和踩的脚印都要填补压平。

6.第三遍压光。在水泥砂浆终凝前,此时人踩上去有细微脚印,当试抹无抹纹时,即可用灰匙(铁抹子)抹压第三遍,压时用劲稍大一些,把第二遍压光时留下的抹纹、细孔等抹平,达到压平、压实、压光。

7.养护。水泥砂浆完工后,第二天要及时浇水养护,使用矿渣水泥时尤其应注意加强养护。必要时可蓄水养护,养护时间宜不少于7 d。

(二)水磨石面层施工工艺流程

工艺流程:基层处理→找标高弹线→打灰饼、冲筋→刷素水泥浆结合层→铺设水泥砂浆→养护→分隔条镶嵌→抹石子→磨光→刷草酸出光→打蜡上光。

1.找标高,弹水平线,打灰饼,冲筋。

打灰饼(打墩)、冲筋:根据水准基准线(如+500 mm水平线),在地面四周做灰饼,然后拉线打中间灰饼(灰墩),再用干硬性水泥砂浆做软筋(推栏),软筋间距为1.5 m左右。在有地漏和坡度要求的地面,应按设计要求做泛水和坡度。对于面积较大的地面,则应用水准仪测出面层平均厚度,然后边测标高边做灰饼。

2.刷素水泥浆结合层。

宜刷水灰比为0.4～0.5的素水泥浆,也可在基层上均匀洒水湿润后,再撒水泥粉,用竹扫(把)帚均匀涂刷,随刷随做面层,并控制一次涂刷面积不宜过大。

3. 铺抹水泥砂浆找平层。

找平层用 1∶3 干硬性水泥砂浆，先将砂浆摊平，再用靠尺（压尺）按冲筋刮平，随即用灰板（木抹子）磨平压实，要求表面平整、密实，保持粗糙。找平层抹好后，第二天应浇水养护至少 1 d。

4. 分格条镶嵌。

（1）找平层养护 1 d 后，先在找平层上按设计要求弹出纵横两向直线或图案分格墨线，然后按墨线裁分格条。

（2）用纯水泥浆在分格条下部，抹成八字角通长座嵌牢固（与找平层约成 30°角），铜条穿的铁丝要埋好。纯水泥浆的涂抹高度比分格条低 3～5 mm。分格条应镶嵌牢固，接头严密，顶面在同一水平面上，并拉通线检查其平整度及顺直。

（3）分格条镶嵌好后，隔 12 h 开始浇水养护，最少应养护 2 d。

5. 抹石子浆（石米）面层。

（1）水泥石子浆必须严格按照配合比计量。若彩色水磨石应先按配合比将白水泥和颜料反复干拌均匀，拌完后密筛多次，使颜料均匀混合在白水泥中，并注意调足用量以备补浆之用，以免多次调和产生色差，最后按配合比与石子浆搅拌均匀，然后加水搅拌。

（2）铺水泥石子浆前一天，洒水将基层充分湿润。在涂刷素水泥浆结合层前将分格条内积水和浮砂清除干净，涂刷水泥浆一遍，水泥品种与石子浆的水泥品种一致，随即将水泥石子浆先铺在分格条旁边，将分格条边约 100 mm 内水泥石子浆轻轻抹平压实，以保护分格条，然后再整格铺浆，用灰板（木抹子）或铁抹子（灰匙）抹平压实，（石子浆配合比一般为1∶1.25 或 1∶1.5）但不应用靠尺（压尺）刮。面层应比分格条高 5 mm，如局部石子浆过厚，应用铁抹子（灰匙）挖去，再将周围的石子浆刮平压实，对局部水泥浆较厚处，应适当补撒一些石子，并压平压实，要达到表面平整，石子（石米）分布均匀。

（3）石子浆面至少要经两次用毛刷（横扫）粘拉开面浆（开面），检查石粒均匀（若过于稀疏应及时补上石子）后，再用铁抹子（灰匙）抹平压实，至泛浆为止。要求将波纹压平，分格条顶面上的石子应清除掉。

（4）在同一平面上如有几种颜色图案时，应先做深色，后做浅色。待前一种色浆凝固后，再抹后一种色浆。两种颜色的色浆不应同时铺抹，以免做成串色，界限不清，影响质量。但间隔时间不宜过长，一般可隔日铺抹。

（5）养护：石子浆铺抹完成后，次日起应进行浇水养护。并应设警戒线严防行人踩踏。

6. 磨光。

（1）大面积施工宜用机械磨石机研磨。对局部无法使用机械研磨时，可用手工研磨。开磨前应试磨，若试磨后石粒不松动，即可开磨。一般开磨时间同气温、水泥强度等级品种有关，可参考表 6.1 所示。

表 6.1　水磨石开磨时间参数

平均温度（℃）	开磨时间（天）		备　注
	机磨	人工磨	
20～30	3～4	2～3	
10～20	4～5	3～4	
5～10	5～6	4～5	

（2）磨光作业应采用“二浆三磨”方法进行，即整个磨光过程分为磨光三遍，补浆两次。

①用 60～90 号粗石磨第一遍，随磨随用清水冲洗，并将磨出的浆液及时扫除。对整个水磨面，要

磨匀、磨平、磨透，使石粒面及全部分格条顶面外露。

②磨完后要及时将泥浆水冲洗干净，稍干后，涂刷一层同颜色的水泥浆（即补浆），用以填补砂眼和凹痕，对个别脱石部位要填补好，不同颜色上浆时，要按先深后浅的顺序进行。

③补刷浆后需养护2～3d，然后用90～120号磨石进行第二遍研磨，方法同第一遍。要求磨至表面平滑，无模糊不清之处为止。

④磨完清洗干净后，再涂刷一层同色水泥浆。继续养护2～3d，用180～240号细磨石进行第三遍研磨，要求磨至石子粒显露，表面平整光滑，无砂眼细孔为止，并用清水将其冲洗干净。

7. 涂刷草酸出光。

对研磨完成的水磨石面层，经检查达到平整度、光滑度要求后，即可进行擦草酸打磨出光。操作时可涂刷10%～15%的草酸溶液，或直接在水磨石面层上浇适量水及撒草酸粉，随后用280～320号细油石细磨，磨至出白浆、表面光滑为止。然后用布擦去白浆，并用清水冲洗干净并晾干。

8. 打蜡抛光。

石蜡：煤油＝1：4的比例加热熔化，掺入松香水适量，调成稀糊状，用布将蜡薄薄地均匀涂刷在水磨面上。待蜡干后，用包有麻布的木块代替油石装在磨石机的磨盘上进抛光，直到水磨石表面光滑洁亮为止。

二、板块楼地面施工工艺流程

（一）料石面层工艺流程

条石采用质量均匀，强度等级不低于MU60的岩石加工而成。其形状接近矩形六面体，厚度为80～120 mm；块石采用强度等级不低于MU30的岩石加工而成，其形状接近直棱柱体或有规则的四边形或多边形，其底面截锥体，顶面粗琢平整，底面积不应小于顶面积的60%，厚度为100～150 mm。

采用块石做面层应铺在基土或砂垫层上；采用条石做面层应铺在砂、水泥砂浆或沥青胶结料结合层上。

条石施工工艺流程：准备工作→放线→试排→铺结合层→铺筑条石→填缝压实。

块石施工工艺流程：准备工作→放线→铺砂垫层→试排→铺筑块石→填缝压实。

1. 准备工作。

(1)所用的料石表面清洁干净。如果结合层为水泥砂浆，石料在铺砌前先浇水湿润。

(2)在料石面层铺设前，以施工大样图和加工单位为依据，熟悉了解各部位的尺寸和做法，弄清洞口、边角等部位之间的做法。

(3)根据设计要求和场地形状大小，采用经纬仪、水准仪找好场地范围内的标高、坡度，定设控制点，大面积铺设时宜采用网络控制标高、坡度。

2. 条石面层的铺设。

(1)放线。

在基层上架设经纬仪，根据地面尺寸、条石尺寸及铺砌形式在基层上分格。铺砌形式根据地面尺寸及建设单位要求确定。常用形式有四种：横行排列、纵向排列或横向人字排列、斜45°排列。

(2)基层处理。

将地面垫层上的杂物清理干净，用钢丝刷刷掉粘在基层上的砂浆块，并用笤帚清扫干净。

(3)铺砌条石。

按照条石规格尺寸分类，在垂直于行走方向拉线铺砌成行，在纵向、横向设置样墩拉线，控制地面标高和条石行距，条石铺砌后，横缝平直，纵缝横错尺寸应是条石长边的 1/3～1/2，不得出现十字缝，因此每隔一排的靠边条石均用半块镶砌。地面坡度符合设计要求。

(4)填缝压实。

结合层为砂时，缝隙宽度不宜大于 5 mm，铺砌后，先撒砂填缝，并洒水使其下沉，然后先用 6～8 t、后用 10～12 t 压路机碾轧 2～3 遍，使石块达到坚实稳定为止，然后开始嵌缝。如石料间缝隙采用水泥砂浆或沥青胶结材料嵌缝时，应预先用砂填缝至 1/2 高度，而后用水泥砂浆或沥青胶结料填缝抹平。

结合层为水泥砂浆时，石料间缝隙用同类水泥砂浆嵌缝抹平，缝隙宽度不应大于 5 mm。用水泥砂浆嵌缝，应洒水养护 7 d 以上。

结合层为沥青胶结料时，基层应为水泥砂浆或水泥混凝土找平层，找平层表面应洁净，干燥，其含水率不大于 9%，在找平层表面涂刷基层处理剂一昼夜后开始铺设面层，铺贴时应在推铺热沥青胶结料后随即进行，并应在沥青胶结料凝结前完成。缝隙宽度不大于 5 mm，缝隙用胶结料填满，然后表面撒上薄薄一层砂。

3. 块石面层铺设。

(1)放线。

根据地面尺寸，划分施工段，将施工分成格子，设置样墩、拉线、控制标高、坡度。考虑块石压实后沉落的深度，应预留 15～35 mm。

(2)摊铺砂垫层。

将基层上的浮土、杂物清理干净，平整，即可铺砂垫层，先虚铺 50～200 mm，用尺子耙平，然后边铺砂垫层边铺块石。

(3)铺砌块石。

块石的平整大面朝上，使块石嵌入砂垫层，嵌入深度为块石厚度的 1/3～1/2。铺砌的块石力求互相靠紧，缝隙相互错开，通缝不得超两块。

在坡道上铺砌块石，应由坡底向坡顶方向进行；在窨井和雨水口周围铺砌块石，要选用坚实、方正、表面平整较大的块石，将块石的长边沿着井口边缘铺砌。

(4)嵌缝压实。

块石地面铺砌一段，对地面的质量即进行校正，发现有较大缝隙后用片石嵌塞，片石粒径为 15～25 mm，遇到有突出或凹陷的石块，则挖出修整重铺。然后用砂灌缝，用橡皮板刮灌或笤帚扫划，直到填满缝隙为止。

填满缝隙后，洒水使其下沉后用 6～8 t 和 10～12 t 的压路机先后分别碾轧 2～3 遍，地面边缘碾轧不到的地段，用木夯夯实，碾轧或夯实至无松动石块和印痕为止。由于砂垫层沉落，石块间会产生空隙，再补填缝材料至完全满缝密实。

(二)大理石和花岗石面层施工工艺流程

工艺流程：准备→试拼→弹线→试排→基层处理→铺水泥砂浆结合层→铺板→灌、擦缝→养护打蜡。

1. 试拼。

在正式铺设前，对每一房间的大理石或花岗石板块，应按图案、颜色、纹理试拼，试拼后按两个方向编号排列，然后按照编号码放整齐。

2. 弹线。

在房间的主要部位弹互相控制十字线，用以检查和控制大理石或花岗石板块的位置，十字线可以弹在基层上，并引至墙面底部。依据墙面水准基准线（如+500 mm线）找出面层标高，在墙上弹好水平线，注意与楼道面层标高一致。

3. 试排。

在房间内的两个互相垂直的方向，铺设两条干砂，其宽度大于板块，厚度不小于3 cm。根据试拼石板编号及施工大样图，结合房间实际尺寸，把大理石或花岗石板块排好，以便检查板块之间的缝隙，核对板块与墙面、柱、洞口等部位的相对位置。

4. 基层处理。

在铺砂浆之前将基层清扫干净，包括试排用的干砂及大理石块，然后用喷壶洒水湿润，刷一层素水泥浆，水灰比为0.5左右，随刷随铺砂浆。

5. 铺砂浆。

根据水平线，定出地面找平层厚度，拉十字控制线，铺结合层水泥砂浆，结合层一般采用1∶2的干硬性水泥砂浆，干硬程度以手捏成团不松散为宜。砂浆从里往门口处摊铺，铺好后用大杠刮平，再用抹子拍实找平。找平层厚度宜高出大理石底面标高3～4 mm。

6. 铺大理石或花岗石。

一般房间应先里后外沿控制线进行铺设，即先从远离门口的一边开始，按照试拼编号，依次铺砌，逐步退至门口。铺前应将板预先浸湿阴干后备用，在铺好的干硬性水泥砂浆上先试铺合适后，翻开石板，在水泥砂浆找平层上满浇一层水灰比为0.5的素水泥浆结合层，然后正式镶铺。安放时四角同时往下落，用橡皮锤或木槌轻击木垫板（不得用木槌直接敲击大理石或花岗石），根据水平线用铁水平尺找平，铺完第一块向两侧和后退方向顺序镶铺。如发现空隙应将石板掀起用砂浆补实再行安装。大理石或花岗石板块间，接缝要严，一般不留缝隙。

7. 灌缝、擦缝。

在铺砌后当石材强度达到可上人的时候（结合层抗压强度达到1.2Mpa）进行灌浆擦缝。根据大理石或花岗石颜色，选择相同颜色矿物颜料和水泥拌和均匀1∶1稀水泥浆，用浆壶徐徐灌入大理石或花岗石板块之间的缝隙，分几次进行，并用长把刮板把流出的水泥浆向缝隙内喂灰。灌浆时，多余的砂浆应立即擦去，灌浆1～2 h后，用棉丝团蘸原稀水泥浆擦缝，与板面擦平，同时将板面上水泥浆擦净。

8. 养护。

面层施工完毕后，封闭房间，派专人洒水养护不少于7 d。

9. 打蜡。

当各工序完工不再上人时方可打蜡，达到光滑洁净。

10. 贴大理石踢脚板工艺流程。

当板材厚度小于12 mm时，采用粘贴法进行施工，当板材厚度大于15 mm时，采用灌浆法进行施工。

(1)粘贴法。

根据墙面抹灰厚度吊线确定踢脚板出墙厚度，一般为8～10 mm。

用1∶3水泥砂浆打底找平并在表面划纹。

找平层砂浆干硬后，拉踢脚板上口的水平线，把湿润阴干的大理石踢脚板的背面。刮抹一层1～3 mm厚的素水泥浆（可掺和10%左右的108胶）后，往底灰上粘贴，并用木槌敲实，根据水线找直。24 h后用同色水泥浆擦缝，将余浆擦净。与大理石地面同时打蜡。

(2)灌浆法。

根据墙面抹灰厚度吊线确定踢脚板出墙厚度，一般为 8～10 mm。

在墙两端各安装一块踢脚板，其上楞高度在同一水平线内，出墙厚度一致。然后沿二块踢脚板上楞拉通线，逐块依顺序安装，随时检查踢脚板的水平度和垂直度。相邻两块之间及踢脚板与地面、墙面之间用石膏稳牢。

灌 1∶2 稀水泥砂浆，并随时把溢出的砂浆擦干净，待灌入的水泥砂浆终凝后把石膏铲掉。

用棉丝团蘸与大理石踢脚板同颜色的稀水泥浆擦缝。踢脚板的面层打蜡同地面一起进行。踢脚板之间的缝宜与大理石板块地面对缝镶贴。

(三)活动地板面层施工工艺流程

工艺流程：基层清理→弹线→安装支柱架→安装桁条(搁栅)→安装活动地板。

1. 基层清理。

将基层上一切杂物、尘埃清扫干净。基层表面应平整、光洁、干燥、不起灰。安装前清扫干净，并根据需要在其表面涂刷 1～2 遍清漆或防尘剂，涂刷后不允许有脱皮现象。

2. 弹线。

按设计要求，在基层上弹出支柱(架)定位方格十字线，测量底座水平标高，将底座就位。同时，在墙四周测好支柱(架)水平线。

铺设活动地板面层前，室内四周的墙面应设置标高控制位置，并按选定的铺设方向和顺序设基准点。在基层表面上按板块尺寸弹线形成方格网，标出地板块的安装位置和高度，并标明设备预留部位。

3. 安装支柱架。

(1)将底座摆平在支座点上，核对中心线后，安装钢支柱(架)，按支柱(架)顶面标高，拉纵横水平通线调整支柱(架)活动顶面标高并固定。再次用水平仪逐点找平，水平尺校准支柱(架)托板。

(2)为使活动地板面层与走道或房间的建筑地面面层连接好，应通过面层的标高选用金属支架型号。

(3)活动地板面层的金属支架应支承在现浇混凝土基层上。对于小型计算机系统房间，其混凝土强度等级不应小于 C30；对于中型计算机系统的房间，其混凝土强度等级不应小于 C50。

4. 安装桁条(搁栅)。

(1)支柱(架)顶调平后，弹安装桁条(搁栅)线，从房间中央开始，安装桁条(搁栅)。桁条(搁栅)安装完毕，测量桁条(搁栅)表面平整度、方正度至合格为止。

(2)底座与基层之间注入环氧树脂，使之垫平并连接牢固，然后复测再次调平。如设计要求桁条(搁栅)与四周预埋铁件固定时，可用连板与桁条用螺栓连接或焊接。

(3)先将活动地板各部件组装好，以基准线为准，按安装顺序在方格网交点处安放支架和横梁，固定支架的底座，连接支架和框架。在安装过程中要随时抄平，转动支座螺杆，调整每个支座面的高度至全室等高，并使每个支架受力均匀。

(4)在所有支座柱和横梁构成的框架成为一体后，应用水平仪抄平。然后将环氧树脂注入支架底座与水泥类基层之间的空隙内，使之连接牢固，亦可用膨胀螺栓或射钉连接。

5. 安装活动地板。

(1)在桁条(搁栅)上按活动地板尺寸弹出分格线，按线安装，并调整好活动地板缝隙使之顺直。

(2)铺设活动地板面层的标高，应按设计要求确定。当房间平面是矩形时，其相邻墙体应相互垂直;与活动地板接触的墙面的缝应顺直,其偏差每米不应大于 2 mm。

(3)根据房间平面尺寸和设备等情况,应按活动地板模数选择板块的铺设方向。当平面尺寸符合活动地板块模数,而室内无控制柜设备时,宜由里向外铺设;当平面尺寸不符合活动地板模数时,宜由外向里铺设。当室内有控制柜设备且需要预留洞口时,铺设方向和先后顺序应综合考虑选定。

(4)在横梁上铺放缓冲胶条时,应采用乳液与横梁黏合。当铺设活动地板块时,从一角或相邻的两个边依次向外或另外二个边铺装活动地板。为了铺平,可调换活动地板板块位置,以保证四角接触处平整、严密,但不得采用加垫的方法。

(5)当铺设的活动地板不符合模数时,可根据实际尺寸将板面切割后镶补,并配装相应的可调支撑和横梁。

(6)四周侧边应用耐磨硬质板材封闭或用镀锌钢板包裹,胶条封边应耐磨。

对活动地板切割或打孔时,可用无齿锯或钻加工,但加工后的边角应打磨平整,采用清漆或环氧脂胶加滑石粉按比例调成泥子封边,或用防潮泥子封边,亦可采用铝型材镶嵌封边。以防止板块吸水、吸潮,造成局部膨胀变形。

(7)在与墙边的接缝处,原则上宜加竹木踢脚。

(8)通风口处,应选用异型活动地板铺贴。

(9)活动地板下面需要装的线槽和空调管道,应在铺设地板前先放在建筑地面上,以便下一步施工。

(10)活动地板块的安装或开启,应使用吸板器或橡胶皮碗,并做到轻拿轻放。不应采用铁器硬撬。

(11)在全部设备就位和地下管、电缆安装完毕后,还应抄平一次,调整至符合设计要求,最后将板面全面进行清理。

三、木、竹面层地面施工工艺流程

(一)实木面层地面施工工艺流程

实木地板以空铺或实铺的方式在基层上铺设。前者有地板搁栅,毛地板(设计无要求时也可不用)空铺于地板搁栅之上;后者无地板搁栅,木地板直接用胶粘贴于地面之上(这种方法目前很少采用了)。带有毛地板的木地板,称为双层木地板,不带毛地板的木地板称为单层木地板。毛地板一般采用只刨平不刨光的松木板、中密度板或多层胶合板。

工艺流程:清理基层测量弹线→铺设木格栅→铺设毛地板→铺设面层实木地板→镶边处理→踢脚线安装→地面磨光→油漆打蜡→清理。

1. 地面基层验收、清理、弹线。

基层残留的砂浆、浮灰及油渍应洗刷干净,晾干后方可进行施工。基层表面应平整坚实、洁净、干燥不起砂,在几个不同的地方测量地面的含水率,以了解整个地面的干湿情况,含水率应不大于 15%;平整度用 2 m 靠尺检查,允许偏差不大于 2 mm。墙面垂直,阴阳角方正。

阴雨季节较长的地区、底层地面无特殊处理的基层、墙面、墙边等、与厨卫间等潮湿场所相连的部位在铺设前必须做好防潮处理,防潮材料可视情况在地上涂上一层防潮漆,或使用带塑膜的防水聚乙烯薄膜、防水纸、PE 防潮布、油毡(各种材料界面处应搭接均不小于 100 mm)等。靠墙角处的防潮布或漆应折叠至墙角以上不小于 80 mm,且保持完好。

2. 铺设木格栅。

先在楼板上弹出各木格栅的安装位置线(间距 300 mm 或按设计要求)及标高,将格栅放平、放稳，并找好标高，固定时，不得损坏基层和预埋管线。木格栅应垫实钉牢，与墙之间应留出 20 mm 的缝隙。地板木搁栅安装完毕，须对搁栅进行找平检查，各条搁栅的顶面标高，均须符合设计要求，如有不合要求之处，须彻底修正找平。

3. 铺设毛地板。

在铺设毛地板时，应与格栅成 30°或 45°，钉法采用直钉和斜钉混用，直钉钉帽不得突出板面。毛地板接缝应错开，板间缝隙应不大于 3 mm。毛地板与墙之间应留 8～12 mm 缝隙，且表面应刨平。

4. 面层实木地板铺设。

(1)木地板的拼花组合造型。木地板的拼花组合造型，有等长地板条错缝组合式、长短地板条错缝组合式、单人字形组合式、双人字形组合式、席纹组合式、方格组合式、阶梯组合式以及设计要求的其他组合形式等。

(2)弹线。根据具体设计，在毛地板上用墨线弹出木地板组合造型施工控制线，即每块地板条或每行地板条的定位线。凡不属地板条错缝组合造型的拼花木地板、席纹木地板，则应以房间中心为中心，先弹出相互垂直并分别与房间纵横面平行的标准十字线两条，或与墙面成 45°交叉的标准十字线两条，然后根据具体设计的木地板组合造型具体图案，以地板条宽度及标准十字线为准，弹出每条或每行地板的施工定位线，以凭施工。弹线完毕，将木地板进行试铺，试铺后编号分别存放备用。

(3)将毛地板上所有垃圾、杂物清理干净，加铺防潮纸一层，然后开始铺装实木地板。可从房间一边墙根(也可从房间中部)开始(根据具体设计，将地板周围镶边留出空位)，并用木块在墙根所留镶边空隙处将地板条(块)顶住，然后顺序向前铺装，直至铺到对面墙根时，同样用木块在该墙根镶边空隙处将地板顶住，然后将开始一边墙根处的木块楔紧，待安装镶边条时再将两边的木块取掉。

(4)铺定实木地板条按地板条定位线及两端中心线，将地板条铺正、铺平、铺齐，用地板条厚 2～2.5 倍长的圆钉，从地板条企口榫凹角处斜向将地板条钉于地板搁栅上。钉头须预先打扁，冲入企口表面以内，以免影响企口接缝严密，必要时在木地板条上可先钻眼后钉钉。钉钉个数应符合设计要求，设计无要求时，地板长度小于 300 mm 时侧边应钉 2 个钉，长度大于 300 mm 小于 600 mm 时应钉 3 个钉，长度为 600～900 mm 时钉 4 个钉，板的端头应钉 1 个钉固定。所有地板条应逐块错逢排紧钉牢，接缝严密。板与板之间，不得有任何松动、不平、不牢。

(5)粘铺地板。按设计要求及有关规范规定处理基层，粘铺木地板用胶要符合设计要求，并进行试铺，符合要求后再大面积展开施工。铺贴时要用专用刮胶板将胶均匀地涂刮于地面及木地板表面，待胶不粘手时，将地板按定位线就位粘贴，并用小锤轻敲，使地板与基层粘牢。涂胶时要求涂刷均匀，厚薄一致，不得有漏涂之处。地板条应铺正、铺平、铺齐，并应逐块错缝排紧粘牢。板与板之间不得有任何松动、不平、缝隙及溢胶之处。靠墙的一块板应离开墙面 10 mm 左右。

5. 镶边处理。

实木地板装修质量经检查合格后，应根据具体设计要求，在周边所留镶边空隙内进行镶边。

6. 踢脚板安装。

当房间设计为实木踢脚板时，踢脚应预先刨光，在靠墙的一面开成凹槽，并每隔 1 米钻直径 6 mm 的通风孔，在墙内应每隔 750 mm 砌入防腐木砖，在防腐木砖外面钉防腐木块，再将踢脚板固定于防腐木块上。踢脚板板面要垂直，上口呈水平线，在踢脚板与地板交角处，钉上 1/4 圆木条，以盖住缝隙。

7. 地板磨光。

地板磨光用磨光机，转速应在 5000 r/min 以上，所用砂布应先粗后细，砂布应绷紧绷平，长条地板应顺木纹磨，拼花地板应与木纹成 45°斜磨。磨时不应磨得太快，磨深不宜过大，一般不超过 1.5 mm，要多磨几遍，磨光机不用时应先提起再关闭，防止啃咬地面，机器磨不到的地板要用角磨机或手工去磨，直到符合要求为止。

8. 油漆打蜡。

应在房间内所有装饰工程完工后进行。硬木拼花地板花纹明显，所以，多采用透明的清漆涂刷，这样可透出木纹，增强装饰效果。打蜡可用地板蜡，以增加地板的光洁度，使木材固有的花纹和色泽最大限度地显示出来。

9. 清理地面、交付验收使用。

(二)实木复合面层地面施工工艺流程

该施工工艺流程常用两种形式：粘贴式、实铺式。

粘贴式施工工艺流程：清理基层→弹线、找平→满铺地垫(或点铺)→安装实木复合地板。

实铺式(单层)施工工艺流程：清理基层→弹线、找平→安装木格栅→填充轻质材料→安装实木复合地板→安装踢脚板。

实铺式(双层)施工工艺流程：清理基层→弹线、找平→安装木格栅→铺毛地板→铺防潮层→安装实木复合地板→安装踢脚板。

1. 粘贴式施工。

(1)将基层(找平层)清理干净，弹好水平标高控制；

(2)在找平层上满铺防潮垫，不用打胶；若采用条铺防潮垫，可采用点铺方法；

(3)在防潮垫上铺装强化地板，宜采用点粘法铺设；

(4)防潮垫及强化地板面层与墙面之间应留不小于 10 mm 空隙，相邻板材接头位置应错开不小于 300 mm 距离；

(5)实木复合地板粘铺后可用橡皮锤子敲击使其黏结均匀、牢固；

(6)粘贴踢脚板。

2. 实铺式(单层)施工。

(1)将基层(找平层)清理干净，弹好水平标高控制线；

(2)在基层(找平层)上弹出木龙骨位置线及标高，木龙骨断面呈梯形，宽面在下，其截面尺寸及间距应符合设计要求；按线将龙骨放平放稳，用垫木找平，垫实钉牢；木龙骨与墙之间留出 30 mm 的缝隙，再依次摆正中间的龙骨，若设计无要求则龙骨间距按 300 mm，且表面应平直；

(3)在龙骨之间填充干炉渣或其他保温、隔声等的轻质材料；

(4)实木复合地板面层与墙面之间应留不小于 10～20 mm 的空隙，以后逐条板排紧，强化地板与龙骨间应钉牢、排紧；铺钉方法宜采用暗钉，钉子以 45°或 60°角钉入，可使接缝进一步靠紧；

(5)实木复合地板的接头要在龙骨中间，相邻板材接头位置应错开不小于 300 mm 距离；

(6)安装踢脚板：粘贴或铺钉均匀。

3. 实铺式(双层)施工。

参照实木地板铺装工艺流程。

(三)竹面层地面施工工艺流程

工艺流程：清理基层→木龙骨安装→毛板铺设→竹地板安装→安装踢脚板。

基层处理、木龙骨安装、毛地板铺设可参照实木地板铺设工艺流程。

1. 竹地板安装。

安装前先在木龙骨或毛板上弹出基准线(一般选择靠墙边、远门端的第一块整板作为基准板，其位置线为基准线),靠墙的一块板应该离墙面有 8～12 mm 的缝隙(根据各地区干湿度季节性变化量的不同适当调节)。先用木块塞住,然后逐块排紧,竹地板固定先在竹地板的母槽里面成 45°角用装饰枪钻好钉眼,要用钉子或螺丝斜向钉在龙骨上,钉长为板厚的 2～2.5 倍(宜采用 40 mm 规格),钉间距宜在 250 mm 左右,且每块竹地板至少钉 2 个钉,钉帽要砸扁,企口条板要钉牢排紧。板的排紧方法一般可在木龙骨上钉扒钉一只,在扒钉与板之间加一对硬木楔,打紧硬木楔就可以使板排紧。钉到最后一块企口板时,因无法斜着钉,可用明钉钉牢,钉帽要砸扁,冲进板内。企口板的接头要在木龙骨上,接头相互错开,板与板之间应排紧,木龙骨上临时固定的木拉条应随企口板的安装随时拆去,墙边的小木楔应在竹地板安装完毕后再拆除。钉完竹地板后及时清理干净,在拼缝中涂入少许地板蜡即可。

直接在地面上铺设竹地板时,可先检查基层的平整度,有凹陷部分须用水泥胶泥子将其补平。去除地表脏物、油污、蜡、漆、硫化物等物质,在找平层上满铺地垫(如铺 20～30 mm 厚 EPE 带膜泡沫,起防潮、整平降噪作用),不用打胶;在地垫上拼装竹地板,宜在企口内采用胶粘;并在施工时应采用拉紧装置,保证拼缝严密。直接铺设竹地板时伸缩缝应适当增大,控制在 10～15 mm。

竹地板与其他材质地板相连接处应留出伸缩缝,并做"过桥"处理,即用成品金属条嵌入。

施工时,竹地板板缝宜控制在 1 mm 左右,可根据季节不同适当调整,冬季铺板不宜太紧,夏季铺板不宜太松。

凡是锯开的竹地板,均要将板的锯开面用油漆封好,以防受潮后因异物附着而发生霉变。素板施工完毕后应上光打蜡。

2. 安装踢脚板。

竹踢脚板接缝为企口形,安装时钉明钉,须先用电钻打孔,安装较为不便,建议采用木踢脚板,施工及与竹地板配色较为方便。安装竹、木踢脚板前,墙上应每隔 750 mm 预埋防腐木砖,如墙面有较厚的装修做法,可在防腐木砖外钉防腐木块找平,再把踢脚板用明钉钉牢在防腐木块上(竹地板须预先钻孔),钉帽砸扁冲入踢脚板内;如无预埋防腐木砖,可在不影响结构的情况下,在墙面上用电锤打孔(交错布置),间距适当缩小到 450 mm 为宜,然后将小木楔(经防腐处理)塞入砸平代替防腐木砖。圆弧形踢角施工时,可将竹地板按圆弧角度切成相应的梯形,用胶相互黏结,并用钉子钉牢。

踢脚板板面要垂直,上口水平,在踢脚板与地板交角处可钉三角木条(一般用于公用部分大面积的竹地板,家庭内一般不采用),以盖住缝隙。踢角板阴阳角交角处和两块踢角板对接处均应切割成 45°角后再进行拼装(竹踢脚板对接有企口),踢角板的接头应固定的防腐木砖上。踢角板应每隔 1 m 钻直径 6 mm 的通风孔。

第四节 顶棚装饰工程

一、木龙骨吊顶施工工艺

工艺流程:抄平弹线→木龙骨处理→安装吊杆→安装主龙骨→安装次龙骨→安装面板。

(一)抄平弹线

根据室内墙上+50 cm 水平线,用尺量至顶棚设计标高,在该点画出高度线,用一条塑料透明软管灌满水后,将软管的一端水平面对准墙面上的高度线。再将软管的另一端头水平面,在同侧墙面找出另一点,当软管内水平面静止时,画下该点的水平面位置,再将这两点连线,即得吊顶高度水平线。用同样方法在其他墙面做出高度水平线。

(二)木龙骨处理

对吊顶用的木龙骨进行筛选，将其中腐蚀部分、斜口开裂、虫蛀等部分剔除。对工程中所用的木龙骨均要进行防火处理，一般将防火涂料涂刷或喷于木材表面，也可把木材放在防火涂料槽内浸渍。

(三)安装吊杆

采用膨胀螺栓固定吊挂杆件。不上人的吊顶，吊杆长度小于 1000 mm 时，可以采用 Φ6 的吊杆；如果大于 1000 mm 时，应采用 Φ8 的吊杆；如果吊杆长度大于 1500 mm 时，还应设置反向支撑。上人的吊顶，吊杆长度小于 1000 mm 时，可以采用 Φ8 的吊杆；如果大于 1000 mm 时，应采用 Φ10 的吊杆；如果吊杆长度大于 1500 mm 时，同样应设置反向支撑。吊杆的一端同 L30×30×3 角码焊接(角码的孔径应根据吊杆及膨胀螺栓确定)，另一端可以用攻丝套出大于 100 mm 的丝杆，也可以买成品丝杆焊接。制作好的吊杆应做防锈处理，吊杆用膨胀螺栓固定在楼板上，用冲击电钻打孔，孔径应稍大于膨胀螺栓的直径。

(四)吊杆的连接

对于木龙骨吊顶，吊杆与主龙骨的连接通常采用主龙骨钻孔，吊杆下部套丝，穿过主龙骨用螺母紧固。吊杆的上部与吊杆固定件连接一般采用焊接，施焊前拉通线，所有丝杆下部找平后，上部再搭接焊牢。吊杆与上部固定件的连接也可采用在角钢固定件上预先钻孔或预埋的钢板埋件上加焊 Φ10 钢筋环，然后将吊杆上部穿进后弯折固定。

(五)安装主龙骨

主龙骨常用 50 mm×70 mm 枋料，较大房间采用 60 mm×100 mm 木枋。主龙骨与墙相接处，主龙骨应伸入墙面不少于 110 mm，入墙部分涂刷防腐剂。主龙骨的布置要按设计要求，分档画线，分档尺寸尚应考虑与面层板块尺寸相适应。主龙骨应平行于房间长向安装，同时应起拱，起拱高度为房间跨度的 1/250 左右。主龙骨的悬臂段不应大于 300 mm。主龙骨接长采取对接，相邻主龙骨的对接接头要相互错开。主龙骨挂好后应基本调平。

(六)安装次龙骨

次龙骨一般采用 50 mm×50 mm 或 40 mm×50 mm 的木枋，底面刨光、刮平，截面厚度应一致。小龙骨间距应按设计要求，设计无要求时应按罩面板规格决定，一般为 400～500 mm。钉中间部分的次龙骨时，应起拱。房间 7～10 m 的跨度，一般按 3/1000 起拱；10～15 m 的跨度，一般按5/1000起拱。

按分档线先定位安装通长的两根边龙骨，拉线后各根龙骨按起拱标高，通过短吊杆将小龙骨用圆钉固定在大龙骨上，吊杆要逐根错开，不得吊钉在龙骨的同一侧面上。先钉次龙骨，后钉间距龙骨(或称卡挡搁栅)。间距龙骨一般为 50 mm×50 mm 或 40 mm×50 mm 的方木，其间距一般为 300～400 mm，用 33 mm 长的钉子与次龙骨钉牢。次龙骨与主龙骨的连接，多是采用 80～90 mm 长的钉子，穿过次龙骨斜向钉入主龙骨，或通过角钢与主龙骨的连接。次龙骨的接头和断裂及大节疤处，均需用双面夹板夹住，并应错开使用。接头两侧最少各钉 2 个钉子，在墙体砌筑时，一般是按吊顶标高沿墙四周牢固地预埋木砖，间距多为 1 m，用以固定墙边安装龙骨的方木(或称护墙筋)。

(七)吊顶罩面板的安装

石膏板可用木螺丝与木龙骨固定。木螺丝间距以 150～170 mm 为宜，并均匀布置。螺钉帽应嵌入石膏板深度 1 mm 为宜，并应涂刷防锈涂料，钉眼用泥子找平，再用与板面颜色相同的色浆涂刷。

二、轻钢龙骨吊顶施工工艺

工艺流程：抄平弹线→固定吊挂杆件→安装边龙骨→安装主龙骨→安装次龙骨→安装面板。

（一）弹线

用水准仪在房间内每个墙（柱）角上找出水平点（若墙体较长，中间也应适当找几个点），弹出水准线（水准线距地面一般为 500 mm），从水准线量至吊顶设计高度加上 12 mm（一层石膏板的厚度），用粉线沿墙（柱）弹出水准线，即为吊顶次龙骨的下限线。同时，按吊顶平面图，在混凝土顶板弹出主龙骨的位置。主龙骨应从吊顶中心向两边分，最大间距为 1000 mm，并标出吊杆的固定点，吊杆的固定点间距 900～1000 mm，如遇到梁和管道固定点大于设计和规程要求，应增加吊杆的固定点。

（二）固定吊挂杆件

采用膨胀螺栓固定吊挂杆件。不上人的吊顶，吊杆长度小于 1000 mm 时，可以采用 Φ6 的吊杆；如果大于 1000 mm 时，应采用 Φ8 的吊杆；如果吊杆长度大于 1500 mm 时，还应设置反向支撑。上人的吊顶，吊杆长度小于 1000 mm 时，可以采用 Φ8 的吊杆；如果大于 1000 mm 时，应采用 Φ10 的吊杆；如果吊杆长度大于 1500 mm 时，同样应设置反向支撑。吊杆的一端同 L30×30×3 角码焊接（角码的孔径应根据吊杆及膨胀螺栓确定），另一端可以用攻丝套出大于 100 mm 的丝杆，也可以买成品丝杆焊接。制作好的吊杆应做防锈处理，吊杆用膨胀螺栓固定在楼板上，用冲击电钻打孔，孔径应稍大于膨胀螺栓的直径。吊挂杆件应通直并有足够的承载能力。当预埋的杆件需要接长时，必须搭接焊牢，焊缝要均匀饱满。吊杆距主龙骨端部不得超过 300 mm，否则应增加吊杆。吊顶灯具、风口及检修口等应设附加杆件。

（三）安装边龙骨

边龙骨的安装应按设计要求弹线，沿墙（柱）上的水平龙骨线把 L 形镀锌轻钢条用自攻螺丝固定在预埋木砖上，如为混凝土墙（柱）上可用射钉固定，射钉间距应不大于吊顶次龙骨的间距。

（四）安装主龙骨

1. 主龙骨应吊挂在吊杆上，主龙骨间距 900～1000 mm。主龙骨宜平行房间长向安装，同时应起拱，起拱高度为房间高度的 1/300～1/200。主龙骨的搭接应采取对接，相邻龙骨的对接接头要相互错开。主龙骨挂好后应基本调平。

2. 跨度大于 15 m 以上的吊顶，应在主龙骨上，每隔 15 m 加一道大龙骨，并垂直主龙骨焊接牢固。

3. 吊顶如设检修走道，应另设附加吊挂系统，用 10 mm 的吊杆与长度为 1200 mm 的 L150×8 角钢横担用螺栓连接，横担间距为 1800～2000 mm，在横担上铺设走道，可以用 6 号槽钢两根间距 600 mm，之间用 10 mm 的钢筋焊接，钢筋的间距为 100 mm，将槽钢与横担角钢焊接牢固，在走道的一侧设有栏杆，高度为 900 mm 可以用 L50×4 的角钢做立柱，焊接在走道槽钢上，之间用 30 mm×4 mm的扁钢连接。

（五）安装次龙骨

次龙骨应紧贴主龙骨安装。次龙骨间距 300～600 mm。用 T 形镀锌铁片把次龙骨固定在主龙骨上时，次龙骨的两端应搭在 L 形边龙骨的水平翼缘上。墙上应预先标出次龙骨中心线的位置，以便安装罩面板时找到次龙骨的位置。当用自攻螺丝钉安装板材时，板材接缝处必须安装在宽度不小于40 mm的次龙骨上。次龙骨不得搭接。在通风、水电等洞口周围应设附加龙骨，附加龙骨的连接用铆钉铆固。吊顶灯具、风口及检修口等应设附加吊杆和补强龙骨。

(六)罩面板安装

吊挂顶棚罩面板常用板材有纸面石膏板、埃特板、防潮板等。

1. 纸面石膏板安装。

(1)纸面石膏板的长边(即包封边)应纵向次龙骨铺设；

(2)自攻螺丝与纸面石膏板的距离，用面纸包封的板边以 10～15 mm 为宜，切割的板边以 15～20 mm为宜；

(3)固定次龙骨的间距，一般不应大于 600 mm，在南方潮湿地区，间距应适当减小，以 300 mm 为宜；

(4)钉距以 150～170 mm 为宜，螺丝应于板面垂直，已弯曲、变形的螺丝应剔除，并在相隔50 mm的部位另安螺丝；

(5)安装双层石膏板时，面层板与基层板的接缝应错开。不得在一根龙骨上；

(6)石膏板的接缝，应按设计要求进行板缝处理；

(7)纸面石膏板与龙骨固定，应从一块板的中间向板的四边进行固定，不得多点同时作业；

(8)螺丝钉头宜略埋入板面，但不得损坏纸面，钉眼应做防锈处理并用石膏泥子抹平；

(9)拌制石膏泥子时，必须用清洁水和清洁容器。

2. 纤维水泥加压板(埃特板)安装。

(1)龙骨间距、螺钉与板边的距离。其螺钉间距等应满足设计要求和有关产品的要求；

(2)纤维水泥加压板与龙骨固定时，所用手电钻钻头的直径应比选用螺钉直径小 0.5～1 mm；固定后，钉帽应做防锈处理，并用油性泥子嵌平；

(3)用密封膏、石膏泥子或掺界面剂胶的水泥砂浆嵌涂板缝并刮平，硬化后用砂纸磨光，板缝宽度应小于 50 mm；

(4)板材的开孔和切割，应按产品的有关要求进行。

三、铝合金龙骨吊顶施工工艺

铝合金龙骨常与活动板面配合使用。

工艺流程：测量放线→安装吊筋→安装主龙骨→安装边龙骨→安装副龙骨→安装面板。

测量放线、吊筋安装、主龙骨安装可参照轻钢龙骨吊顶施工工艺流程。

(一)边龙骨安装

边龙骨的安装应按设计要求进行弹线，沿墙(柱)上的水平龙骨线把 L 形边龙骨用自攻螺丝固定在预埋木砖上；如为混凝土墙(柱)上可用射钉进行固定，射钉间距不大于吊顶次龙骨的间距。

(二)副龙骨安装

次龙骨应紧贴主龙骨安装。次龙骨间距 300～600 mm。次龙骨一般为 T 形龙骨，用 T 形连接铁皮把次龙骨固定在主龙骨上时，次龙骨的两端应搭在 L 形边龙骨的水平翼缘上，条形扣板有专用的阴角线做边龙骨。

(三)面板安装

面板选用认可的规格形式,一般为铝板、矿棉板等。采用明装龙骨时,面板直接搭在 T 形龙骨上即可;采用暗装龙骨时,安装应从边上开始,顺搭口缝方向逐块进行,将板一端斜向卡入龙骨上,另一端放置于相邻龙骨上即可。安装时用力要轻,避免硬撬而造成接口处裂缝。

第五节 饰面工程

一、贴面类内墙外墙装饰施工工艺流程

(一)石材面板湿贴工艺流程

工艺流程:基层处理→钻孔、剔槽→穿铜丝或镀锌铅丝→绑扎钢筋网→弹线→石材表面处理→安装石材→灌浆→擦缝。

1. 基层处理。

(1)混凝土墙面。

将混凝土墙面凿毛,用水润湿,刷一层 108 胶、水泥浆或其他界面剂,再用 1∶3 水泥砂浆打底(即刮糙),木抹子搓平、划毛。具体做法与混凝土墙面的抹灰底层、中层做法相同。

(2)砖墙面。

先将砖墙面清扫干净,用水湿透后,用 1∶3 水泥砂浆打底,抹子搓平划毛,隔天浇水养护。具体做法与砖墙抹灰的底层、中层做法相同。

(3)木条板墙面。

在木条板墙面上,可用钢丝将钢丝网片与之绑扎牢固,然后用 1∶3 水泥砂浆打底,木抹子搓平、划毛,隔天浇水养护。

2. 钻孔、剔槽。

安装前先将饰面板按照设计要求用台钻打眼,事先应钉木架使钻头直对板材上端面,在每块板的上、下两个面打眼,孔位打在距板宽的两端 1/4 处,每个面各打两个眼,孔径为 5 mm,深度为 12 mm,孔位距石板背面以 8 mm 为宜(指钻孔中心)。如板材宽度较大时,可以增加孔数。钻孔后用金钢錾子把石板背面的孔壁轻轻剔一道槽,深 5 mm 左右,连同孔眼形成象鼻眼,以备埋卧铜丝之用。若饰面板规格较大,特别是预制水磨石和磨光花岗石板,如下端不好拴绑镀锌铅丝或铜丝时,亦可在未镶贴饰面板的一侧,采用手提轻便小薄砂轮(4~5 mm),按规定在板高的 1/4 处上、下各开一槽(槽长 3~4 mm,槽深约 12 mm 与饰面板背面打通,竖槽一般居中,亦可偏外,但以不损坏外饰面和不反碱为宜),可将镀锌铅丝或铜丝卧入槽内,便可拴绑与钢筋网固定。此法亦可直接在镶贴现场做。

3. 穿铜丝或镀锌铅丝。

把备好的铜丝或镀锌铅丝剪成长 20 cm 左右,一端用木楔粘环氧树脂将铜丝或镀锌铅丝进孔内固定牢固,另一端将铜丝或镀锌铅丝顺孔槽弯曲并卧入槽内,使石板上、下端面没有铜丝或镀锌铅丝突出,以便和相邻石板接缝严密。

4. 绑扎钢筋网。

首先剔出墙上的预埋筋，把墙面镶贴石材的部位清扫干净。先绑扎一道竖向 Φ6 钢筋，并把绑好的竖筋用预埋筋弯压于墙面。横向钢筋为绑扎石材板材所用，如板材高度为 600 mm 时，第一道横筋在地面以上 100 mm 处与主筋绑牢，用作绑扎第一层板材的下口固定铜丝或镀锌铅丝。第二道横筋绑在 500 mm 水平线上 70～80 mm，比石板上口低 20～30 mm 处，用于绑扎第一层石板上口固定铜丝或镀锌铅丝，再往上每 600 mm 绑一道横筋即可。

5. 弹线。

首先将石材的墙面、柱面和门窗套用大线坠从上至下找出垂直(高层应用经纬仪找垂直)。应考虑板材厚度、灌注砂浆的空隙和钢筋网所占尺寸，一般石材外皮距结构面的厚度应以 50～70 mm 为宜。找出垂直后，在地面上顺墙弹出石材外廓尺寸线(柱面和门窗套等同)。此线即为第一层石材的安装基准线。编好号的石材在弹好的基准线上画出就位线，每块留 1 mm 缝隙(如设计要求拉开缝，则按设计规定留出缝隙)。

6. 石材表面处理。

石材表面充分干燥(含水率应小于 8%)后，用石材防护剂进行石材六面体防护处理。

7. 安装石材。

按部位取石板并舒直铜丝或镀锌铅丝，将石板就位，石板上口外仰，右手伸入石板背面，把石板下口铜丝或镀锌铅丝绑扎在横筋上。绑时不要太紧可留余量，只要把铜丝或镀锌铅丝和横筋拴牢即可(灌浆后即会锚固)，把石板竖起，便可绑石材上口铜丝或镀锌铅丝，并用木楔子垫稳，块材与基层间的缝隙(即灌浆厚度)一般为 30～50 mm。用靠尺板检查调整木楔，再拴紧铜丝或镀锌铅丝，依次向另一方进行。柱面可按顺时针方向安装，一般先从正面开始。第一层安装完毕再用靠尺板找垂直，水平尺找平整，方尺找阴阳角方正，在安装石板时如发现石板规格不准确或石板之间的空隙不符，应用铅皮垫牢，使石板之间缝隙均匀一致，并保持第一层石板上口的平直。找完垂直、平整、方正后，用碗调制熟石膏，把调成粥状的石膏贴在石板上下之间，使这二层石板结成一个整体，木楔处亦可粘贴石膏，再用靠尺板检查有无变形，等石膏硬化后方可灌浆(如设计有嵌缝塑料软管者，应在灌浆前塞放好)。

8. 灌浆。

把配合比为 1∶2.5 水泥砂浆放入半截大桶加水调成粥状(稠度一般为 80～120 mm)，用铁簸箕舀浆徐徐倒入，注意不要碰石材，边灌边用橡皮锤轻轻敲击石板面使灌入砂浆排气。第一层浇灌高度为 150 mm，不能超过石板高度的 1/3；第一层灌浆很重要，因要锚固石板的下口铜丝又要固定石板，所以要轻轻操作，防止碰撞和猛灌。如发生石板外移错动，应立即拆除重新安装。

第一次灌入 150 mm 后停 1～2 h，等砂浆初凝，此时应检查是否有移动，再进行第二层灌浆，灌浆高度一般为 200～300 mm，待初凝后再继续灌浆。第三层灌浆至低于板上口 50～100 mm 处为止。

9. 擦缝。

全部石板安装完毕后，清除所有石膏和余浆痕迹，用麻布擦洗干净，并按石板颜色调制色浆嵌缝，边嵌边擦干净，使缝隙密实、均匀、干净、颜色一致。

(二)饰面砖贴面工艺流程

1. 外墙面砖。

工艺流程：基层处理→抹底、中层灰并找平→选砖→预排→分格弹线→铺贴→勾缝。

(1)在处理过的墙面上,根据墙面尺寸和面砖尺寸及设计对接缝宽度的要求,弹出分格线,并在转角处挂垂直通线。

(2)外墙面砖施工应由上往下分段进行,每段自下而上镶贴。镶贴宜用水泥砂浆,厚度为 5～6 mm,为改善砂浆的和易性,可掺入少量石灰膏;也可采用胶黏剂或聚合物水泥浆镶贴,聚合物水泥浆配合比由试验确定。

(3)外墙面砖镶贴前应将砖的背面清理干净,并浸水 2 h 以上,待表面晾干后方可使用。当贴完一排后,将分格条(其宽度为水平接缝的宽度)贴在已镶贴好的外墙面砖上口,作为第二排镶贴的基准,然后依次向上镶贴。

(4)在同一墙面上的横竖排列不宜有一行以上的非整砖,非整砖应排在次要部位或阴角处。阳角可磨成 45°夹角拼接或两面砖相交处理,如图 6.5 所示。不宜用侧边搭接方法铺贴。

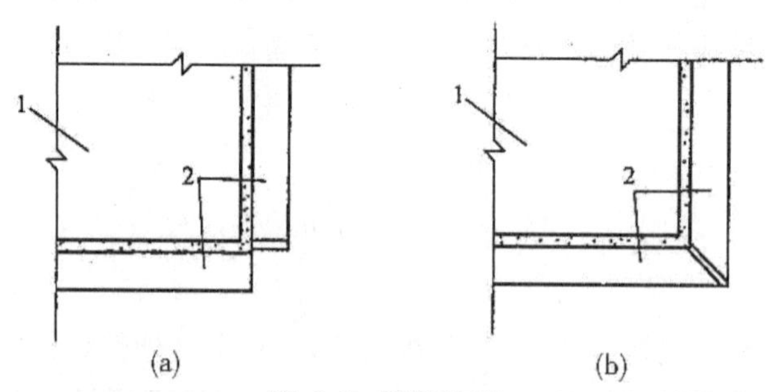

图 6.5 阳角处理

1—墙体;2—外墙面砖钢板

(5)外墙面砖镶贴完后,应用 1∶1 水泥砂浆勾缝,先勾横缝,后勾竖缝,缝深宜凹进面砖 2～3 mm,完成后即用布或纱头擦净面砖。必要时可用稀盐酸擦洗,并随即用清水冲洗干净。

2. 釉面砖。

工艺流程:基层处理→抹底层砂浆→分格弹线→选面砖→预排砖→浸砖→做标志块→垫托木→面砖铺贴→勾缝→养护及清理。

(1)基层处理:将残存在基层的砂浆粉渣、灰尘、油污等清理干净,并提前浇水湿润基础。对基体混凝土表面很光滑的要凿毛,或用可掺界面胶剂的水泥细砂浆做小拉毛墙,也可刷界面剂,并浇水湿润。

(2)抹底层砂浆:用 10 mm 厚 1∶3 水泥砂浆打底,应分层分遍抹砂浆,随抹随刮平抹实,用木抹子搓毛。

(3)排砖及弹线:待底层灰六七成干时,按图纸要求、面砖规格及结合实际条件进行排砖、弹线。选砖时,应挑选颜色、规格一致的砖。用 1∶3 水泥砂浆将边角瓷砖贴在墙面上做标准点,以控制贴瓷砖的平整度。

(4)镶贴前应将砖的背面清理干净,并浸水 2 h 以上,待表面晾干后方可使用。当贴完一排后,将分格条(其宽度为水平接缝的宽度)贴在已镶贴好的外墙面砖上口,作为第二排镶贴的基准,然后依次向上镶贴。

(5)垫底尺:计算准确最下一皮砖下口标高,底尺上皮一般比地面低 10 mm 左右,以此为依据放好底尺。

(6)贴面砖:粘贴应自下而上进行。抹 8 mm 厚 1∶0.1∶2.5 水泥石灰膏砂浆结合层,要抹平,随抹随贴,自下而上进行。要求砂浆饱满。

(7)贴完经自检无空鼓、不平、不直后,用面纱擦干净,用勾缝胶、白水泥或拍干白水泥擦缝,用布将缝的素浆擦匀,砖面擦净。

3. 陶瓷锦砖。

工艺流程:基层处理→找规矩、贴灰饼→抹底子灰→分格弹线→贴陶瓷锦砖→揭纸、调缝→擦缝。

(1)基层清理。

首先将凸出墙面的混凝土剔平,对大钢模施工的混凝土墙面应凿毛,并用钢丝刷满刷一遍,再浇水湿润。如果基层混凝土很光滑,亦可采用“毛化处理”的办法,即先将表面尘土、污垢清理干净,用10%火碱水将墙面的油污刷掉,随之用净水将碱液冲净、晾干。然后用 1∶2 水泥细砂浆内掺水重20%的 107 胶,喷或用笤帚将砂浆甩到墙上,其甩点要均匀,终凝后浇水养护,直至水泥砂浆疙瘩全部粘到混凝土光面上,并具有较高的强度,用手掰不动为止。

(2)吊垂直、套方、找规矩、贴灰饼。

根据墙面结构平整度找出贴陶瓷锦砖的规矩,如果是高层建筑物在外墙面全部贴陶瓷锦砖时,应在四周大角和门窗口边用经纬仪打垂直线找直;如果是多层建筑时,可从顶层开始用特制的大线坠绷铁丝吊垂直,然后根据陶瓷锦砖的规格、尺寸分层设点、做灰饼。横线则以楼层为水平基线交圈控制,竖线则以四周大角和层间贯通柱、垛子为基线控制。每层打底时则以此灰饼作为基准点进行冲筋,使其底层灰做到横平竖直、方正。同时要注意找好突出檐口、腰线、窗台、雨篷等饰面的流水坡度和滴水线(槽)。其深宽不小于 10 mm,并整齐一致,而且必须是整砖。

(3)抹底子灰。

底子灰一般分两次操作,先刷一道掺水重 15%的 107 胶水泥素浆,紧跟着抹头遍水泥砂浆,其配合比为 1∶2.5 或 1∶3,并掺 20%水泥重的 107 胶,薄薄地抹一层,用抹子压实。第二次用相同配合比的砂浆按冲筋抹平,用短杠刮平,低凹处事先填平补齐,最后用木抹子搓出麻面。底子灰抹完后,隔天浇水养护。

(4)弹控制线。

贴陶瓷锦砖前应放出施工大样,根据具体高度弹出若干条水平控制线,在弹水平线时,应计算将贴陶瓷锦砖的块数,使两线之间保持整砖数。如分格需按总高度均分,可根据设计与陶瓷锦砖的品种、规格定出缝子宽度,再加工分格条。但要注意,同一墙面不得有一排以上的非整砖,并应将其镶贴在较隐蔽的部位。

(5)贴陶瓷锦砖。

镶贴应自上而下进行。高层建筑采取措施后,可分段进行。在每一分段或分块内的陶瓷锦砖,均为自下向上镶贴。贴陶瓷锦砖时底灰要浇水润湿,并在弹好水平线的下口上支上一根垫尺,一般三人为一组进行操作。一人浇水润湿墙面,先刷上一道素水泥浆(内掺水重 10%的 107 胶);再抹 2~3 mm 厚的混合灰黏结层,其配合比为纸筋∶石灰膏∶水泥=1∶1∶2(先把纸筋与石灰膏搅匀过 3 mm 筛子,再和水泥搅匀)。

亦可采用 1∶0.3 水泥纸筋灰,用靠尺板刮平,再用抹子抹平;另一人将陶瓷锦砖铺在木托板上(麻面朝上),缝子里灌上 1∶1 水泥细砂子灰,用软毛刷子刷净麻面,再抹上薄薄一层灰浆。然后一张一张递给另一人,将四边灰刮掉,两手执住陶瓷锦砖上面,在已支好的垫尺由下往上贴,缝对齐,要注意按弹好的横竖线贴。如分格贴完一组,将米厘条放在上口线继续贴第二组。镶贴的高度应根据当时的气温条件而定。

(6)揭纸、调缝。

贴完陶瓷锦砖的墙面,要一手拿拍板,靠在贴好的墙面上,一手拿锤子对拍板满敲一遍(敲实、敲平),然后将陶瓷锦砖上的纸用刷子刷上水,等 20~30 min 便可开始揭纸。揭开纸后检查缝子大小是否均匀,如出现歪斜、不正的缝子,应顺序拨正贴实,先横后竖,拨正拨直为止。

(7)擦缝。

粘贴后 48 h,先用抹子把近似陶瓷锦砖颜色的擦缝水泥浆摊放在需擦缝的陶瓷锦砖上,然后用刮板将水泥浆往缝子里刮满、刮实、刮严,再用麻丝和擦布将表面擦净。遗留在缝子里的浮砂可用潮湿干净的软毛刷轻轻带出,如需清洗饰面时,应待勾缝材料硬化后方可进行。起出米厘条的缝子要用

1∶1水泥砂浆勾严勾平，再用擦布擦净。

二、涂料类装修施工工艺流程

(一)外墙涂饰工程

工艺流程：基层处理→修补墙面→填补泥子→打磨→贴玻纤布→满刮泥子及打磨→刷底漆→刷第一遍面漆→刷第二遍面漆。

1. 基层处理。

清除墙面污物、浮土，基层要求整体平整、清洁、坚实、无起壳。混凝土及抹灰面层的含水率应在10%以下，pH 值不得大于 10。

2. 修补墙面。

将墙面漆皮及松动处清除干净，并用水泥砂浆补抹。基层缺棱掉角、孔洞、坑洼、缝隙等缺陷用1∶3 水泥砂浆修补、找平，干燥后用砂纸将突出处磨掉，将浮尘扫净。

3. 填补泥子。

将墙体不平整、光滑处用泥子找平。泥子应具备较好的强度、黏结性、耐水性和持久性，在进行填补泥子施工时，宜薄不宜厚，以批刮平整为主。第二层泥子应等第一层泥子干燥后再进行施工。

4. 打磨。

打磨必须在基层或泥子干燥后进行，防止黏附砂纸影响操作。手工打磨应将砂纸包在打磨垫块上，往复用力推动垫块进行打磨，不得只用一两个手指直接压着砂纸打磨，以免影响到打磨的平整度。机械打磨采用电动打磨机，将砂纸夹于打磨机上，在基层上来回推动进行打磨，不宜用力按压以免电机过载受损。打磨后，立即清除表面灰尘，以利于下一道工序的施工。

5. 贴玻纤布。

采用网眼密度均匀的玻纤布进行铺贴；铺贴时自上而下用 108 胶水边贴边用刮子赶平，同时均匀地刮透；出现玻纤布的接搓时，应搓缝搭接 20～30 mm，待铺平后用刀进行裁切，裁切时必须裁齐，并让玻纤布并拢，以使附着力增强。

6. 满刮泥子及打磨。

采用聚合物泥子满刮，以修平贴玻纤布引起的不平整现象，防止表面的毛细裂缝。干燥后用 0 号砂纸磨平，做到表面平整、粗糙程度一致、纹理质感均匀。

7. 刷底漆、面漆。

(1)涂刷施工：施工前先将刷毛用水或稀释剂浸湿、甩干，然后再蘸取涂料。刷毛蘸入涂料不要过深，蘸料后在匀料板或容器边口刮去刷毛上多余的涂料，然后在基层上依顺序刷开。涂刷时刷子与被涂面的角度为 50°～70°，修饰时角度则减少到 30°～45°。涂刷时动作要迅速、流畅，每个涂刷段不要过宽，以保证相互衔接时涂料湿润，不显接头痕迹。在涂刷门窗、墙角等部位时，应先用小刷子将不易涂刷的部位涂刷一道，然后再进行大面积的涂刷。刷涂施工时，要求前一度涂层表干后方可进行后一度的涂刷，前后两层的涂刷时间间隔不得小于 2～4 h。

(2)滚涂施工：施工前先用水或稀释剂将滚筒刷湿润，在干净的纸板上滚去多余的液体再蘸取涂料，蘸料时只需将滚筒的一半浸入料中，然后在匀料板上来回滚动使涂料充分、均匀地附着于滚筒上。滚涂时沿水平方向，按“W”形方式将涂料滚在基层上，然后再横向滚匀，每一次滚涂的宽度不得大于滚筒的 4 倍，同时要求在滚涂的过程中重叠滚筒的 1/3，避免在交合处形成刷痕，滚涂过程中要求要用力均匀、平稳，开始时稍轻，然后逐步加重。

(3)喷涂施工：墙面在喷涂施工中，涂料稠度、空气压力、喷射距离、喷枪运行中的角度和速度等方面均有一定的要求。涂料稠度必须始终一致，太稠，不便施工；太稀，影响涂层厚度，且容易流淌。空气压力在 0.4～0.8N/mm^2 之间选择确定，压力选得过低或过高，涂层质感差，涂料损耗多。喷射距离一般为 400～600 mm，喷嘴距离过远，则涂料损耗多。喷枪运行中喷嘴中心线必须与墙面垂直，喷枪应与被涂墙面平行移动，运行速度要保持一致，运行过快，涂层较薄，色泽不均；运行过慢，涂料黏附太多，容易流淌。喷涂施工，应连续作业，一气呵成，争取到分格缝处理再停歇。

(4)弹涂施工：弹涂施工的全过程都必须根据事先所设计的样板上的色泽和涂层表面形状的要求进行。在基层表面先刷 1～2 遍涂料，作为底色涂层。待底色涂层干燥后，才能进行弹涂。门窗等不必进行弹涂的部位应予以遮挡。弹涂时，手提弹涂机，先调整和控制好浆门、浆量和弹棒，然后开动电机，使机口垂直对正墙面，保持适当距离(一般为 300～500 mm)，按一定手势和速度，自上而下，自右(左)至左(右)，循序渐进，要注意弹涂密度均匀适当，上下左右接头不明显。对于花型彩弹，在弹涂以后，应有一人进行批刮压花，弹涂到批刮压花之间的间歇时间，视施工现场的温度、湿度及花型等不同而定。压花操作要用力均匀，运动速度要适当，方向竖直不偏斜，刮板和墙面的角度宜在15°～30°之间，要单方向批刮，不能往复操作，每批刮一次，刮板须用棉纱擦抹，不得间隔，以防花纹模糊。

大面积弹涂后，如出现局部弹点不匀或压花不合要求而影响装饰效果时，应进行修补，修补方法有补弹和笔绘两种，修补所用的涂料，应该用与刷底或弹涂同一颜色的涂料。

(二)乳胶漆施工

工艺流程：清理墙面→修补墙面→填补泥子→刷底漆→刷一至三遍面漆。

1.清理墙面：室内有关抹灰工种的工作已全部完成，基层应平整、清洁、表面无灰尘、无浮浆、无油迹、无锈斑、无霉点、无浮砂、无起壳、无盐类析出物、无青苔等杂物。基层应干燥，混凝土及抹灰面层的含水率应在 10%以下，基层的 pH 值不得大于 10。

2.刮泥子：刮泥子遍数可由墙面平整程度决定，通常为三遍，泥子重量配比为乳胶：双飞粉：2%羧甲基纤维素：复粉＝1：5：3.5：0.8。厨房、厕所、浴室用聚醋酸乙烯乳液：水泥：水＝1：5：1(耐水性泥子)。第一遍用胶皮刮板横向满刮，干燥后用砂纸打磨，将浮泥子及斑迹磨光，然后将墙面清扫干净。第二遍用胶皮刮板竖向满刮，所用材料及方法同第一遍泥子，干燥后用砂纸磨平并清扫干净。第三遍用胶皮刮板找补泥子或用钢片刮板满刮泥子，将墙面刮平刮光，干燥后用细砂纸磨平磨光，不得遗漏或将泥子磨穿。如采用成品泥子粉，只需加入清水(每公斤泥子粉添加 0.4～0.5 kg 水)搅拌均匀后即可使用，拌好的泥子应呈均匀膏状，无粉团。为提高石膏板的耐水性能，可先在石膏板上涂刷专用界面剂、防水涂料，再批刮泥子。批刮的泥子层不宜过厚，且必须待第一遍干透后方可批刮第二遍。底层泥子未干透不得做面层。

3.刷底漆：涂刷顺序是先刷天花后刷墙面，墙面是先上后下。将基层表面清扫干净。乳胶漆用排笔(或滚筒)涂刷，使用新排笔时，应将排笔上不牢固的毛清理掉。底漆使用前应加水搅拌均匀，待干燥后复补泥子，泥子干燥后再用砂纸磨光，并清扫干净。

4.刷一至三遍面漆：操作要求同底漆，使用前充分搅拌均匀。刷二至三遍面漆时，需待前一遍漆膜干燥后，用细砂纸打磨光滑并清扫干净后再刷下一遍。由于乳胶漆膜干燥较快，涂刷时应连续迅速操作，上下顺刷互相衔接，避免出现干燥后出现接头。

(三)美术漆工程

工艺流程：清理基层→刮泥子→砂纸打磨→刷封闭底漆→涂装质感涂料→画线。

1. 清理墙面。

室内有关抹灰工种的工作已全部完成，基层应平整、清洁、表面无灰尘、无浮浆、无油迹、无锈斑、无霉点、无浮砂、无起壳、无盐类析出物、无青苔等杂物。基层应干燥，混凝土及抹灰面层的含水率应在10%以下，基层的pH值不得大于10。

2. 刮泥子。

刮泥子遍数可由墙面平整程度决定，通常为三遍，泥子重量配比为乳胶：双飞粉：2%羧甲基纤维素：复粉=1：5：3.5：0.8。厨房、厕所、浴室用聚醋酸乙烯乳液：水泥：水=1：5：1(耐水性泥子)。第一遍用胶皮刮板横向满刮，干燥后用砂纸打磨，将浮泥子及斑迹磨光，然后将墙面清扫干净。第二遍用胶皮刮板竖向满刮，所用材料及方法同第一遍泥子，干燥后用砂纸磨平并清扫干净。第三遍用胶皮刮板找补泥子或用钢片刮板满刮泥子，将墙面刮平刮光，干燥后用细砂纸磨平磨光，不得遗漏或将泥子磨穿。如采用成品泥子粉，只需加入清水(每公斤泥子粉添加0.4～0.5 kg水)搅拌均匀后即可使用，拌好的泥子应呈均匀膏状，无粉团。在石膏板上施涂美术漆，为提高石膏板的耐水性能，可先在石膏板上涂刷专用界面剂、防水涂料，再批刮泥子。批刮的泥子层不宜过厚，且必须待第一遍干透后方可批刮第二遍。冬季施工时，应注意防冻，底层泥子未干透不得做面层。

3. 刷封闭底漆。

基层泥子干透后，涂刷一遍封闭底漆。涂刷顺序是先天花后墙面，墙面是先上后下。将基层表面清扫干净。使用排笔(或滚筒)涂刷，施工工具应保持清洁，使用新排笔时，应将排笔上不牢固的毛清理掉，确保封闭底漆不受污染。

4. 涂装质感涂料。

待封闭底漆干燥后，即可涂装质感涂料。一般采用刮涂或喷涂等施工方法。刮涂(抹涂)施工是用铁抹子将涂料均匀刮涂到墙上，并根据设计图纸的要求，刮出各种造型，或用特殊的施工工具制作出不同的艺术效果。喷涂施工是用喷枪将涂料按设计要求喷涂于基层上，喷涂施工时应注意控制涂料的黏度、喷枪的气压、喷口的大小、喷射距离以及喷射角度等。

(四)内、外墙氟碳漆工程

工艺流程：基层处理→铺挂玻纤网→分格缝切割及批刮泥子→封闭底涂施工→中涂施工→面涂施工→分格缝描涂。

1. 基层处理。

用2 m靠尺仔细检查墙面的平整度，将明显凹凸部位用彩笔标出。孔洞或明显的凹陷用水泥砂浆进行修补，不明显的用粗找平泥子点补。用砂轮机将明显的凸出部分和修补后的部位打磨至符合要求≤2 mm。用毛刷、铲刀等清除墙面黏附物及浮尘。如果基面过于干燥，先洒水润湿，要求墙面见湿无明水、无浮尘、无其他黏附物，可进入下道工序。

2. 铺挂玻纤网。

满批粗找平泥子一道，厚度1 mm左右，然后平铺玻纤网，用铁抹子压实，使玻纤网和基层紧密连接，再在上面满批粗找平泥子一道。铺挂玻纤网后，干燥12 h以上，可进入下道工序。

3. 分格缝切割及批刮泥子。

根据图纸要求弹出分格缝位置，用切割机沿定位线切割分格缝，一般宽度为20 mm、深度为15 mm，再用锤、凿等工具，将缝蕊挖出，将缝的两边修平。

粗找平泥子施工：第一遍满批刮，用刮尺对每一块由下至上刮平，稍待干燥后，一般3～4 h(晴天),仔细砂磨,除去刮痕印。第二遍满批,用刮尺对每一块由左至右刮平,以上打磨使用 80 号砂纸或砂轮片施工。第三遍满批,用批刀收平,稍待干燥后,一般 3～4 h(晴天)。用 120 号以上砂纸仔细砂磨,除去批刀印和接痕。每遍泥子施工完成后,洒水养护 4 次,每次养护间隔 4 h。

4. 分格缝填充。

填充前,先用水润湿缝蕊。将配好的浆料填入缝蕊后,干燥约 5 min,用直径25 mm(或稍大)的圆管在填缝料表面拖出圆弧状的造型。

5. 细找平泥子施工。

泥子满批后,用批刀收平,稍待干燥后,一般 3～4 h,用 280 号以上砂纸仔细砂磨,除去批刀印和接痕。细泥子施工完成后,干燥发白时即可砂磨,洒水养护,两次养护间隔 4 h,养护次数不少于 4 次。

6. 满批抛光泥子。

满批后,用批刀收平。干燥后,用 300 号以上砂纸砂磨;砂磨后用抹布除尘。

7. 封闭底涂施工。

采用喷涂。泥子层表面形成可见涂膜,无漏喷现象。施工完成后,至少干燥 24 h,方可进入下道工序。

8. 中涂施工。

喷涂二遍。第一遍喷涂(薄涂),一度(十字交叉)。充分干燥后进行第二遍喷涂(厚涂),二度(十字交叉)。干燥 12 h 以后,用 600 号以上的砂纸砂磨,砂磨必须认真彻底,但不可磨穿中涂。砂磨后,必须用抹布除尘。

9. 面涂施工。

进行二遍喷涂(薄涂),一度(十字交叉)。第一遍充分干燥后进行第二遍。施工完毕并干燥 24 h 后,可进入下道工序。

10. 分格缝描涂。

用美纹纸胶带沿缝两边贴好保护,然后刷涂两遍分格缝涂料,待第一遍涂料干燥后方可涂刷第二遍。待干燥后,撕去美纹纸。

(五)木材表面油漆施工工艺

工艺流程:表面清理→批泥子→表面磨光→油漆施涂→面层处理。

1. 表面清理。

木制表面应进行去污、去脂处理,对于浅色或本色透明高级油漆涂饰,还应用漂白方法去除木制表面色斑或不均匀色泽。

2. 批泥子。

选配泥子,应同面漆、底漆配套使用:

(1)水性泥子:主要用于水与体质颜料调配而成,用于粗纹孔表面,应调得稠些呈糊状;用于细纹孔表面,应调得稀薄些。加入着色颜料后,即可在批泥子同时,对木制表面进行着色。

(2)油性泥子:视其黏度,可分为油粉子及油泥子。油粉子黏度稀薄,掺入着色颜料,可用手工涂刷或滚涂机滚涂。油泥子较稠厚,多用手工刮涂。

3. 表面磨光。

用木砂纸进行表面磨光。手工打磨时,可用 120 号砂纸,较硬木制品可用 80 号砂纸。打磨时应保证凹凸线脚部位不变形。磨平工作,是贯穿于涂层施工全过程的一道工序。

4. 油漆涂饰。

木制表面油漆分混色油漆和清漆两种。

(1)调和漆面施工程序:刷清油→嵌泥子→刷铅油→刷调和漆。

①刷清油:清油配合比以 1∶25(熟桐油∶松香水)为好,要求刷得薄而均匀。

②嵌批泥子清油干后即可进行批嵌泥子,门窗上下冒头、所有洞眼、裂缝泥子干后,应用 80 号砂纸打磨。

③刷铅油:要顺木纹刷,线脚处不要刷得过厚。铅油干后(需 24 h),用 100 号细砂纸轻轻打磨。

④刷调和漆:调和漆黏度较大,注意刷毛长短的选择。涂饰时要多刷多理,还要注意环境卫生,防止沾污油漆面。

(2)清漆面程序:刷清油→批泥子→打磨→刷清漆。

①刷清油:清油中加适量颜料,以调整木料色泽。

②批泥子:泥子中加色,应与清油颜色一致,泥子干后应打磨。

③刷油色:刷油色时,每一个刷面要一次刷好,要求刷油面厚度均匀一致。

④磨平:油色干后用旧砂纸打磨。

⑤刷清漆:头遍清漆适当加稀(清漆中加 20%～30%松香水),干透后(不少于 3d),用水砂纸(或细木砂纸)打磨,然后刷两遍清漆。

(3)硝基清面(蜡光面)施工程序:润粉→嵌泥子→刷漆片→理漆片→刷理蜡光→打蜡。

①润粉:润粉前应先刷一度漆片,以保持色泽均匀,然后用棉纱团蘸油粉来回多次揩擦,可逐面分段进行,较大面要求一次做成,以保证颜色一致。

②水粉:操作同油粉,要求操作仔细,对细小部位要随涂随擦,大面积处要涂快、均匀。

③嵌泥子:泥子颜色要与油粉色相同,干后用 100 号砂纸磨净。

④刷漆片:干漆片采用 5∶1(酒精∶干漆片)溶解,24 h 后使用。施涂时,将溶解后漆片稀释到适当稠度方可涂刷,要求刷漆片动作快,沾到旁边漆片随时揩掉。

⑤两遍漆片干后,用大白粉、漆片调成的泥子找缝,干后打磨。然后现刷下两道漆片。

⑥理漆片:用白布包棉花蘸漆片,顺木纹方向揩擦,大面积处应打圈揩擦。理平用的漆片应逐步调稀(也可加色),至大部分为酒精的程度。要求理出的漆面光滑平整。

⑦刷理蜡克:将蜡克用香蕉水稀释,用排笔涂刷。一般刷 4～5 遍,第一遍可较稠些,以后遍数可用 2～3 倍香蕉水兑稀后涂刷。每遍向用旧砂纸轻磨。要求漆膜丰满,表面平整光滑。

⑧打蜡:先上砂蜡,用纱布蘸蜡在物面反复涂擦,然后用软布擦蜡,上光蜡要求上得薄而均匀,闪闪发光为止。

三、墙面罩面板装饰施工工艺流程

(一)木饰面板工艺流程

工艺流程:放线→铺设木龙骨→木龙骨刷防火涂料→安装防火夹板→安装面层板。

1. 放线:根据图纸和现场实际测量的尺寸,确定基层木龙骨分格尺寸,将施工面积按 300～400 mm 均匀分格木龙骨的中心位置,然后用墨斗弹线,完成后进行复查,检查无误开始安装龙骨。

2. 铺设木龙骨:用木方采用半榫扣方,做成网片安装在墙面上,安装时先在龙骨交叉中心线位置打直径 14～16 mm 的孔,将直径 14～16 mm,长 50 mm 的木楔植入,将木龙骨网片用 3 寸钉固定在墙面上,再用靠尺和线坠检查平整和垂直度,并进行调整,达到质量要求。

3. 木龙骨刷防火涂料:铺设木龙骨后将防火涂料涂刷在基层木龙骨可视面上。

4.安装防火夹板：用自攻螺钉固定，防火夹板安装后用靠尺检查平整度，如果不平整应及时修复直到合格为止。

5.安装面层板：面层板用专用胶水粘贴后用靠尺检查平整度，如果不平整应及时修复到合格为止。

(二)细木工程工艺流程

1.木家具施工(成品家具现场安装)。

工艺流程：测量放线→绘制加工图及工厂加工→安装预埋件→安装木家具。

(1)根据放线结果绘木家具的加工图，在墙体洞口内的木家具，其宽度及高度尺寸应比门窗洞口小10～20 mm，以防止安装时的误差。加工图绘制完成并经审核后，即可交由工厂生产制作。

(2)安装预埋件：根据设计图纸要求在墙体与木家具连接处埋入木砖或金属连接件。

(3)安装木家具：将工厂加工好的木家具按设计要求拼装并固定于墙体预埋件上，固定应牢固。最后安装收口线将木家具与结构间的间隙隐蔽起来。

2.木墙裙施工。

工艺流程：弹线→打孔及埋木塞→龙骨制安→装订基层板→镶贴饰面板→安装踢脚线。

(1)打孔及埋木塞：在龙骨间距线上打孔，孔间距不宜超过400 mm，打孔后，敲入木塞，要求牢固，无松动。如采用轻钢龙骨骨架系统则不需打孔及填木塞。

(2)龙骨制安。

①木龙骨制安：根据墙裙高度做成龙骨架，整片或分片安装。一般横龙骨间距为300 mm，竖龙骨间距为400 mm。龙骨必须与每一个木塞固定牢固。龙骨应做防火、防腐处理。当龙骨钉完，要检查表面平整、立面垂直和阴、阳角方正。

②轻钢龙骨制安：采用50型轻钢龙骨根据墙裙高度裁切，并用配套连墙件及膨胀螺栓将竖龙骨固定于墙面，再将横龙骨固定于竖龙骨上，一般横龙骨间距为300 mm，竖龙骨间距为400 mm，龙骨安装须垂直、平整。

(3)装钉基层板：根据龙骨的分布情况，在基层板上弹线、锯裁，将基层板装钉在龙骨上，要求板与板之间的接缝必须在龙骨上，钉帽及螺钉不高于基层板面，基层板面必须垂直平整。

(4)镶贴饰面板：饰面板上涂刷清漆时，在同一房间应挑选颜色、木纹一致的饰面板。镶贴饰面板时，应在基层板面和饰面板的背面均匀涂刷胶黏剂，饰面板纵向接头，最好在视线忽略部位。采用挂贴饰面板时，饰面板背面及基层板上应按设计要求安装挂接构件，挂接应牢固、平整。镶贴饰面板应自下而上，接缝严密，饰面板接缝与基层板接缝不能重叠，饰面板接缝处应根据设计要求做装饰处理。

(5)安装踢脚线：饰面板安装完毕后，在木墙裙底部安装踢脚线，踢脚线应固定于墙板上，踢脚线的型号、规格应符合设计要求，木墙裙安装完毕后，应立即进行饰面处理，涂刷清油一遍，以防止其他工种污染板面。采用工厂加工的成品饰面板，在安装后应做表面覆盖保护工作。

3.窗帘盒施工。

窗帘盒分为明窗帘盒和暗窗帘盒，明窗帘盒是窗帘杆或轨道外露出来，一般安装于吊顶下部。暗窗帘盒是看不到窗帘杆的，一般安装于吊顶内部隐藏起来。

(1)明窗帘盒工艺流程：下料→制作卯榫→装配→修正砂光。

①下料：按图纸要求截下的木料要长于要求规格30～50 mm，厚度、宽度要分别大于3～5 mm。

②制作卯榫：最佳结构方式是采用45°全暗燕尾卯榫，也可采用45°斜角钉胶结合，上盖面可加工后直接涂胶钉入下框体。

③装配：用直角尺测准暗角度后把结构固定牢固，注意格角处不得露缝。

④修正砂光：结构固化后可修正砂光。用 0 号砂纸打磨掉毛刺、棱角、立槎，注意不可逆木纹方向砂光。要顺木纹方向砂光。

(2)暗窗帘盒工艺流程：定位→固定铁脚→固定窗帘盒。

暗装形式的窗帘盒，主要特点是与吊顶部分结合在一起，常见的有内藏式和外接式。

①内藏式窗帘盒主要形式是在窗顶部位的吊顶处，做出一条凹槽，凹槽一般采用大芯板制作，完成后在槽内装好窗帘轨。作为含在吊顶内的窗帘盒，与吊顶施工一起做好。

②外接式窗帘盒是在吊顶平面上，做出一条贯通墙面长度的遮挡板，在遮挡板内吊顶平面上装好窗帘轨。遮挡板一般采用大芯板制作，也可采用木构架双包镶，并把底边做封板边处理。遮挡板与顶棚交接线应用角线压住。遮挡板的固定法可采用射钉固定，也可采用预埋木楔、圆钉固定，或膨胀螺栓固定。

(3)窗帘轨安装。

窗帘轨道有单、双或三轨道之分。单体窗帘盒一般先安轨道，暗窗帘盒在安轨道时，轨道应保持在一条直线上。轨道形式有工字形、槽形和圆杆形等。窗帘轨道的安装，应根据产品说明书及设计要求固定在墙面上或窗帘盒的木结构上。

4. 木门窗套及木贴脸板施工。

工艺流程：测量放线→绘制加工图及工厂加工→安装预埋件→安装饰面板。

(1)根据放线结果绘制门窗套的加工图，门窗套一般由两侧及上部共三片组成，门窗洞内的门窗套，其宽度及高度(含基层板厚度)尺寸应比门窗洞口小 10～20 mm，以防止安装时的误差。加工图绘制完成并经审核后，即可交由工厂生产制作。

(2)安装预埋件。

①窗套安装：根据设计图纸要求埋入木塞或木砖，面封大芯板并与木塞固定，板面应平整、垂直，固定应牢固。大芯板应做防火及防腐处理。

②门套安装：根据设计图纸要求埋入木塞或金属连接件，面封大芯板。大型或较重的门套及门扇安装，应采用金属连接件，金属连接件可用角钢、方通等制作并用膨胀螺栓与墙体固定，金属件应埋入墙体且表面与墙体平齐。然后面封两层大芯板，用螺丝将板材固定于金属件上，板面应平整、垂直，固定应牢固。板材与墙体之间的空隙应用防火及隔音材料封堵。并应满足防火要求。

(3)安装饰面板：将工厂加工好的门窗套及木贴脸按设计要求固定于基层大芯板上，固定应牢固。

5. 楼梯护栏和扶手施工。

工艺流程：弹线→安装预埋件→安装立柱→安装扶手→安装踢脚线。

(1)测量放线：根据设计要求及安装扶手的位置、标高、坡度校正后弹好控制线；然后根据立柱的点位分布图弹好立柱分布的线。

(2)安装预埋件：根据立柱分布线，用膨胀螺栓将预埋件安装在混凝土地面上。

(3)安装立柱：立柱可采用螺栓或点焊固定于预埋件上，调整好立柱的水平、垂直距离，以及立柱与立柱之间的间距后，即可拧紧螺栓或全焊固定。

(4)安装扶手：立柱按图纸要求固定后，将扶手固定于立柱上。弯头处按栏板或栏杆顶面的斜度，配好起步弯头。

①木扶手：可用扶手料割配弯头，采用割角对缝粘接，在断块割配区段内最少要考虑用 4 个螺钉与支撑固定件连接固定。

②金属扶手：金属扶手应是通长的，如要接长时，可以拼接，但应不显露接茬痕迹。

③石材扶手：石材扶手应是通长的，如要接长时，可以在拼接处采用金属套来连接。

(5)安装踢脚线：立柱、扶手安装完毕后，将踢脚线按图纸要求安装好，踢脚线一般常用以下三种材料：不锈钢、石材和瓷砖。

四、软包墙面装饰施工工艺流程

工艺流程：基层处理→吊直、套方、找规矩、弹线→木龙骨及墙板安装→面层固定→安装贴脸或装饰边线→修整软包墙面。

（一）基层处理

人造革软包，要求基层牢固，构造合理。如果是将它直接装设于建筑墙体及柱体表面，为防止墙体柱体的潮气使其基面板底翘曲变形而影响装饰质量，要求基层做抹灰或防潮处理。通常的做法是，采用 1∶3 的水泥砂浆抹灰做至 20 mm 厚。然后涂刷冷底子油一道并做一毡二油防潮层。

（二）吊直、套方、找规矩、弹线

按图纸要求在墙面上弹线，准备安装龙骨。

（三）木龙骨及墙板安装

当在建筑墙柱面做皮革或人造革装饰时，应采用墙筋木龙骨，墙筋龙骨一般为（20～50 mm）×（40～50 mm）截面的木方条，钉于墙、柱体的预埋木砖或预埋的木楔上，木砖或木楔的间距，与墙筋的排布尺寸一致，一般为 400～600 mm，按设计图纸的要求进行分格或平面造型形式进行划分。常见形式为 450 mm×450 mm 见方划分。

固定好墙筋之后，即铺钉夹板做基面板；然后以人造革包填塞材料覆于基面板之上，采用钉子将其固定于墙筋位置；最后以电化铝帽头钉按分格或其他形式的划分尺寸进行钉固。也可同时采用压条，压条的材料可用不锈钢、铜或木条，既方便施工，又可使其立面造型丰富。

（四）面层固定

皮革和人造革饰面的铺钉方法，主要有成卷铺装和分块固定两种形式。此外尚有压条法、平铺泡钉压角法等，由设计而定。

1. 成卷铺装。

由于人造革材料可成卷供应，当较大面积施工时，可进行成卷铺装。但需注意，人造革卷材的幅面宽度应大于横向木筋中距 50～80 mm；并保证基面五夹板的接缝须置于墙筋上。

2. 分块固定。

这种做法是先将皮革或人造革与夹板按设计要求的分格，划块进行预裁，然后一并固定于木筋上。安装时，以五夹板压住皮革或人造革面层，压条 20～30 mm，用圆钉钉于木筋上，然后将皮革或人造革与木夹板之间填入衬垫材料进而包覆固定。须注意的操作要点是：首先必须保证五夹板的接缝位于墙筋中线；其次，五夹板的另一端不压皮革或人造革而是直接钉于木筋上；再就是皮革或人造革剪裁时必须大于装饰分格划块尺寸，并足以在下一个墙筋上剩余 20～30 mm 的料头。如此，第二块五夹板又可包覆第二片革面压于其上进行固定，照此类推完成整个软包面。这种做法，多用于酒吧台、服务台等部位的装饰。

（五）安装贴脸或装饰边线

根据设计选定和加工好的贴脸或装饰边线，按设计要求把油漆刷好（达到交活条件），便可进行装饰板安装工作。首先经过试拼，达到设计要求的效果后，便可与基层固定和安装贴脸或装饰边线，最后涂刷镶边油漆成活。

(六)修整软包墙面

除尘清理,钉粘保护膜和处理胶痕。

五、裱糊类装饰施工工艺流程

工艺流程:基层处理→找规矩、弹线→壁纸处理→涂刷胶黏剂→裱糊。

壁纸、墙布裱糊前,应将突出基层表面的设备或附件卸下。

裱糊时先在墙面阴角或门框边弹出垂直基准线,以此作为裱糊第一幅壁纸、墙布的基准,将裁割好的壁纸浸水或刷清水,使其吸水伸张(浸水的壁纸应拿出水池,抖掉明水,静置 20 min 后再裱糊),然后在墙面和壁纸背面同时刷胶,刷胶不宜太厚,应均匀一致。再将壁纸上墙,对齐拼缝、拼花,从上而下用刮板刮平压实。对于发泡或复合壁纸宜用干净的白棉丝或毛巾赶平压实(有颜色的容易将颜色染在壁纸上造成污染),上下边多出的壁纸,用刀裁割整齐,并将溢出的少量胶黏剂擦拭干净。

裱糊时如对花拼缝不足一幅的应裱糊在较暗或不明显的部位。对开关、插座等突出墙面的设备,在裱糊前已先卸下,待裱糊完毕,在盒子处用壁纸刀对角划一十字开口,十字开口尺寸应小于盒子对角线尺寸,然后将壁纸反入盒内,装上盖板等设备。

壁纸和墙布每裱糊 2 幅～3 幅,或遇阴阳角时,要吊线检查垂直情况,以防造成累计误差。裱糊好的壁纸、墙布必须粘贴牢固,表面平整、色泽一致,拼接花纹、图案、颜色搭配协调、观感舒适美观;不离缝,不搭接,距墙面 1.5 m 处正视,不显拼缝;不得有气泡、空鼓、裂缝、翘边、皱折和斑污,斜视时无痕迹;各幅拼接横平竖直,阴阳转角垂直,棱角分明,阴角处搭接顺光,阳角处无接缝;壁纸、墙布与各种装饰线、设备线盒交接严密。

对于带背胶壁纸,裱糊时无须在壁纸背面和墙面上刷胶黏剂,可在水中浸泡数分钟后,直接粘贴。

对于玻璃纤维墙布、无纺墙布,无须在背面刷胶,可直接将胶黏剂涂于墙上即可裱糊,以免胶黏剂印透表面,出现胶痕。

第六节　隔墙工程

一、条板式隔墙施工工艺流程

工艺流程:结构墙面、顶面、地面清理找平→放墙体门窗口定位线、分档→配板、修补→支设临时方木→配置胶黏剂→安装 U 形卡件或 L 形卡件(有抗震要求时)→安装隔墙板→安装门窗框→设备、电气管线安装→板缝处理→板面修补。

1. 清理隔墙板与顶面、地面、墙面的结合部位,凡凸出墙地面的浮浆、混凝土块等必须剔除并扫净,结合部位应找平。

2. 放墙体门窗口定位线、分档:在结构地面、墙面及顶面根据图纸,用墨斗弹好隔墙定位边线及门窗洞口线,并按板幅宽弹分档线。

3. 配板、修补:条板隔墙一般都采取垂直方向安装。按照设计要求,根据建筑物的层高、与所要连接的构配件和连接方式来决定板的长度，隔墙板厚度选用应按设计要求并考虑便于门窗安装，最小厚度不小于 75 mm。分户墙的厚度，根据隔声要求确定，通常选用双层墙板。

墙板与结构连接的方式分为刚性连接和柔性连接，非震区采用刚性连接，震区采用柔性连接。

当建筑没有特殊抗震要求时，可采用刚性连接，将板的上端与上部结构底面用黏结砂浆或胶黏剂黏结，下部用木楔顶紧后空隙间填入细石混凝土。隔墙板安装顺序应从门洞口处向两端依次进行，门洞两侧宜用整块板；无门洞的墙体，应从一端向另一端顺序安装。

柔性连接：当建筑设计有抗震要求时，应按设计要求，在两块条板顶端拼缝处设 U 形或 L 形钢板卡，与主体结构连接。U 形或 L 形钢板卡(50 mm 长、1.2 mm 厚)用射钉固定在结构梁和板上。如主体为钢结构，与钢梁的连接转接钢件的方式将钢板卡焊接固定其上。

4. 板的宽度与隔墙的长度不相适应时，应将部分板预先拼接加宽(或锯窄)成合适的宽度，放置到有阴角处。

5. 安装前要进行选板，有缺棱掉角的，应用与板材混凝土材性相近的材料进行修补，未经修补的坏板或表面酥松的板不得使用。

6. 架立靠放墙板的临时方木：(方木可选择规格 100 mm×60 mm)上方木直接压墙定位线顶在上部结构底面，下方木距离楼地面 100 mm 左右，上下方木之间每隔 1.5 m 左右立竖向支撑方木，并用木楔将下方木与支撑方木之间楔紧。临时方木支撑后，检查竖向方木的垂直度和相邻方木的平面度，合格后即可安装隔墙板。

7. 配置胶黏剂：条板与条板拼缝、条板顶端与主体结构黏结采用胶黏剂。加气混凝土隔墙胶黏剂一般采用建筑胶聚合物砂浆，胶黏剂要随配随用，并应在 30 min 内用完。配置时应注意界面剂掺量适当，过稀易流淌，过稠容易产生“滚浆”现象，使刮浆困难。

8. 板与结构间、板与板缝间的拼接：要满抹黏结砂浆或胶黏剂，拼接时要以挤出砂浆或胶黏剂为宜，缝宽不得大于 5 mm(陶粒混凝土隔板缝宽 10 mm)。挤出的砂浆或胶黏剂应及时清理干净。板与板之间在板缝钉入钢插板，在转角墙、T 形墙条板连接处，沿高度每隔 700～800 mm 钉入销钉或 Φ8 mm 铁销，钉入长度不小于 150 mm，铁销和销钉应随条板安装随时钉入。

9. 墙板固定后，在板下填塞 1∶2 水泥砂浆或细石混凝土，细石混凝土应采用 C20 干硬性细石混凝土，坍落度控制在 0～20 mm 为宜，并应在一侧支模，以利于捣固密实。

(1)采用经防腐处理后的木楔，则板下木楔可不撤除；

(2)采用未经防腐处理的木楔，则待填塞的砂浆或细石混凝土凝固达到 10 MPa 以上强度后，应将木楔撤除，再用 1∶2 水泥砂浆或细石混凝土堵严木楔孔。

10. 每块墙板安装后，应用靠尺检查墙面垂直和平整情况，如发现偏差加大，及时调整。

11. 对于双层墙板的分户墙，安装时应使两面墙板的拼缝相互错开，拼缝宜设在另一侧板中位置。

12. 安门窗框：在墙板安装的同时，应按定位线顺序立好门框。门框和板材采用黏钉结合的方法固定。隔墙板安装门窗时，应在角部增加角钢补强，安装节点符合设计要求。

13. 电气安装：利用条板孔内敷软管穿线和定位钻单面孔，对非空心板，则可利用拉大板缝或开槽敷管穿线，管径不宜超过 25 mm。用膨胀水泥砂浆填实抹平。用 2 号水泥胶黏剂固定开关、插座。

14. 板缝和条板、阴阳角和门窗框边缝处理：板缝处理：隔墙板安装后 10 d，检查所有缝隙是否黏结良好，有无裂缝，如出现裂缝，应查明原因后进行修补。

加气混凝土隔板之间板缝在填缝前应用毛刷蘸水湿润，填缝时应在板两侧同时把缝填实。填缝材料采用石膏或膨胀水泥或厂家配套填缝剂。

加强措施：刮泥子之前先用宽度 100 mm 耐碱玻纤网格布塑性压入两层泥子之间。提高板缝的抗裂性。

二、轻钢龙骨隔墙施工工艺流程

工艺流程：弹线→安装天地龙骨→竖向龙骨分档→安装竖龙骨→机电管线安装→安装横撑龙骨→安装门洞口→安装罩面板（一侧）→安装填充材料（岩棉）→安装罩面板（另一侧）。

1. 弹线。

在地面上弹出水平线并将线引向侧墙和顶面，并确定门洞位置，结合罩面板的长、宽分档，以确定竖向龙骨、横撑及附加龙骨的位置以控制隔断龙骨安装的位置、龙骨的平直度和固定点。

设计有混凝土地坎台时，应先对楼地面基层进行清理，并涂刷 YJ302 到界面处理剂一道。浇筑 C20 素混凝土坎台，上表面应平整，两侧面应垂直。

2. 安装天地龙骨。

天地龙骨与建筑顶、地连接及竖龙骨与墙、柱连接可采用射钉，选用 M5×35 mm 的射钉将龙骨与混凝土基体固定，砖砌墙、柱体应采用金属胀铆螺栓。射钉或电钻打孔间距宜为 600～900 mm，最大不应超过 1000 mm。

轻钢龙骨与建筑基体表面接触处，应在龙骨接触面的两边各粘贴一根通长的橡胶密封条。或根据设计要求采用密封胶或防火封堵材料。

3. 安装竖龙骨。

(1)按设计确定的间距就位竖龙骨，或根据罩面板的宽度尺寸而定。

①罩面板材较宽者，应在其中间加设一根竖龙骨，竖龙骨中距最大不应超过 600 mm。

②隔断墙的罩面层重量较大时（如贴瓷砖）的竖龙骨中距，应以不大于 400 mm 为宜。

③隔断墙体的高度较大时，其竖龙骨布置也应加密。墙体超过 6 m 高时，可采取架设钢架加固等方式。

(2)由隔断墙的一端开始排列竖龙骨，有门窗者要从门窗洞口开始分别向两侧排列，当最后一根竖龙骨距离沿墙（柱）龙骨的尺寸大于设计规定时，必须增设一根竖龙骨。

①将竖龙骨推向沿顶、沿地龙骨之间，翼缘朝罩面板方向就位，龙骨开口方向一致。龙骨的上、下端如为钢柱连接，均用自攻螺钉或抽心铆钉与横龙骨固定。

按照沿顶、地龙骨固定方式把边框龙骨固定在侧墙或柱上。靠侧墙（柱）100 mm 处应增设一根竖龙骨，罩面板固定时与该竖龙骨连接，不与边框龙骨固定，以避免结构伸缩产生裂缝。

②当采用有冲孔的竖龙骨时，其上下方向不能颠倒，竖龙骨现场截断时一律从其上端切割，并应保证各条龙骨的贯通孔高度必须在同一水平。竖龙骨长度应比实际墙高短 10～15 mm，保证隔墙适应主体结构的沉降和其他变形。天地龙骨和竖龙骨之间不宜先行固定，以便在罩面板安装时可适当调整，从而适合石膏板尺寸的允许误差。

③当石膏板封板需预留缝隙来做缝隙处理时，应先考虑龙骨间距，根据预留缝隙做调整分档。

(3)门窗洞口处的竖龙骨安装应依照设计要求，采用双根并用或是扣盒子加强龙骨。如果门的尺度大且门扇较重时，应在门框外的上下左右增设斜撑。

4. 安装通贯龙骨（当采用有通贯龙骨的隔墙体系时）。

(1)通贯横撑龙骨的设置：低于 3 m 的隔断墙安装 1 道；3～5 m 高度的隔断墙安装 2～3 道。

(2)对通贯龙骨横穿各条竖龙骨进行贯通冲孔，需接长时应使用配套的连接件。

(3)在竖龙骨开口面安装卡托或支撑卡与通贯横撑龙骨连接锁紧，根据需要在竖龙骨背面可加设角托与通贯龙骨固定。

(4)采用支撑卡系列的龙骨时,应先将支撑卡安装于竖龙骨开口面,卡距为 400～600 mm,距龙骨两端的距离为 20～25 mm。

5. 安装横撑龙骨。

(1)隔墙骨架高度超过 3 m 时,或罩面板的水平方向板端(接缝)未落在沿顶沿地龙骨上时,应设横向龙骨。

(2)选用 U 形横龙骨或 C 形竖龙骨做横向布置,利用卡托、支撑卡(竖龙骨开口面)及角托(竖龙骨背面)与竖向龙骨连接固定。

(3)有的系列产品,可采用其配套的金属安装平板做竖龙骨的连接固定件。

6. 门窗等洞口制作。

(1)沿地龙骨在门洞位置断开。

(2)在门、窗洞口两侧竖向边框 150 mm 处增设加强竖龙骨。

(3)门、窗洞口上樘用横龙骨制作,开口向上。上樘与沿顶龙骨之间插入两根竖龙骨,其间距不大于其他竖龙骨间距,隔墙正反面封板时分别将两面板错开固定于两根竖龙骨上。用同样方法进行窗口下樘和设备管、风管等部位的加强制作。

(4)门框制作应符合设计要求,一般轻型门扇(35 kg 以下)的门框可采取竖龙骨对扣中间加木方的方法制作;重型门根据门重量的不同,采取架设钢支架加强的方法,注意避免龙骨、罩面板与钢支架刚性连接。

7. 机电管线安装。

(1)按照设计要求,隔墙中设置有电源开关插座、配电箱等小型或轻型设备末端时应预装水平龙骨及加固固定构件。消防栓、挂墙卫生洁具必须由机电安装单位另行安装独立钢支架,严禁消防栓、挂墙卫生洁具等设备直接安装在轻钢龙骨隔墙上。

(2)机电施工单位按照图纸施工墙体暗装管线和线盒,机电施工单位必须采用开孔器对龙骨进行开孔,严禁随意施工破坏已经施工完毕的龙骨。并且按照装饰龙骨安装的要求把各种管线和线盒加固固定好。

(3)机电安装完后应用铅锤或靠尺校正竖龙骨垂直度、龙骨中心距。

8. 安装一侧石膏板。

(1)纸面石膏罩面板安装:根据要求尺寸丈量纸面石膏板并做出记号,使用壁纸刀将面纸划开,弯折纸面石膏板,从背面划断背纸,将石膏板铺放在龙骨框架上,对正缝位,隔墙两侧石膏板应错缝排列。用自攻螺丝将纸面石膏板固定在竖龙骨上,自攻螺丝要沉入板材表面 0.5～1 mm,不可损坏纸面,内层板钉距板边 400 mm,板中 600 mm,自攻钉距石膏板边距离为 10～15 mm,从中间向两端钉牢。门窗四角部分应采用刀把形封板;隔墙下端的纸面石膏板不应直接与地面接触,应留有 10 mm 缝隙,石膏板与结构墙应留有 5 mm 缝隙,缝隙可用密封胶嵌实。

①纸面石膏板安装,宜竖向铺设,其长边(包封边)接缝应落在竖龙骨上。如果为防火墙体,纸面石膏板必须竖向铺设。曲面墙体罩面时,纸面石膏板宜横向铺设。

②纸面石膏板可单层铺设,也可双层铺板,由设计确定。安装前应对预埋隔断中的管道和有关附墙设备等,采取局部加强措施。

③纸面石膏板材就位后,上、下两端应与上下楼板面(下部有踢脚台的即指其台面)之间分别留出 3 mm 间隙。用 Φ3.5 mm×25 mm 的自攻螺钉将板材与轻钢龙骨紧密连接。

④自攻螺钉的间距为:沿板周边应不大于 200 mm;板材中间部分应不大于 300 mm,双层石膏板内层板钉距板边 400 mm,板中 600 mm;自攻螺钉与石膏板边缘的距离应为 10～15 mm。自攻螺钉进

入轻钢龙骨内的长度，以不小于 10 mm 为宜。

⑤板材铺钉时，应从板中间向板的四边顺序固定，自攻螺钉头埋入表面 0.5～1 mm，但不得损坏纸面。

⑥板块宜采用整板，如需对接时应靠紧，但不得强压就位。门窗四角部分应采用刀把形封板。

⑦纸面石膏板与墙、柱面之间，应留出 3 mm 间隙，与顶、地的缝隙应先加注嵌缝膏再铺板，挤压嵌缝膏使其与相邻表层密切接触。在丁字形或十字形相接处，如为阴角应用泥子嵌满，贴上接缝带，如为阳角应做护角，

⑧安装防火墙石膏板时，石膏板不得固定在沿顶、沿地龙骨上，应另设横撑龙骨加以固定。

⑨隔墙板的下端如用木踢脚板覆盖，罩面板应离地面 20～30 mm；用石材踢脚板时，罩面板下端应与踢脚板上口齐平，接缝严密。隔墙下端的纸面石膏板不应直接与地面接触，应留有 20 mm 缝隙。

⑩自攻螺钉帽涂刷防锈涂料，有自防锈的自攻钉帽可不涂刷。

(2)水泥纤维板(FC 板)罩面板安装：

①在用水泥纤维板做内墙板时，严格要求龙骨骨架基面平整。

②板与龙骨固定用手电钻或冲击钻，大批量同规格板材切割应委托工厂用大型锯床进行，少量安装切割可用手提式无齿圆锯进行。

③板面开孔：分矩形孔和大圆孔两种。开矩形孔通常采用电钻先在矩形的四角各钻一孔，孔径为 10 mm，然后用曲线锯沿四孔圆心的连线切割开孔部位，边缘用锉刀倒角；开大圆孔同样用电钻打孔，再用曲线锯加工，完成后边缘用锉刀倒角。所有开孔均应防止应力集中而产生表面开裂。

④将水泥纤维板固定在龙骨上，龙骨间距一般为 600 mm，当墙体高度超过 4 m 时，按设计计算确定。用自攻螺钉固定板，其钉距根据墙板厚度一般为 200～300 mm。钉孔中心与板边缘距离一般为 10～15 mm。螺钉应根据龙骨、板的厚度，由设计人员确定直径与长度。

⑤板与龙骨固定时，手电钻钻头直径应选用比螺钉直径小 0.5～1 mm 的钻头打孔。

固定后钉头处应及时涂防锈漆。

9. 保温材料、隔声材料铺设。

(1)当设计有保温或隔声材料时，应按设计要求的材料铺设。铺放墙体内的玻璃棉、矿棉板、岩棉板等填充材料，应固定并避免受潮。安装时尽量与另一侧纸面石膏板同时进行，填充材料应铺满铺平。

(2)对于有填充要求的隔断墙体，待穿线部分安装完毕，即先用胶黏剂(792 胶或氯丁胶等)按 500 mm的中距将岩棉钉固定黏固在石膏板上，牢固后，将岩棉等保温材料填入龙骨空腔内，用岩棉固定钉固定，并利用其压圈压紧，每块岩棉板不少于 4 个岩棉钉固定。要求用岩棉板把管线裹实。

10. 安装另一侧罩面板。

(1)装配的板缝与对面的板缝不得布在同一根龙骨上。板材的铺钉操作及自攻螺钉钉距等同上述要求。

(2)单层纸面石膏板罩面安装后，如设计为双层板罩面，其第一层板铺钉安装后只需用石膏泥子填缝，尚不需进行贴穿孔纸带及嵌条等处理工作。

(3)第 2 层板的安装方法同第 1 层，但必须与第 1 层板的板缝错开，接缝不得布在同一根龙骨上。固定应用 Φ3.5 mm×5 mm 自攻螺钉。内、外层板应采用不同的钉距，错开铺钉。

(4)除踢脚板的墙端缝之外，纸面石膏板墙的丁字或十字相接的阴角缝隙，应使用石膏泥子嵌满并粘贴接缝带(穿孔纸带或玻璃纤维网格胶带)。

(5)隔墙两面有多层罩面板时，应交替封板，不可一侧封完再封另一侧，避免单侧受力过大造成龙骨变形。

11. 接缝处理。

纸面石膏板接缝及护角处理：主要包括纸面石膏板隔断墙面的阴角处理、阳角处理、暗缝和明缝处理等。

(1)阴角处理：将阴角部位的缝隙嵌满石膏泥子，把穿孔纸带用折纸夹折成直角状后贴于阴缝处，再用阴角贴带器及滚抹子压实。用阴角抹子薄抹一层石膏泥子，待泥子干燥后(约 12 h)用 2 号砂纸磨平磨光。

(2)阳角处理：阳角转角处应使用金属护角。按墙角高度切断，安放于阳角处，用 12 mm 长的圆钉或采用阳角护角器将护角条做临时固定，然后用石膏泥子把金属护角批抹掩埋，待完全干燥后(约 12 h)用 2 号砂纸将泥子表面磨平磨光。

(3)暗缝处理：暗缝(无缝)要求的隔断墙面，一般选用楔形边的纸面石膏板。嵌缝所用的穿孔纸带宜先在清水中浸湿，采用石膏泥子和接缝纸带抹平。对于重要部位的缝隙，可采用玻璃纤维网格胶带取代穿孔纸带。石膏板拼缝的嵌封分以下四个步骤：

①清洁板缝，用小刮刀将嵌缝石膏泥子均匀饱满地嵌入板缝，并在板缝处刮涂宽约 60 mm、厚 1 mm的泥子，随即贴上穿孔纸带或玻璃纤维网格胶带，使用宽约 60 mm 的刮刀顺贴带方向压刮，将多余的泥子从纸带或网带孔中挤出使之平敷，要求刮实、刮平，不得留有气泡。穿孔纸带在使用前应浸湿、浸透。

②第一层干透后，用宽约 150 mm 的刮刀将石膏泥子填满宽约 150 mm 的板缝处带状部分。

③第二层干透后，用宽约 300 mm 的刮刀再补一遍石膏泥子，其厚度不得超过 2 mm。

④待石膏泥子完全干燥后，用 2 号砂纸或砂布将嵌缝泥子表面打磨平整。

(4)明缝处理：

纸面石膏板隔断墙面设置明缝一般有三种情况。

①采用棱边为直角边的纸面石膏板于拼缝处留出 8 mm 间隙，使用与龙骨配套的金属包边条将石膏板切割边进行修饰。

②留出 9 mm 板缝先嵌入金属嵌缝条，再以金属盖缝条压缝。

③隔墙的长度超过一定限值(一般为 10 m)时和隔声墙与结构之间需设置滑动连接缝，缝隙的位置可设在石膏板接缝处或隔墙门洞口两侧的上部。

三、玻璃砖隔墙施工工艺流程

工艺流程：定位放线→固定周边框架(如设计)→扎筋→排砖→玻璃砖砌筑→勾缝→边饰处理→清洁验收。

1. 定位放线。

在墙下面弹好撂底砖线，按标高立好皮数杆。砌筑前用素混凝土或垫木找平并控制好标高；在玻璃砖墙四周根据设计图纸尺寸要求弹好墙身线。

2. 固定周边框架。

将框架固定好，用素混凝土或垫木找平并控制好标高，骨架与结构连接牢固。同时做好防水层及保护层。固定金属型材框用的镀锌钢膨胀螺栓直径不得小于 8 mm，间距≤500 mm。

3. 横向钢筋。

(1)非增强的室内空心玻璃砖隔断尺寸应符合表 6.2 的规定。

表 6.2　非增强的室内空心玻璃砖隔断尺寸标准

砖缝的布置	隔断尺寸(m)	
	高　度	长　度
贯通的	≤1.5	≤1.5
错开的	≤1.5	≤6.0

(2)室内空心玻璃砖隔断的尺寸超过规定时,应采用直径为 6 mm 或 8 mm 的钢筋增强。

(3)当隔断的高度超过规定时,应在垂直方向上每 2 层空心玻璃砖水平布一根钢筋;当只有隔断的长度超过规定时,应在水平方向上每 3 个缝垂直布一根钢筋。

(4)钢筋每端伸入金属型材框的尺寸不得小于 35 mm。用钢筋增强的室内空心玻璃砖隔断的高度不得超过 4 m。

4. 排砖。

玻璃砖砌体采用十字缝立砖砌法。按照排版图弹好的位置线,首先认真核对玻璃砖墙长度尺寸是否符合排砖模数,否则可调整隔墙两侧的槽钢或木框的厚度及砖缝的厚度。注意隔墙两侧调整的宽度要保持一致,隔墙上部槽钢调整后的宽度也应尽量保持一致。

5. 挂线。

砌筑第一层应双面挂线。如玻璃砖隔墙较长,则应在中间多设几个支线点,每层玻璃砖砌筑时均需挂平线。

6. 玻璃砖砌筑。

(1)玻璃砖采用白水泥∶细砂=1∶1 的水泥浆或白水泥:界面剂=100∶7 的水泥浆(重量比)砌筑。白水泥浆要有一定的稠度,以不流淌为好。

(2)按上、下层对缝的方式,自下而上砌筑。两玻璃砖之间的砖缝不得小于 10 mm 且不得大于 30 mm。

(3)每层玻璃砖在砌筑之前,宜在玻璃砖上放置十字定位架,卡在玻璃砖的凹槽内。

(4)砌筑时,将上层玻璃砖压在下层玻璃砖上,同时使玻璃砖的中间槽卡在定位架上,两层玻璃砖的间距为 5～10 mm,每砌筑完一层后,用湿布将玻璃砖面上沾着的水泥浆擦去。水泥砂浆铺砌时,水泥砂浆应铺得稍厚一些,慢慢挤揉,立缝灌砂浆一定要捣实。缝中承力钢筋间隔小于 650 mm,伸入竖缝和横缝,并与玻璃砖上下、两侧的框体和结构体牢固连接。

(5)玻璃砖墙宜以 1.5 m 高为一个施工段,待下部施工段胶结料达到设计强度后再进行上部施工。当玻璃砖墙面积过大时应增加支撑。

(6)最上层的空心玻璃砖应深入顶部的金属型材框中,深入尺寸不得小于 10 mm 且不得大于25 mm。空心玻璃砖与顶部金属型材框的腹面之间应用木楔固定。

7. 勾缝。

玻璃砖墙砌筑完后,立即进行表面勾缝。勾缝要勾严,以保证砂浆饱满。先勾水平缝,再勾竖缝,缝内要平滑,缝的深度要一致。勾缝与抹缝之后,应用布或棉纱将砖表面擦洗干净,待勾缝砂浆达到强度后,用硅树脂胶涂敷。也可采用矽胶注入玻璃砖间隙勾缝。

8. 饰边处理。

(1)在与建筑结构连接时,室内空心玻璃砖隔断与金属型材框两翼接触的部位应留有滑缝,且不得小于 4 mm。与金属型材框腹面接触的部位应留有胀缝,且不得小于 10 mm。滑缝应采用符合现行国家标准《石油沥青纸胎油毡》(GB 326)规定的沥青毡填充,胀缝应用符合现行国家标准《建筑物隔热用硬质聚氨酯泡沫塑料》(GB 10800)规定的硬质泡沫塑料填充。

(2)当玻璃砖墙没有外框时,需要进行饰边处理。饰边通常有木饰边和不锈钢饰边等。

(3)金属型材与建筑墙体和屋顶的结合部,以及空心玻璃砖砌体与金属型材框翼端的结合部应用弹性密封剂密封。

1. 抹灰工程一般分几类？施工工艺基本流程是什么？
2. 门窗装饰工程一般分几类？施工工序怎么安排？
3. 楼地面装修工程施工工序是什么？
4. 顶棚装饰工程施工工序是什么？
5. 饰面工程都包含什么内容？各内容施工工序是什么？
6. 如何根据施工工艺进行技术交底？

第七章　工程项目管理基本知识

本章共4节，主要介绍装饰装修工程施工项目管理的内容及组织机构，重点介绍施工项目管理目标的控制、施工资源及现场管理。要求熟悉项目管理的基本知识。

一个项目能否成功关键在于项目管理，项目成功的标准是客户的满意度。项目的客户是项目的利益相关者，是那些参与该项目或其利益受到该项目影响的个人和组织。项目管理就是要充分考虑相关客户的利益，最大限度地满足客户的要求。

第一节　工程项目管理基本概念

一、建设工程项目和项目管理

建设工程项目亦称建设项目，是为完成依法立项的新建、扩建、改建等各类工程而进行的、有起止日期的、达到规定要求的一组相互关联的受控活动所组成的特定过程，包括策划、勘察、设计、采购、施工、试运行、竣工验收和考核评价等。建设工程项目的全寿命周期包括项目的决策阶段、实施阶段和使用阶段。

建设工程项目管理是组织运用系统的理论和方法，对建设工程项目进行的计划、组织、指挥、协调和控制等专业化活动。其内涵是：自项目开始至项目完成，通过项目策划和项目控制，以使项目的费用目标、进度目标和质量目标得以实现。

"自项目开始至项目完成"指的是项目的实施期，包括设计前准备阶段、设计阶段、施工阶段、动用前准备阶段和保修阶段；"项目策划"指的是目标控制前的一系列筹划和准备工作；"项目控制"指的是目标控制中的一系列执行和控制工作。"进度目标、质量目标"对项目利益各方是相同的，都是项目的整体目标，只是利益各方实施的阶段不同；"费用目标"对业主而言是投资目标，对施工方而言则是成本目标。

项目决策期管理工作的主要任务是确定项目的定义，而项目实施期管理的主要任务是通过管理使项目的目标得以实现。如图7.1所示。

按建设工程项目不同参与方的工作性质和组织特征划分，项目管理有如下几种：

业主方的项目管理；

设计方的项目管理；

施工方的项目管理；

供货方的项目管理；

建设项目总承包方的项目管理等。

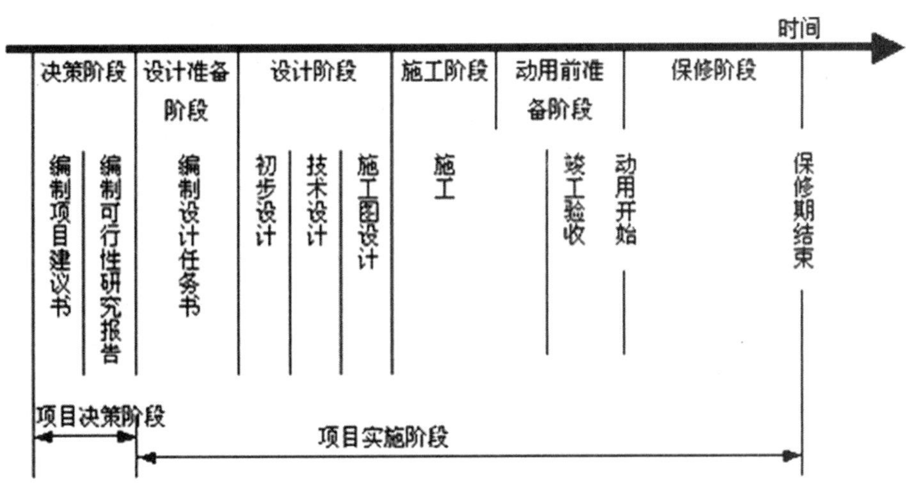

图 7.1　项目决策期和项目实施期

二、施工项目与施工项目管理

建筑施工项目亦被称为建筑工程项目、建安工程项目、施工项目，是指在一个建设工程项目中，在特定的环境和约束条件下、具有特定目标的、一次性的建筑施工任务，是把建筑安装施工任务从建设工程项目中独立出来而形成的一种项目。建筑施工项目以一个建筑产品的施工过程及成果作为建筑施工企业的生产对象，它可能是一个建设项目的施工，也可能是其中的一个单项工程或单位工程的施工。建筑施工项目除了具备项目的一般特征之外，还具有自身的一些特征：

地域的固定性。建筑施工项目是必须在特定地点进行建设的，不能被转移到其他地方，不能选择实施的场所和条件，只能就地组织实施项目。而且，在哪里建成就只能在哪里投入使用、发挥效应。

过程的开放性。建筑施工项目是在开放的环境条件下进行的，不可能完全移植到像工厂那样的环境中进行，作业条件常常是露天的。因此，易受环境、天气等因素的干扰影响，不确定的影响因素多。

生产的规律性。建筑施工产品的生产有特定的工艺规范要遵守，要按科学的施工程序和工艺流程组织实施，需使用各种专用的设备和工具，是一种专业性较强的以专门的知识和技术为支撑的工作任务。

品质的强制性。建筑施工产品是被列入国家政府监控范围内的。从报建、施工到交工验收等，都会受到政府及相关机构的管理和监督，要在这种管理和监督机制之下进行。不像别的产品，进入市场才会受到政府及相关机构的管理和监督。

外部协作性。建筑施工项目需要外部诸多方面的协作和配合，否则难以顺利进行。如施工的供水、供电等，往往不是建筑施工企业内部能够自己解决的，因此需要良好的沟通和协调，而且需要进行沟通和协调的关系界面众多且又复杂。

建筑施工项目管理是指在特定的环境和约束条件下，从属于建设工程项目管理框架，对建筑施工任务进行规划、执行与控制，在实现建设工程项目总目标的同时，实现项目施工任务承接方自己的既定目标。它属于建设工程项目管理类型中的施工方项目管理。

第二节　施工项目管理的内容及组织

一、施工项目管理的主要内容

施工项目管理是一个复杂的系统工程，需要全方位、全过程进行资源的有效配置、整合和管理。施工项目管理的主要内容包括：策划与组织、进度管理、技术与质量管理、成本管理、职业健康、安全与环境管理、合同与风险管理、沟通与信息管理。

（一）建立建筑施工项目管理组织

1. 由企业采用适当的方式选聘称职的建筑施工项目经理。

2. 根据施工项目组织原则，选用适当的组织形式，组建施工项目管理机构，明确责任、权限和义务。

3. 在遵守企业规章制度的前提下，根据施工项目管理的需要，制定施工项目管理制度。

（二）编制建筑施工项目管理规划

建筑施工项目管理规划是对建筑施工项目管理组织、内容、方法、步骤、重点进行预测和决策，做出具体安排的纲领性文件。建筑施工项目管理规划的主要内容如下：

1. 进行工程项目分解，形成施工对象分解体系，以便确定阶段控制目标，从局部到整体地进行施工活动和进行施工项目管理。

2. 建立施工项目管理工作体系，绘制施工项目管理工作体系图和施工项目管理工作信息流程图。

3. 编制施工管理规划，确定管理重点，形成文件，以利于执行。这个文件就是施工组织设计。

施工项目管理策划是顺利实现项目目标和完成项目管理任务的首要环节。项目管理组织必须重视项目管理规划和策划工作，以防止过程中出现组织重叠、职责分工不明、计划制订针对性不强、工作内容不具体、信息不畅通、工程进度拖延等问题。如，某工程项目在组织规划上根据项目特点，建立了组织结构、配备了项目管理团队、签订了项目管理责任书、完善了项目管理制度；在项目管理措施规划上，从墙面装饰施工措施、吊顶施工措施、地面铺装施工措施到外立面干挂施工措施等部位综合统筹、科学安排，最终在项目实施过程中得到了较好的落实，为该项目荣获优秀装饰工程奖奠定了基础。

（三）进行建筑施工项目的目标控制

建筑施工项目的目标有阶段性目标和最终目标。实现各项目目标就是建筑施工项目管理的目的。必须对各项目目标进行全过程的科学控制。建筑施工项目的控制目标主要有以下内容：

1. 进度控制目标。

2. 质量控制目标。

3. 成本控制目标。

4. 安全控制目标。

如果采用工程施工总承包，施工总承包单位必须按工程施工合同规定的工期目标和质量目标完成建设任务。而施工总承包单位的成本目标是由施工企业根据其生产和经营的情况自行确定的。分包单位则必须按工程分包合同规定的工期目标和质量目标完成建设任务，分包单位的成本目标是该施工企业内部自行确定的。

（四）对建筑施工项目的生产要素进行优化配置和动态管理

建筑施工项目的生产要素是施工项目目标得以实现的保证，主要包括：劳动力、材料、设备、资金和技术（5M）。生产要素管理的内容主要包括三项：

1. 分析各项生产要素的特点。
2. 按照一定原则、方法对施工项目生产要素进行优化配置，并对配置状况进行评价。
3. 对施工项目的各项生产要素进行动态管理。

（五）建筑施工项目的合同管理

由于建筑施工项目管理是在市场条件下进行的特殊交易活动的管理，这种交易活动从招投标开始，并持续于项目管理的全过程，所以必须依法签订合同，进行履约经营。合同管理的好坏直接涉及项目管理及工程的技术经济效果和目标实现。因此从招投标开始，施工企业就应加强工程承包合同的签订、履行管理。合同管理是一项执法、守法活动，市场有国内市场和国际市场之分，施工项目又各不相同，建设单位也有自身的一些要求，合同管理势必涉及国内和国际上有关法律法规，涉及所采用的合同文本、合同条件，应对合同管理给予高度的重视。为了取得最佳经济效益，必须注意搞好索赔，讲究索赔的方法和技巧，并为索赔提供充分的证据。

施工项目风险是影响施工项目目标实现的事先不能确定的内外部的困扰因素及其发生的可能性。在施工过程中，由于风险的存在，使得建立在正常理想基础上的目标和决策、施工规划和方案、管理和组织等都有可能受到干扰，与实际产生偏离，导致经济效益下降，甚至影响全局，使项目失控，合同不能履行，因此，在项目管理中应包括对风险进行管理，力求在施工项目面临纯粹风险时，将损失减少到最小，在面临投机风险时，争取更大利益。

风险管理是指在对风险的不确定性及可能性等因素进行考察、预测、分析的基础上，制定出包括识别衡量风险、管理出资风险、控制防范风险等管理方法。施工项目风险管理是用系统的动态的方法，对施工项目实施全过程中的每个阶段所包括的全部风险进行识别、衡量、控制、有准备的科学安排、调整施工活动中合同、经济、组织、技术、管理等各个方面和质量、进度、成本、安全等各个子系统的工作，使之顺利进行，减少风险损失，创造更大效益的综合性管理工作。

（六）建筑施工项目的信息管理

现代化管理要依靠信息，更要依靠大量信息及大量信息的管理活动。信息共享又大大提高了施工项目管理的效率。信息管理要依靠计算机进行辅助，依靠网络技术，形成施工项目信息管理系统，从而使信息管理现代化。进行施工项目管理和施工项目目标管理、动态管理，都必须依靠信息管理。项目信息管理的目的就是根据项目信息的特点，有计划地组织信息沟通，以保证决策者能及时、准确地获得相应的信息。

工程项目信息管理控制的主要内容是工程项目的信息收集及分析整理。

项目沟通与协调是为确保建设工程项目的顺利实施，实现与业主的合同约定，各相关方就工程项目实施过程中的有关问题进行交流、协商、互相配合的行为，它贯穿于建设工程项目实施的全过程。项目沟通管理，管理者所做的每件事中都包含着沟通，管理者没有信息就不可能做出决策，而信息只能通过沟通才能得到，一旦做出决策，就要进行沟通。因此，项目管理者需要掌握项目沟通理论，违背项目沟通理论和低效的沟通技巧会使项目和项目管理者陷入无穷的问题与困境中。

项目沟通的主要内容包括目标方面的沟通协调、计划方面的沟通协调、组织方面的沟通协调、决策与指挥方面的沟通协调、合同关系的沟通协调。

二、施工项目管理的组织机构

施工单位应根据建设单位的委托，按照项目的设计图纸和其他设计文件进行施工，在合同工期内完成承担的任务。建筑施工项目管理组织就是指为进行建筑施工项目管理、实现组织职能、完成项目目标而进行的项目组织机构的建立、组织运行与组织调整等的组织活动。

建筑施工项目管理组织的目的是为了实现建筑施工项目的目标，具体任务是合理地组织系统的组织结构，以及合理地组织为实现建筑施工项目目标的建筑施工工作的过程。为实现其目标，施工单位应组成以项目经理为首的项目经理部，负责项目的施工组织与管理。项目经理部的人员配置应满足施工项目管理的需要，应覆盖施工技术、进度、质量、安全、合同、成本、材料与设备等方面的管理。

（一）项目经理部

由项目经理（企业法定代表人在建设工程项目上的授权委托代理人）在企业法定代表人授权和职能部门的支持下按照企业的相关规定组建的、进行项目管理的一次性（随项目的完成而解体）的现场组织机构。建设工程实施项目管理，均应在其组织结构中设置项目经理部，对大、中型项目的要求更高。项目经理部主要承担和负责现场项目管理的日常工作，在项目实施过程中其管理行为应接受企业职能部门的监督和管理。

1. 项目经理部建立原则。

（1）组织结构科学合理；

（2）有明确的管理目标和责任制度；

（3）组织成员具备相应的职业资格；

（4）满足政府相关规定；

（5）保持相对稳定，并根据实际需要进行调整。

2. 项目经理部建立步骤。

（1）根据项目管理规划大纲确定项目经理部的管理任务和组织结构；

（2）根据项目管理目标责任书进行目标分解与责任划分；

（3）确定项目经理部的组织设置；

（4）确定人员的职责、分工和权限；

（5）制定工作制度、考核制度与奖惩制度。

3. 项目经理部团队建设要满足的要求。

（1）围绕项目目标而形成和谐一致、高效运行的项目团队；

（2）建立协同工作的管理机制和工作模式；

（3）建立畅通的信息沟通渠道和各方共享的信息工作平台，保证信息准确、及时和有效地传递；

（4）项目经理应对项目团队建设负责，培育团队精神，定期评估团队运作绩效，有效发挥和调动各成员的工作积极性和责任感；

（5）项目经理应通过表彰奖励、学习交流等多种方式和谐团队氛围，统一团队思想，营造集体观念，处理管理冲突，提高项目运作效率；

（6）项目团队建设应注重管理绩效，有效发挥个体成员的积极性，并充分利用成员集体的协作成果。

(二)项目经理

为了确保项目的目标实现,应严格项目经理的管理投入,原则上一个项目经理在同一时期只承担一个项目的管理工作,即在一个项目主体没有完成之前不得参与其他项目的建设管理,更不能同时兼任其他项目的项目经理,只有在项目进入收尾阶段的后期,经组织法定代表人同意方可介入其他项目的管理工作。

企业法定代表人或其授权人要与项目经理签订项目管理目标责任书。项目管理目标责任书是企业的管理层与项目经理部签订的明确项目经理部应达到的成本、质量、工期、安全和环境等管理目标及其承担的责任,具体明确项目经理及其管理成员在项目实施过程中的职责、权限、利益与奖罚,并作为项目完成后考核评价依据的文件。

为了确保项目实施的可持续性和项目经理责任、权力和利益的连贯性和可追溯性,应尽量保持项目经理工作的稳定,不得随意撤换,但在项目发生重大安全、质量事故或项目经理违法、违纪时,组织可撤换项目经理,而且必须进行效绩审计,并按合同规定报告有关合作单位。

1.项目经理应具备的素质。

(1)符合项目管理要求的能力,善于进行组织协调与沟通;

(2)相应的项目管理经验和业绩;

(3)项目管理需要的专业技术、管理、经济、法律和法规知识;

(4)良好的职业道德和团结协作精神,遵纪守法、爱岗敬业、诚信尽责;

(5)身体健康,精力充沛。

2.项目经理的责、权、利。

(1)项目经理应履行下列职责:

①项目管理目标责任书规定的职责;

②主持编制项目管理实施规划,并对项目目标进行系统管理;

③对资源进行动态管理;

④建立各种专业管理体系并组织实施;

⑤进行利益分配;

⑥收集工程资料,准备结算资料,参与工程竣工验收;

⑦接受审计,处理项目经理部解体的善后工作;

⑧协助组织进行项目的检查、鉴定和评奖申报工作。

(2)项目经理应具有的权限:

①参与项目招标、投标和合同签订;

②参与组建项目经理部;

③主持项目经理部工作;

④决定授权范围内的项目资金的投入和使用;

⑤制定内部计酬办法;

⑥参与选择并使用具有相应资质的分包人;

⑦参与选择物资供应单位;

⑧在授权范围内协调与项目有关的内、外部关系;

⑨法定代表人授予的其他权力。

(3)项目经理的利益与奖罚:

①获得工资和奖励;

②项目完成后，按照项目管理目标责任书规定，经审计后给予奖励或处罚；

③获得评优表彰、记功等奖励。

（三）施工员岗位职责

1. 认真编制生产计划和施工方案，组织落实施工工艺、质量及安全技术措施；

2. 参加图纸会审、隐蔽工程验收、技术复核、设计变更签证、中间验收及竣工结算等，督促技术资料整理归档；

3. 切实做好操作班组任务交底；

4. 定期召开班组质量、安全动态分析会，贯彻落实三级安全教育和季节性的施工措施和“谁施工谁负责安全”的原则；

5. 协调各工种的衔接及各职能人员的管理，保证施工项目按质按期交付使用；

6. 安排施工班组作业，不得安排无证人员进行特种作业；

7. 参加安全检查并做好整改工作。

（四）质量员岗位职责

1. 对管辖范围的工作、各工种按验收规范和质量标准进行交底工作；

2. 及时进行隐蔽工程验收和技术复核，同时按质量评定标准，评定分项、分部工程质量等级，做到项目齐全，资料真实、准确；

3. 对不符合要求的分项及时指导返工补修，做到不合格部位不隐蔽，不漏检，并重新评定质量等级；

4. 组织管辖区域内的质量互检，按细则实施奖罚，对不服从监督检查和出现质量问题的班组、工人，按项目部有关规定处以罚款；

5. 配合材料员对各种材料、成品、半成品在使用前进行质量验证，严禁不合格材料的使用；

6. 及时向公司各部门反馈信息，总结推行提高质量的新工艺。

（五）施工项目管理组织的主要形式

1. 部门控制式项目组织。

部门控制式项目组织是按照职能原则建立的项目组织（如图 7.2 所示）。是在不打乱企业现行建制的条件下，把项目委托给企业内某一专业部门或施工队，由单一部门的领导负责组织项目实施的项目组织形式。

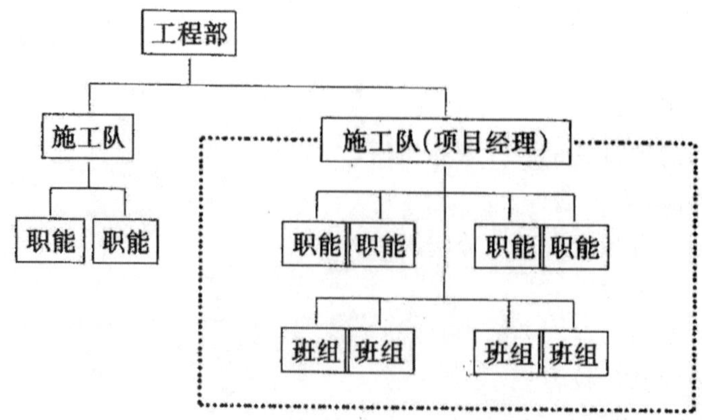

图 7.2　部门控制式项目组织形式

(1)部门控制式项目组织的优点有：

①职责明确，职能专一，关系简单；

②从接受任务到组织运转启动，时间短；

③相互熟悉的人组合，人事关系便于协调。

(2)部门控制式项目组织的缺点有：

①不能适应大型项目或者涉及多个部门的项目，因而局限性较大；

②不利于对计划体系下的组织体制进行改革、调整，不利于精简机构。

(3)部门控制式项目组织的适用范围：

部门控制式项目组织一般适用小型的，专业性较强，不需涉及众多部门配合的施工项目。

2. 工作队式项目组织。

它是完全按照对象原则组织的项目管理机构，企业职能部门处在服从地位(如图 7.3 所示)。一般由公司任命称职的项目经理，由项目经理负责从其他部门抽调或招聘人员，组成项目管理班子。所有项目管理人员在工程施工期间，斩断和原所在部门的领导关系，重新组成新的项目管理经济实体。原单位负责人只负责业务指导及考察，不能随意调回或干预其工作，项目结束后机构撤消，所有人员仍回原所在部门和岗位。

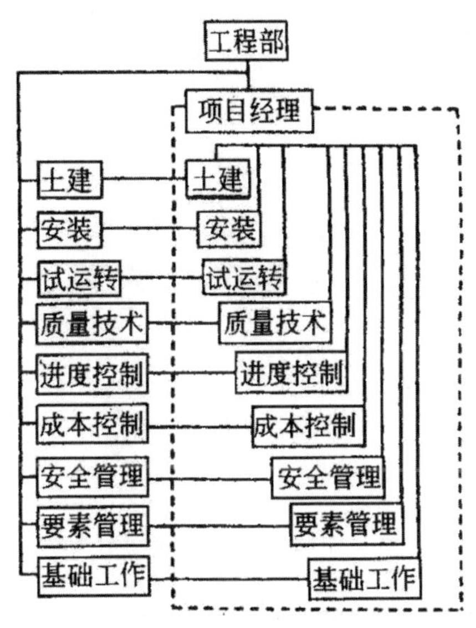

图 7.3　工作队式项目组织形式

(1)工作队式项目组织的优点：

①由于项目上集中了一批得力的人才，他们在项目管理中配合，协同工作，一专多能可以充分发挥其作用；

②各种人才都在现场，解决问题迅速，减少了扯皮和时间浪费；

③项目经理权力集中，干涉少，决策快，指挥灵；

④由于减少了项目与职能部门的结合部，易于协调，减少了行政干预，易于开展工作；

⑤不打乱企业的原建制，传统的直线职能制组织仍可保留。

(2)工作队式项目组织的缺点：

①各类人员的管理工作在同一时期内所担负的管理工作任务可能有很大差别，难免忙闲不均，可能导致人员浪费；

②各类人员来自不同部门，具有不同的专业背景，相互不熟悉，难免配合不力；

③职能部门的优势无法发挥作用。由于同一专业人员分散在各项目上，相互交流困难，致使在一个项目上早已解决了的问题，在另一项目上还在重复研究摸索；

④职工长期离开原单位，容易影响其积极性，容易产生临时思想和不满情绪。

(3)工作队式项目组织的适用范围：

工作队式项目组织适用于大型项目，工期紧的项目，要求多工种多部门配合的项目。因此，它要求项目经理素质要高，组织及指挥能力要强。

3. 矩阵式项目组织。

矩阵式项目组织是把职能原则和对象原则结合起来建立的项目组织(图 7.4)，既发挥职能部门的纵向优势，又发挥项目组织的横向优势；项目组织机构与职能部门的结合部同职能部门数相同。项目与职能部门的结合部呈矩阵状；专业职能部门是永久性的，项目组织是临时性的。职能部门负责人对参与项目组织的人员有组织调配、业务指导和管理考察的责任。项目经理对参加本项目的各种人才均负有领导责任，并按项目实施的要求把他们有效地组织协调到一起，为实现项目目标共同配合工作。矩阵中每一成员，都需要接受来自部门负责人和项目经理的双重领导。部门负责人有权根据不同项目的需要和忙闲程度，将本部门专业人员在项目之间进行适当调配。这就可以充分发挥特殊专业人才的作用，避免在一个项目上闲置，从而大大提高了人才的利用率。当项目经理感到人力不足或其成员不得力时，他可以向职能部门请求支援或要求调换。项目经理部的工作有多个职能部门支持，但要求在水平方向及垂直方向上有良好的信息沟通及良好的协作配合，对整个企业组织和项目组织的管理水平和组织渠道畅通提出了较高的要求。

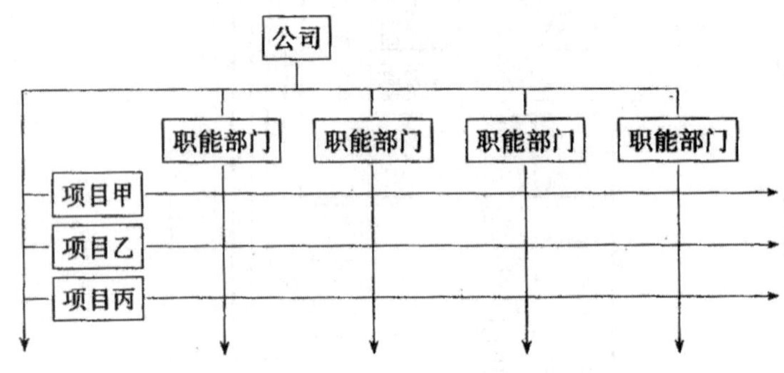

图 7.4 矩阵式项目组织形式

(1)矩阵式项目组织的优点：

①它兼有部门控制式和工作队式两种组织形式的优点，即解决了传统模式中企业组织和项目组织相互矛盾的状况，把职能原则与对象原则融为一体，求得了企业长期例行性管理和项目一次性管理的一致性；

②能以尽可能少的人力实现多个项目管理的高效率。通过职能部门的协调，防止人才的闲置和短缺，项目组织因此具有弹性和应变力；

③有利于人才的全面培养，不同知识背景的人在合作中相互取长补短，在实践中拓宽知识面；发挥纵向的专业优势，可以使人才成长有深厚的专业训练基础。

(2)矩阵式项目组织的缺点：

①由于人员来自职能部门，且仍受职能部门的控制，往往使项目组织的作用发挥受到影响；

②管理人员如果身兼多职，管理多个项目，有时难免顾此失彼；

③项目组织中的成员接受项目经理和职能部门的双重领导。当领导双方意见不一致乃至有矛盾时，管理人员便无所适从。为防止这一问题发生，双方领导应加强沟通，并应有严格的规章制度和详细的计划。当矛盾难以解决时，应以项目经理意见为主；

④矩阵式项目组织对管理水平、领导的素质、办事效率、信息沟通渠道畅通等均有较高要求，因此，要精干组织、分层授权、疏通渠道、理顺关系。由于结合部多，信息渠道易梗阻和失真，故要求层次、职责、权限明确划分，以便协调时有强大的组织措施和协调办法以排除难题。

(3)矩阵式项目组织的适用范围：

矩阵式项目组织适用于同时承担多个需要进行项目管理工程的企业和适用于大型、复杂的施工项目。各施工项目对专业人员的需要数量大以及需要多技术、多工种配合，采用矩阵式项目组织可以充分利用有限的人才进行管理。特别有利于发挥优秀人才的作用。

4. 事业部式项目组织。

事业部式项目组织是由企业成立事业部，事业部对企业来说是职能部门，对外有相对独立的经营权，可以是一个独立单位(图 7.5)。事业部可以按地区设置，也可以按工程类型或经营内容设置。事业部能较迅速适应环境变化，提高企业的应变能力。在事业部下边设置项目经理部，项目经理由事业部选派，一般对事业部负责。

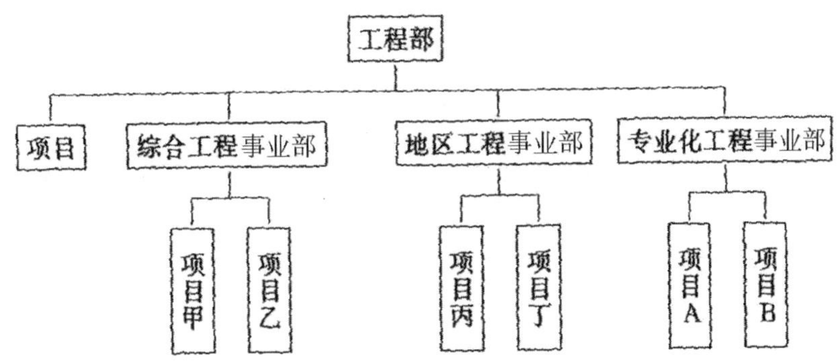

图 7.5　某企业建立的事业部式项目组织形式

(1)事业部式项目组织的优点：

事业部式项目组织有利于延伸企业的经营职能，扩大企业的经营业务，还有利于迅速适应环境变化以加强项目管理。

(2)事业部式项目组织的缺点：

按事业部式建立的项目组织，企业对项目经理部的约束力减弱，协调指导的机会减少，故有时会造成企业结构松散。必须加强其制度约束，并加大企业的综合协调能力。

(3)事业部式项目组织的适用范围：

事业部式项目组织适用于大型经营性企业的工程承包，特别适用于远离公司总部的工程承包。但应注意，它适用于在一个地区内有长期市场或一个企业有多种专业化施工力量时采用。

(六)施工项目管理组织形式的选择

企业的素质、任务、条件、基础不同，项目的规模、内容、管理方式不同，对组织机构的要求也不尽相同。选择何种项目组织形式，只能根据企业和项目的具体条件，因地制宜地进行，不能生搬硬套。

一般说来，项目组织类型的选择，要考虑以下几种因素：

1. 从企业角度看：大型综合性企业的人员素质好，管理水平高，能承担复杂的综合性任务，可以考虑工作队式或矩阵式组织类型；中小型企业任务单一，管理基础薄弱，人员素质较差，项目组织机构应以部门控制式为主。

2. 从项目角度看：大型复杂、多部门、多技术、多工种配合的项目，项目经理素质高、能力强，可以考虑选择工作队式或矩阵式；小型、简单、承包内容专一的项目，应以部门控制式为主。

3. 大型项目，远离企业基地项目，可以选择事业部式组织形式。

4. 在同一企业内，可以根据项目情况采取几种组织形式。但不能同时采用矩阵式和工作队形式，以免造成管理渠道和管理秩序的混乱。如表 7.1 所示可供选择项目组织形式时参考。

表 7.1 选择项目组织形式参考因素

项目组织形式	项目性质	施工企业类型	企业人员素质	企业管理水平
工作队式	大型项目、复杂项目、工期紧的项目	大型综合建筑企业，项目经理能力较强	人员素质较高、专业人才多、职工技术素质较高	管理水平较高，基础工作较强，管理经验丰富
部门控制式	小型项目、简单项目、只涉及个别少数部门的项目	小建筑企业，任务单一的企业，大中型基本保持直线职能制的企业	素质较差，力量薄弱，人员构成单一	管理水平较低，基础工作较差，缺乏有经验的项目经理
矩阵式	多工种、多部门、多技术配合的项目；管理效率要求很高的项目	大型综合建筑企业，经营范围很宽、实力较强的建筑企业	文化素质、管理素质、技术素质很高，管理人才多，人员一专多能	管理水平很高，管理渠道畅通，信息沟通灵敏，管理经验丰富
事业部式	大型项目、远离企业基地项目、事业部式企业承揽的项目	大型综合建筑企业、经营能力很强的企业、海外承包企业、跨地区承包企业	人员素质高，项目经理强，专业人才多	经营能力强，信息手段强，管理经验丰富，资金实力雄厚

第三节 施工项目目标控制

施工项目目标控制是指在实现施工项目的目标过程中，施工单位通过检查，收集到实施状态的信息，将它与原计划（标准）做比较，发现偏差，采取措施纠正这些偏差，从而保证计划正常实施，达到预定目标的全部活动过程。

施工项目目标控制的行为对象是施工项目目标，即进度目标、质量目标、成本目标和安全管理目标。控制行为的主体是施工项目经理部，控制对象的目标构成了目标体系。对不同的目标控制，分别编制不同的专业计划，采用有专业特点的科学方法，纠正由于各种干扰产生的偏差。目标控制的过程是一个动态的控制过程。

一、施工项目目标控制的任务

施工项目目标控制的任务包括：

（一）施工安全控制

施工安全控制是施工生产过程中涉及的计划、组织、监控、调节和改进等一系列致力于满足生产安全所进行的管理活动。其目的是减少和消除施工过程中的事故，保证人员健康安全和财产免受损失。

1. 施工项目安全控制目标。

施工项目安全控制目标是在施工过程中，安全生产所要达到的预期效果。工程项目采用施工总

承包方式的,该目标由施工总承包单位负责制订。制订目标应遵循以下原则:

(1)安全控制目标要按照项目施工的规模、特点制订,需具有先进性和可行性,应符合国家安全生产法律、行政法规和建筑行业安全规章、规程及对社会、业主的承诺。

(2)安全控制的首要目标应实现重大伤亡事故为零。在此基础上控制其他安全目标指标如:死亡率、重伤率、千人负伤率、经济损失额等。

安全控制目标应按"目标管理"方法在以项目经理为首的项目管理系统内进行分解,从而确定每个岗位的安全目标,实现全员安全控制。

2.编制施工安全保证计划。

施工安全保证计划是对施工过程中的不安全因素,用技术手段加以消除和控制的文件,是落实"预防为主"方针的具体体现,是进行施工项目安全控制的指导性文件。

3.施工安全技术措施计划的落实和实施。

施工安全技术措施计划的落实和实施包括建立健全安全生产责任制,设置安全生产设施,采用安全技术和应急措施,进行安全教育和培训、安全检查、事故处理、沟通和交流信息,通过一系列安全措施的贯彻,使施工作业的安全状况处于受控状态。

4.施工安全技术措施计划的验证。

施工安全技术措施的验证是通过施工过程中对施工安全技术措施计划实施情况的安全检查,纠正不符合安全技术措施计划的情况,保证施工安全技术措施的贯彻和实施。

5.持续改进。

根据施工安全技术措施计划的验证结果,对不适宜的施工安全技术措施计划进行修改、补充和完善。

(二)施工成本控制

施工成本控制是指在施工过程中,对影响施工成本的各种因素加强管理,并采取各种有效措施,将施工中实际发生和各种消耗与支出严格控制在成本计划范围内,随时揭示并及时反馈,严格审查各项费用是否符合标准,计算实际成本和计划成本之间的差异并进行分析,进而采取多种措施,消除施工中的损失浪费现象。

施工成本控制应贯穿于项目从投标阶段开始直至竣工验收的全过程,它是企业全面成本管理的重要环节。施工成本控制可分为事先控制、事中控制和事后控制。在项目施工过程中,需按动态控制原理对实际施工成本的发生过程进行有效控制。

合同文件和成本计划是成本控制的目标,进度报告和工程变更与索赔资料是成本控制过程中的动态资料。

施工成本控制应满足下列要求:

1.要按照计划成本目标值来控制生产要素的采购价格,并认真做好材料、设备进场数量和质量的检查、验收与保管。

2.要控制生产要素的利用效率和消耗定额,如任务单管理、限额领料、验收报告审核等,同时要做好不可预见成本风险的分析和预控,包括编制相应的应急措施等。

3.控制影响效率和消耗量的其他因素(如工程变更等)所引起的成本增加。

4.把施工成本管理责任制度与对项目管理者的激励机制结合起来,以增强管理人员的成本意识和控制能力。

5.承包人必须有一套健全的项目财务管理制度,按规定的权限和程序对项目资金的使用和费用的结算支付进行审核、审批,使其成为施工成本控制的一个重要手段。

(三)施工进度控制

建设工程项目是在动态条件下实施的,因此施工进度控制也必须是一个动态控制的管理过程,它包括:

1.施工进度目标的分解。其目的是将施工进度目标进行细化,分析可能存在的影响因素,分析施工进度目标实现的可能性。

2.编制施工进度计划。在充分收集、调查研究的基础上,根据目标要求和各种资源的情况,全面合理地编制施工进度计划。使工期、成本、资源等方面达到优化配置。

3.施工进度计划的跟踪检查与调整。按照进度控制的要求,收集工程进度的实际值,定期对工程进度的计划值与实际值进行比较检查,发现偏差进行调整。

施工进度控制的目的是通过进度控制实现工程的施工进度目标。

施工单位进度控制的任务就是依据施工任务委托合同对施工进度的要求控制施工进度。

(四)施工质量控制

施工质量控制是建设工程项目全过程质量控制的关键阶段。

施工质量控制是在明确施工质量方针指导下,通过施工方案和资源配置的计划、实施、检查和处置,进行施工质量目标的事前预控、事中控制和事后控制,从而实现预期施工质量目标的系统过程。主要包括建立施工质量保证体系、运行施工质量保证体系、施工质量验收等。

1.建立施工质量保证体系。包括明确以工程承包合同为基本依据的施工质量目标,制订项目施工质量计划,建立思想保证体系和组织保证体系,明确施工准备、施工和竣工验收三个阶段的工作任务和工作制度。

2.运行施工质量保证体系。以质量计划为主线,以过程管理为重心,按照PDCA的原理,通过计划、实施、检查和处理的步骤展开施工质量控制。包括落实各项施工准备工作,如工程项目开工前、各分部分项工程施工前、冬雨季施工等准备工作;对影响施工质量的人、材料、机械、技术(方法)、环境和资金等各生产要素的质量预控;对施工过程的质量进行检验检查,做好施工技术复核、隐蔽工程验收、不合格品处理等工作。

3.施工质量验收。工程施工质量验收是施工质量控制的重要环节,是对已完工程实体的内在及外观施工质量,按规定程序检查后,确认其是否符合设计及各项验收标准的要求,是否可交付使用的一个重要环节。根据建筑工程施工质量验收统一标准,施工质量验收分为检验批、分项工程、分部(子分部)工程、单位(子单位)工程的质量验收,并规定了与之配合的各专业工程施工质量验收规范。在其中每一个专业工程施工质量验收规范中,又明确规定了各分项工程施工质量的基本要求,规定了分项工程检验批量的抽查办法和抽查数量,规定了检验批主控项目、一般项目的检查内容和允许偏差,规定了对主控项目、一般项目的检验方法,规定了各分部工程验收的方法和需要的技术资料等,同时对涉及人民财产安全、人身健康、环境保护和公共利益的内容以强制性条文做出规定,要求必须坚决、严格遵照执行,并规定了竣工工程质量验收的程序和要求。

二、施工项目目标控制的主要措施

由于施工项目目标控制过程中主客观条件的变化是绝对的,不变则是相对的,平衡是暂时的,不平衡则是永恒的,因此施工项目目标的控制中不可能一帆风顺,目标的计划值与实际值总会存在或多或少的偏差,这就要求采取措施进行调整,使施工项目的目标得以实现。施工项目目标控制采取的主要措施包括:

组织措施。分析由于组织的原因而影响项目目标实现的问题，并采取相应的措施，如调整项目组织结构、任务分工、管理职能分工、工作流程组织和项目管理班子人员等。

管理措施（含合同措施）。分析由于管理的原因而影响项目目标实现的问题，并采取相应的措施，如调整进度管理的方法和手段、改变施工管理、强化合同管理等。

经济措施。分析由于经济的原因影响项目目标实现的问题，并采取相应的措施，如落实加快工程施工进度所需的资金。

技术措施。分析由于技术（包括设计和施工的技术）的原因而影响项目目标实现的问题，并采取相应的措施，如调整设计、改进施工方法、改变施工机具等。

以下是某工程项目的管理案例，展示了工程项目管理中一些好的做法和经验，在此，借以学习和参考。

某小学工程项目，是汶川“5·12”地震灾后重建项目，由于工程的特殊性，公司下达任务急，项目经理及项目部管理人员对整个项目状况不清楚，拿出项目实施规划和策略是当务之急。项目班子成员立即投入对合同的研究，分析合同风险，从而更好地执行合同。同时，项目经理多次组织项目管理人员召开项目风险评估会，集思广益，找出项目重大风险和一般风险。具体分析如下：

（一）风险分析

1. 成本方面的风险。

（1）工作内容变更。招标图重新出了新图，按新图施工项目部不但没有利润，反而会亏损，新图对装饰、绿化、配套设施调整非常多。

（2）总价包干，没有二次经营空间。过程论证，增加工作量不现实，还担心施工过程中甲方、设计为提高档次进行设计变更。当然，合同价款中也包含了设计局部修改以及经监理、发包人同意的技术联络单而引起的工程价款增加和减少金额，但仅调整超过合同造价±2%那部分。例如：如造价增加3%，则增加价款为1%，造价减少3%，则价款减少1%。

（3）交工时付款额度风险。与甲方合同约定交工时付总工程款的80%，因此，与分包商和材料供应商的款项支付就十分艰巨。

2. 工期方面的风险。

本工程定额工期为1年，而合同工期只有4个月，如工期延误，延迟1天需缴纳5万元违约金。更重要的是，该工程是汶川“5·12”地震后的援建重点项目，是几百名灾后儿童集中安置及就学的场所，如工期延误，企业声誉将严重受损，将面对来自社会、舆论的压力。

3. 质量方面的风险。

由于工期紧，难免会出现质量缺陷，甚至质量事故，如发生不仅要辜负政府期望，也难以对社会交出满意答卷。

4. 政治影响的风险。

由于该工程是灾后援建的重点项目，一旦出现问题，将给公司造成重大影响。

针对上述风险，如何规避成了本工程施工目标管理的头等大事。

（二）精细管理措施与风险控制

1. 成本风险的解决。

成本风险是难度最大的风险。由于是包干合同，要实现盈利，只有在少支出方面下功夫。

（1）首先进行图纸优化。项目部经过分析研究将优化图纸对象进行了分类：①由于设计周期短，设计图纸可能不符合施工常情，且超过了投标时的约定标准；②设计提高装饰装修档次，致使投标报价不足；③新工艺或新材料的使用。

对这三种情况项目部分别采取了不同的方法：第一类，充分利用合同条款约定，甲方有义务优化图纸，且在不违背原则的前提下，必须进行修改。第二类，投标报价不足部分，快速、优质完成各分部分项工程，以获得甲方的同情和理解。第三类，如果同意采用新工艺或新材料替代，可降低成本。

(2)在项目管理人员组织方面，精简管理人员，减少管理费支出。

(3)在招标采购方面，严格执行招标采购制度，千方百计寻找资源、信息，降低材料采购成本和专业分包成本。包括项目经理在内，亲自到各类建材市场了解信息，利用一切可获得的资源把所有材料和专业分包价格了解清楚，再通过招标降低大量成本。

(4)充分利用"甲方"的身份，将部分风险转包给分包商。如：造成质量缺陷的，由相应分包商负责修复并承担费用；周转作业用料丢失，通过招标文件、分包合同约定，由相应分包商承担；等等。

2. 工期风险的解决。

运用软件及时跟进纠偏各分部分项工程所占时间，最终在 4 个月内完成了建设任务，并得到了甲方的奖励。主要采取了以下措施：

(1)转移工期风险，将延迟交工的风险合理转移给分包商，使分包商根据施工情况组织了大量劳动力。

(2)在经济上采取措施，设置节点奖。如基础节点准时达到，奖励各分包商 5000 元。

(3)调动管理人员的积极性。如里程碑节点按期完成发放节点奖。

(4)研究各分部分项工程施工技术措施，精心进行组织设计，优化施工。

(5)因甲方原因造成工期延误，如拆迁场地未按时交付等，及时签证。

3. 质量风险的解决。

(1)转移质量风险，将质量问题与分包商工程款相结合，严格要求。

(2)项目管理人员随进度进程，对每个工序进行严格检查、监督，发现问题督促整改，经验收合格后方可进入下一道工序，以防出现重大质量缺陷。

第四节　施工资源与现场管理

在施工项目管理的全过程中，为了取得各阶段目标和最终目标的实现，在进行各项工作时，都必须加强管理。管理的主体是以项目经理为首的项目经理部，而管理客体就是具体的施工对象、施工活动对象相关的生产要素，即施工资源。项目资源是我们完成施工任务的重要手段，也是施工项目目标得以实现的重要保证。

建立施工项目管理的组织也即项目经理部是完成整个施工项目管理的前提，有了这样的管理主体才能对施工项目管理进行规划，制订阶段目标与最终目标并进行控制。由于施工项目目标控制的过程中，会不断受到各种客体因素的干扰，各种风险因素也随时有可能发生，因此，应通过组织协调和风险管理来对施工项目进行动态控制，即现场管理。

现场管理应理解为在整个施工阶段，现场管理的主体要牢牢抓住施工项目的资源，即生产要素(它主要包括：劳动力、材料、设备、资金与技术)的合理配置和强化管理，以确保在使用较少资源的前提下，取得最大经济效果。

一、施工资源管理的任务和内容

施工资源管理是施工企业对施工项目所需的人力、材料、机具、设备、技术和资金所进行的计划、组织、指挥、协调和控制等活动。施工资源管理包括人力资源管理、材料管理、机械设备管理、技术管理和资金管理。

(一)施工资源管理的任务和内容

1.资源作为工程项目实施的基本要素,它通常包括:

(1)物资,包括原材料和设备、周转材料。原材料和设备构成工程建筑的实体,例如常见的沙石、水泥、砖、钢筋、木材、生产设备等;周转材料如模板、支撑、施工用工器具以及施工设备的备件、配件等。

(2)机械设备,包括项目施工所需的施工设备,如塔吊、混凝土拌和设备、运输设备。临时设施,如施工用仓库、宿舍、办公室、工棚、厕所、现场施工用供排水系统(水电管网、道路等)。

(3)劳动力,包括劳动力总量,各专业、各种级别的劳动力,操作工人、修理工以及不同层次和职能的管理人员。

(4)项目施工的资金。资金也是一种资源,资金的合理使用是施工顺利、有序进行的重要保证,这也是常说的“资金是项目的生命线”的原因。

此外还包括计算机软件、信息系统、服务、专利技术等。

2.各项施工资源管理的主要任务和内容。

(1)项目物资管理。

项目的资源管理就是项目对施工生产过程中所需要的各种材料的计划、订购、运输、储备、发放和使用所进行的一系列组织与管理工作,做好这些物资管理工作,有利于企业合理使用和节约材料,保证并提高建筑产品质量。降低工程成本,加速资金周转,增加企业的盈利。

物资管理是保证施工生产顺利进行的先决条件;是提高工程质量的重要保障;可以保证工期按期或提前完成;可以降低工程成本;可以加速流动资金的周转,减少流动资金占用;有利于提高劳动生产率;有利于带动现场管理水平的提高。

物资管理具有以下特点:材料供应的多样性和多变性;材料消耗的不均衡性,受季节性影响;受运输方式和运输环节的影响。

因此,物资管理的基本任务是:

①按期、按质、按量、适价地供应施工所需要的各种材料,保证生产正常有序地进行;

②经济合理地组织材料供应、减少储备、改善保管、降低消耗;

③监督与促进材料的合理使用与节约使用。

物资管理的主要内容是:

物资管理工作,主要是指在材料计划的基础上,做好材料的供应、保管和使用的组织和管理工作,具体内容包括材料定额的制订管理、材料计划的编制、材料的库存管理、材料的订货采购、材料的组织运输、材料的仓库管理、材料的现场管理、材料的成本管理等方面。

(2)项目机械设备管理。

随着建筑业的发展,建筑工业化、机械化的水平正在不断地提高,以机械设备施工代替繁重的体力劳动已经日益显著,而且机械、设备的数量、型号、种类还在不断增多,在施工中所起的作用也越来越大,因此加强对施工机械设备的管理工作也日益重要。

①机械设备管理的意义。

机械设备管理的意义在于通过对施工所需要的机械设备进行优化配置，按照机械运转的客观规律，合理地组织机械以及操作人员，从而可以用少量的机械去完成尽可能多的施工任务，大大地节约资源。

②机械设备管理的任务。

在设备使用寿命期内，机械设备管理的任务就在于科学地选好、管好、养好、修好机械设备，保持较高的设备完好率和最佳技术状态，从而提高设备利用率和劳动生产率，稳定提高工程质量，获得最大的经济效益。

③机械设备管理的特点。

机械设备管理必须要有一定的管理体制，而这种体制要适合施工企业的管理体制，必须与建筑企业组织体系相依托。

为了充分发挥机械设备的使用效率，必须大力发展专业化协作，实行以集中管理为主，集中管理与分散管理相结合的办法。

为方便施工，提高施工机械化水平，使设备允分利用，发挥投资效益要特别注意提高完好率、利用率和效率。

④机械设备管理的主要内容。

机械设备合理装备，既要保证施工需要，又要使每台机械设备发挥最大效率，以达到最佳经济效益。总的原则是技术上先进、经济上合理、生产上适用。

机械设备的选择，进行技术条件和经济条件的分析和对比，保证选择的合理性。

机械设备的使用、维护和修理，正确、合理地使用、维修机械，减轻机械磨损，保持机械的良好工作性能，充分发挥机械的效率，延长机械使用寿命，提高机械使用的经济效益。

(3)项目劳动力管理。

项目的劳动力管理在项目整个资源管理中占有很重要的地位，从经济的角度看，人是生产力要素中的决定因素。在社会生产过程中，处于主导地位，因为我们在这里所指的劳动力应该广义地被认为是管理层及操作层，只有加强了这方面的管理，把他们的积极性充分调动起来，才能很好地去掌握手中的材料、设备、资金，把一项项工程做得尽善尽美。所以在劳动力管理中，关键在使用，而使用的关键在提高效率。提高效率的关键是如何调动职工的积极性。调动积极性的最好办法是利用行为科学，从劳动力个人的需要和行为的关系观点出发，进行适当的激励。

任用和激励是人力资源管理的两个主要环节。人力资源管理的基本任务，也就是管理者从维护和促进本组织发展的前提出发，通过有计划地对本组织内外的人力资源进行合理地组织，并采取各种措施，激发组织成员的积极性和创造性，充分发挥人力作用，使人尽其才，才尽其用，更好地促进工作效率和生产效率的提高，以加快工作目标的实现。

作为企业或项目的管理目的，管理者应该自始至终把管理的出发点和落脚点放在人的管理上，努力创造一个健康的、富有效率的组织管理氛围，使企业、项目的发展和个人的全面发展更好地统一起来，从而达到企业、项目发展目标与社会发展目标的一致。

劳动力优化配置是劳动力管理的最重要的内容，也是劳动力管理的目的和意义的体现，对人力资源进行充分利用，提高效率，保证工程按照计划目标实现，而且达到降低成本的目的。同时还要进行劳动力的动态管理，根据生产任务、施工条件的变化对劳动力进行跟踪平衡、协调，以解决劳务失衡，劳务与生产要求脱节的动态过程，其目的在于实现劳动力动态的优化组合。

劳动力管理的任务：

①加强劳动力管理，降低劳动消耗，提高劳动生产率，促进生产发展。

②科学合理地组织劳动力，节约使用劳动力。

③改善劳动条件，保证职工在生产中的安全与健康。

(4)项目资金管理。

项目施工过程中的各种损耗以货币表现出来。虽然施工项目不是独立的经济实体，但应该进行独立成本核算，因此项目客观上存在着财务管理。财务的本质是项目施工生产过程中的资金运动。资金运动存在着客观的资金运动规律，是不以人们的意志为转移的。因此掌握和认识资金运动规律，合理组织资金运动，以加速物质运动，提高经济效益，达到更好的管理效果。抓好资金管理，把有限的资金运用到关键的地方，加快资金的流动，促进施工，降低成本，因此，资金管理具有十分重要的意义。

项目资金管理包括资金的筹集、资金的使用和资金的回收、分配几个方面，这几个方面相互结合，共同构成了项目的资金管理。

项目资金来源的渠道：

①预收工程预付款；

②已完成施工价款结算；

③由于增加工作量等原因而获得的索赔；

④银行贷款；

⑤企业自有资金；

⑥其他项目资金的调剂占用等。

筹措资金的原则：

①充分利用自有资金，降低成本；

②必须在经过收支对比后，按差额来筹措，以免造成浪费；

③把利息的高低作为选择资金来源的主要标准，尽量利用低利率贷款。

资金使用原则：

①以项目经理为中心，项目的资金主要由该项目支配并用于该项目。

②项目经理部及时向发包方收取工程款，做好分期结算、增(减)账结算、竣工结算等工作，加快资金入账步伐，不断提高资金管理水平和效益。

③甲供材料及设备也是项目资金的重要组成部分，必须根据收料凭证及时入账，按月分析使用情况，反映收入及耗用动态，定期与交料单位核对，保证资料完整准确，为及时做好各项结算创造先决条件。

④及时协调解决甲方提供资金、材料以及项目向分包、供应商支付工程款等事宜。

⑤以收定支，在不加大项目资金成本及确保项目进度质量不受影响；

⑥坚持资金计划原则，根据进度、业主支付能力、企业垫付能力、分包或供应商承受能力等制订相应资金计划，按计划进行资金回收和支付。

(二)施工资源管理的方法

项目施工各项资源管理的一般方法有：

1.项目物资管理包括物资计划管理、采购供应管理、现场物资管理以及物资成本管理等。

2.项目机械设备管理包括机械设备管理的内容和职责、机械设备管理的内容和方法等。

3.项目劳动力管理包括劳动力管理的方法、劳动定额作用及管理、班组劳动力管理、施工现场经济承包责任制和激励机制等。

4.项目资金管理包括资金的预测和对比、项目资金计划、分析对比调整考核以达到成本结余的目的等。

(三)施工资源管理的全过程应包括项目资源的计划、配置、控制和处置

1. 项目资源管理计划。

资源管理计划应按照施工预算、现场条件和项目管理实施规划编制。资源管理计划应包括建立资源管理制度,编制资源使用计划、供应计划和处置计划,规定控制程序和责任体系。

(1)人力资源管理计划应包括人力资源需求计划、人力资源配置计划和人力资源培训计划。项目经理部应根据项目进度计划和作业特点优化配置人力资源,制订人力需求计划,报企业人力资源管理部门批准,企业人力资源管理部门与劳务分包公司签订劳务分包合同。远离企业本部的项目经理部,可在企业法定代表人授权下与劳务分包公司签订劳务分包合同。项目人力资源的高效率使用,关键在于制订合理的人力资源使用计划。管理部门应审核项目经理部的进度计划和人力资源需求计划,并做好以下工作:

①在人力资源需求计划的基础上编制工种需求计划,防止漏配。必要时根据实际情况对人力资源计划进行调整;

②人力资源配置应贯彻节约原则,尽量使用自有资源;

③人力资源配置应有弹性,让班组有超额完成指标的可能,激发工人的劳动积极性;

④尽量使项目使用的人力资源在组织上保持稳定,防止频繁变动;

⑤为保证作业需要,工种组合、能力搭配应适当;

⑥应使人力资源均衡配置以便于管理,达到节约的目的。

项目所使用的人力资源无论是来自企业内部,还是企业外部,均应通过劳务分包合同进行管理。

(2)材料管理计划应包括材料需求计划、材料使用计划和分阶段材料计划。项目材料管理的目的是贯彻节约原则,降低项目成本。由于材料费用所占比重较大,因此,加强材料管理是提高企业经济效益的最主要途径。材料管理的关键环节在于材料管理计划的制订。项目经理部材料管理的主要任务应集中于提出需用量,控制材料使用,加强现场管理,完善材料节约措施,组织材料的结算和回收。

(3)机械管理计划应包括机械需求计划、机械使用计划、机械保养计划。项目经理部应编制机械设备使用计划并报企业审批。对进场的机械设备必须进行安装验收,并做到资料齐全准确。在使用中应做好维护和管理。项目所需机械设备可采用调配、租赁和购买等供应方式。

(4)技术管理计划应包括技术开发计划、设计技术计划和工艺技术计划。项目经理部应在技术管理部门的指导和参与下建立技术管理体系,具体工作包括;技术管理岗位与职责的明确、技术管理制度的制定、技术组织措施的制定和实施、施工组织设计编制及实施、技术资料和技术信息管理。

(5)资金管理计划应包括项目资金流动计划和财务用款计划,具体可编制年、季、月度资金管理计划。

2. 项目资源管理控制。

资源管理控制应包括按资源管理计划进行资源的选择、资源的组织和进场后的管理等内容。

人力资源管理控制应包括人力资源的选择、订立劳务分包合同、教育培训和考核等。

材料管理控制应包括材料供应单位的选择、订立采购供应合同、出厂或进场验收、储存管理、使用管理及不合格品处置等。

机械设备管理控制应包括机械设备购置与租赁管理、使用管理、操作人员管理、报废和出场管理等。

技术管理控制应包括技术开发管理,新产品、新材料、新工艺的应用管理,项目管理实施规划和技术方案的管理,测试仪器管理等。

资金管理控制应包括资金收入与支出管理、资金使用成本管理、资金风险管理等。

3. 项目资源管理考核。

资源管理考核是通过对资源投入、使用、调整以及计划与实际的对比分析，找出管理中存在的问题，并对其进行评价的管理活动。通过考核能及时反馈信息，提高资金使用价值，持续改进。

(1)人力资源管理考核应以有关管理目标或约定为依据，对人力资源管理方法、组织规划、制度建设、团队建设、使用效率和成本管理等进行分析和评价。

(2)材料管理考核工作应对材料计划、使用、回收以及相关制度进行效果评价。材料管理考核应坚持计划管理、跟踪检查、总量控制、节奖超罚的原则。

(3)机械设备管理考核应对项目机械设备的配置、使用、维护以及技术安全措施、设备使用效率和使用成本等进行分析和评价。

(4)项目技术管理考核应包括对技术管理工作计划的执行，技术方案、技术措施的实施，技术问题的处置，技术资料收集、整理和归档以及技术开发、新技术和新工艺应用等情况进行的分析和评价。

(5)资金管理考核应通过对资金分析工作，计划收支与实际收支对比，找出差异，分析原因，改进资金管理。在项目竣工后，应结合成本核算与分析工作进行资金收支情况和经济效益分析，并上报组织财务主管部门备案。项目管理组织应根据资金管理效果对有关部门或项目经理部进行奖惩。

二、施工现场管理的任务和内容

工程施工是工程建设的一个重要环节，任何一道工序出现差错都会让工程产生缺陷。因此，施工现场管理十分重要。

(一)施工现场管理的任务

施工现场管理的任务就是要求项目经理部按照建设工程施工现场管理的有关规定和城市建设的有关法规，科学合理地安排、使用施工现场，协调各专业作业活动，保护环境，创造文明安全的施工环境和人、材、物、资金畅通的施工秩序。

(二)施工现场管理的内容

1. 施工前的管理。

(1)施工现场管理由项目经理部具体完成，项目经理部要根据工程规模大小，配备相应的管理技术人员。装饰装修涉及工种多、材料品种广、施工烦琐，各工种施工工艺与处理方法各不相同，因此要求技术管理人员要具备一定的专业知识和素质，熟知各种施工工艺，熟悉各种装饰材料及性能。要明确现场管理人员各自的职责和相应的责任。项目经理在工程建设过程中起着协调各方面关系、沟通技术、传达信息等方面的作用。项目经理在工程实施的进程中要利用自己掌握的专业知识处理工地上发生的各种状况，凝聚项目经理部管理人员的力量。

(2)装饰设计需要通过工程技术管理人员组织工人施工来实现，因此要求技术人员必须熟悉施工图纸，了解施工内容。在各分部分项工程开工前要向各施工队进行技术和安全交底工作，其目的是使施工人员明确各部位设计意图和施工技术及安全等要求，以保证工程严格按照设计图纸、施工组织设计、安全操作规程和施工验收标准规范等要求进行施工。

(3)要与施工队伍签订安全、文明施工协议，签订用工协议。协议内容要涉及奖惩条款，用以规范工人在施工过程中不安全、不文明、野蛮施工等行为及施工中施工人员作业达不到规范要求，或由于施工者原因造成的材料浪费或损坏，预防施工者机械的工作态度。

2. 施工过程中的管理。

施工是设计具体实施的过程。这一过程的施工现场管理包括施工现场的文明施工，施工安全生产管理，施工生产的组织和实施，技术质量管理的实施、监督、检查，材料进场、检验、使用的管理，施工现场安全、卫生管理等。

(1)在施工过程现场管理中，质量管理是核心。要明确装修工程质量控制目标，严格按合同中质量目标的要求，从每个工序的质量控制入手。现场管理要明确管理人员的管理职责，认真落实岗位责任制是规范工程项目现场管理的关键。施工管理人员要严格按照工程技术规范和安全操作规程办事，减少、消灭质量和安全事故的发生，使各种损失减少到最低。装饰装修质量要求很高，在施工中必须严把质量关。

实际施工中，常用下道工序检查上道工序，施工管理人员检验的检查方式，做到及时发现问题，及时制定措施解决问题，直到不合格得到纠正。隐蔽工程要由现场技术管理人员检验，并做出详细的文字记录，做到及时发现问题，及时制定措施解决问题。做好隐蔽验收工作，当上道工序会被下道工序遮盖时，必须在做好自检的基础上，向监理工程师提出隐蔽验收要求，经其验收合格后即可进行下道工序的施工。

施工过程的质量监控是现场质量管理的重要环节，有力的质量监控能使工程质量做到防患于未然，能控制工程质量达到预期的目标，有利于促进工程质量不断提高，有利于降低工程成本。装饰施工影响最终交付房屋的观感，对于材料颜色、纹理有差异的情况，如不监控，工人对材料不进行挑选，不考虑施工效果，盲目施工而造成的质量缺陷直至引起的返工，会给施工企业造成材料浪费和工期延误。这种情况下，现场管理人员应采取补救措施，并应根据签订的用工协议，对因工人原因造成的材料浪费给予罚款等处罚措施，并要切实具体实施。

(2)项目经理部要定期召开例会，在例会中，项目经理要及时通报工程信息，让管理人员了解施工的变化和进展。管理人员及施工人员要及时上报施工中急需解决的问题，由项目经理协调安排解决，避免影响工期及质量。

(3)现场技术管理人员除监督检查施工质量、安全外，还要做好施工工序等技术资料的记录工作，因为现场技术人员熟悉施工情况，了解整个施工过程，技术资料的记录，是工程结算的依据，由技术管理人员和造价人员一起协作，才能避免漏项，工程量也不会出现大的偏差，才能更加全面、详实地编制竣工结算。

(4)装饰施工现场管理要配备专人做好技术管理资料和质量保证资料工作，收集整理工程技术资料是现场管理人员的责任，工程技术资料是工程项目竣工验收的重要依据。装饰企业应按合同和国家有关规定提供完整的竣工验收工程技术资料，经监理工程师审核确认无误后，归人正式竣工档案。项目经理部要认真做好工程技术资料的收集整理工作。技术资料能在工程出现问题时进行调查分析，找出原因，明确责任方或责任人，使问题能够彻底解决。

在施工过程中，经常会遇见建设方口头提出的变更或现场与图纸不相符的情况，这时施工单位应及时填写设计变更、材料变更等洽商文件，报请监理和业主签认，以便及时安排施工。如果涉及原预算书中未包含的费用，则要提请监理和业主签认追加此项费用。这种调整既涉及图纸，也会导致工期与费用的变化，这种签认作为合同的附件是最终工程结算的依据。未经甲方或监理签认的项目变更等，会使工程完工后出现扯皮现象，给施工方造成经济损失。

(5)装饰施工材料管理方面要注意报料单须经现场技术管理人员审核签字，再由材料采购员购买。购买的材料需坚持质量好、价格低，并遵循集中采购的原则，减少运输费用的增加，尽量避免零星材料购买中运费高于材料的现象。根据施工进度计划科学地组织材料，避免停工待料现象的发生；材料的领用应登记入册，并定期盘点，掌握实际消耗量。对于周转材料要及时回收、整理，使用完毕及时退场，这样有利于减少租赁费用，从而降低成本。对于主要材料，应随施工进度安排，提前编制采购计划，有订货周期的材料要提前放样及时定购，需设计人员、技术管理人员前往确认的材料，设计、技术管理人员应积极配合，避免因材料出错或到货不及时影响施工进度。所有进场主材，材料员都应提供合格证和相应的检测报告等资料，报给技术资料管理员，并由技术资料管理员按规定向监理工程师报验，待批准同意使用后方可投入使用。对于施工中时有发生的工人浪费材料的现象，比如：把大块板子丢弃用新板子，把钉子等随处乱扔，下料不合理等情况，应制定专项措施，避免浪费。

（6）安全方面要进行日常性安全检查，做好施工现场及工人的安全防护，检查安全技术措施的落实，做好施工过程安全控制。对违反施工操作规程，违章施工的现象坚决制止，责令整改。杜绝人身伤害事故的发生，杜绝火灾事故的发生。

3. 施工结束后的管理。

（1）项目管理人员应组织工人对已完工后的项目进行成品保护，避免损坏和污染已完工的成品。完工后项目经理部人员应及时组织清理现场，剩余材料及临时设施做好清点工作后及时退场。

（2）每当完成一项工程，工程部门都应进行一次技术总结和交流，不管是否参与管理，通过总结增加对新工艺、新技术和新材料的认识，特别是达到克服缺点，吸取经验教训的目的。

总之，施工现场管理是一项系统的工作，工程项目经理部人员应以负责、认真、主动的精神状态，从施工全过程强化现场施工管理，为使项目工程质量、进度、成本达到计划目标，为创造精品工程而努力。

思考题

1. 建设工程项目管理与施工项目管理的内容是什么？
2. 施工项目管理的主要内容是什么？组织机构形式有哪几种？
3. 施工项目目标控制的任务和措施是什么？
4. 施工资源管理和现场管理的方法、任务和内容是什么？

第八章　施工测量的基本知识

本章共 3 节，它的主要内容包括施工现场的测量、施工变形的测量及施工测量的知识等。要求熟悉施工测量的基本知识。

通过本章学习，要能够熟悉施工测量的基本知识，正确使用测量仪器进行施工测量，能够使用经纬仪、水准仪进行室内外定位放线及放线复核。了解建筑变形的概念以及各类建筑变形的观测手段。

第一节　标高、直线、水平等的测量

一般建筑工程，通常先布设施工控制网，以施工控制网为基础，测设建筑物的主轴线，根据主轴线进行建筑物细部放样。

施工测量现场主要工作有：对已知长度的测设，已知角度的测设，建筑物细部点平面位置的测设，建筑物细部点高程，位置及倾斜线的测设等。

一、水准仪、经纬仪、全站仪、激光铅垂仪、测距仪的使用

(一)水准仪

水准仪主要由望远镜、水准器和基座三个主要部分组成。是为水准测量提供水平视线和对水准标尺进行读数的一种仪器。

水准仪有 DS0.5，DS1，DS3 等几种不同析度的仪器."D"和"S"分别代表"大地测量"和"水准仪"汉语拼音的第一个字母，"0.5"，"1"，"3"是表示该类仪器的析精度，即每千米往、返测得商差中数的中误差(以毫米计)，通常在书写时省略字母"D"。S0.5 型和 S1 型水准仪称为精密水准仪，用于国家一、二等水准测量及其他精密水准测量；S3 型水准仪称为普通水准仪，用于国家三、四等水准测量及一般工程水准测量。如图 8.1 所示。

图 8.1　水准仪

水准仪的主要功能是测量两点间的高差，它不能直接测量待定点的高程，但可由控制点的已知高程来推算测点的高程。另外，利用视距测量原理，它还可以测量两点间的水平距离等。

(二)经纬仪

经纬仪由照准部、水平度盘和基座三部分组成，是对水平角和竖直角进行测量的一种仪器。

经纬仪有 DJ0.7，DJ1，DJ2，DJ6 等几种不同精度的仪器。“D”和“J”分别代表“大地测量”和“经纬仪”汉语拼音的第一个字母，“0.7”“1”“2”“6”是表示该类仪器在测绘方向观测中误差的秒数。通常在书写时省略字母“D”，J0.7，J1 和 J2 型经纬仪属于精密经纬仪，J6 型经纬仪属于普通经纬仪，在建筑工程中，常用 J2 和 J6 型光学经纬仪。如图 8.2 所示。

图 8.2　经纬仪

经纬仪的主要功能是测量两个方向之间的水平夹角；其次，它还可以测量竖直角；借助水准尺，利用视距测量原理，它还可以测量两点间的水平距离和高差。

(三)全站仪

全站仪由电子经纬仪、光电测距仪和数据记录装置组成。

全站仪在测站上观测，必要的观测数据如斜距、天顶距(竖直角)、水平角等均能自动显示，而且几乎是在同一瞬间内得到平距、高差、点的坐标和高程。如果通过传输接口把全站仪野外采集的数据终端与计算机、绘图机连接起来，配以数据处理软件和绘图软件，即可实现测图的自动化。如图 8.3 所示。

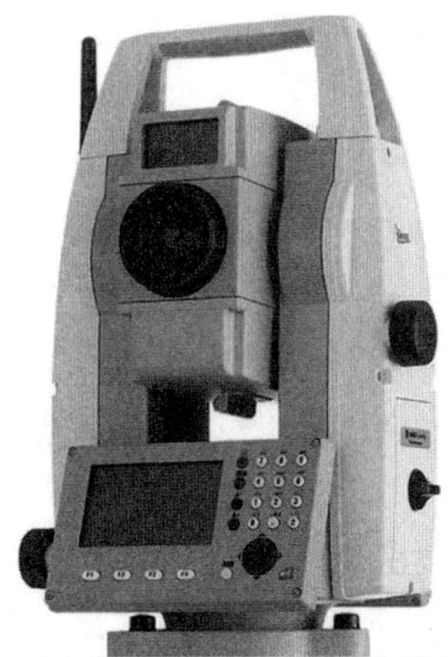

图 8.3　全站仪

(四)激光铅垂仪

激光铅垂仪是指借助仪器中安置的高灵敏度水准管或水银盘反射系统,将激光束导至铅垂方向用于进行竖向准直的一种工程测量仪器。适用于高层建筑物、烟囱及高塔架的铅直定位测量。

激光铅垂仪的基本构造主要由氦氖激光管、精密竖轴、发射望远镜、水准器、基座、激光电源及接收屏等部分组成。如图 8.4 所示。

激光铅垂仪投测轴线投测方法如下:

1. 在首层轴线控制点上安置激光铅垂仪,利用激光器底端(全反射棱镜端)所发射的激光束进行对中,通过调节基座整平螺旋,使水准管气泡严格居中。

2. 在上层施工楼面预留孔处,放置接受靶。

3. 接通激光电源,启辉激光器发射铅直激光束,通过发射望远镜调焦,使激光束会聚成红色耀目光斑,投射到接受靶上。

图 8.4 激光铅锤仪

4. 移动接受靶,使靶心与红色光斑重合,固定接受靶,并在预留孔四周做出标记,此时,靶心位置即为轴线控制点在该楼面上的投测点。

(五)测距仪

测距仪是一种航迹推算仪器,用于测量目标距离,进行航迹推算。

测距仪从测距基本原理,可以分为以下三类:

1. 激光测距仪。

激光测距仪是利用激光对目标的距离进行准确测定的仪器。激光测距仪在工作时向目标射出一束很细的激光,由光电元件接收目标反射的激光束,计时器测定激光束从发射到接收的时间,计算出从观测者到目标的距离。激光测距仪是目前使用最为广泛的测距仪,激光测距仪又可以分类为手持式激光测距仪(测量距离 0～300 m)、望远镜激光测距仪(测量距离 500～3000 m)。

2. 超声波测距仪。

超声波测距仪是根据超声波遇到障碍物反射回来的特性进行测量的。超声波发射器向某一方向发射超声波,在发射同时开始计时,超声波在空气中传播,途中碰到障碍物就立即返回来,超声波接收器收到反射波就立即中断停止计时。通过不断检测产生波发射后遇到障碍物所反射的回波,从而测出发射超声波和接收到回波的时间差 T,然后求出距离 L。如图 8.5 所示。

图 8.5　测距仪

由于超声波受周围环境影响较大，所以超声波测距仪一般测量距离比较短，测量精度比较低。目前使用范围不是很广阔，但价格比较低，一般几百元左右。

3. 红外测距仪。

用调制的红外光进行精密测距的仪器，测程一般为 1～5 km。利用的是红外线传播时的不扩散原理：因为红外线在穿越其他物质时折射率很小，所以长距离的测距仪都会考虑红外线，而红外线的传播是需要时间的，当红外线从测距仪发出碰到反射物反射回来被测距仪接收到，再根据红外线从发出到被接收到的时间及红外线的传播速度就可以算出距离。红外测距仪的优点是便宜、易制、安全，缺点是精度低、距离近、方向性差。

二、水准、距离、角度测量的要点

(一)水准测量

水准测量又名“几何水准测量”，是用水准仪和水准尺测定地面上两点间高差的方法。在地面两点间安置水准仪，观测竖立在两点上的水准标尺，按尺上读数推算两点间的高差。通常由水准原点或任一已知高程点出发，沿选定的水准路线逐站测定各点的高程。

水准仪的使用包括仪器的安置、粗略整平、瞄准水准尺、精平和读数等操作步骤。

水准测量路线形式主要有：闭合水准路线、附合水准路线和支水准路线。

水准测量的主要工作内容：

1. 外业工作。

(1)水准点布设及测量形式。

(2)水准测量的实施。

2. 检核编辑。

(1)计算检核。

(2)测站检核。

(3)成果检核。

3. 内业工作编辑。

水准测量外业工作结束后，要检查手簿，再计算各点间的高差。经检核无误后，才能进行计算和调整高差闭合差。最后计算各点的高程。

(1)附合水准路线闭合差的计算和调整,附合水准路线成果计算。

(2)闭合水准路线闭合差的计算与调整。

4. 误差校正编辑。

(1)仪器误差。

(2)观测误差。

(3)外界条件的影响。

(二)距离测量

测量地面上两点连线长度的工作。通常需要测定的是水平距离,即两点连线投影在某水准面上的长度。它是确定地面点的平面位置的要素之一。距离测量的精度用相对精度表示,即距离测量的误差同该长度的比值,用分子为1的分式1/n表示。距离测量的方法有量尺量距、视距测量、视差法测距和电磁波测距等,可根据测量的性质、精度要求和其他条件选择。

(三)角度测量

测定水平角或竖直角的工作。水平角是一点到两个目标的方向线垂直投影在水平面上所成的夹角。竖直角是一点到目标的方向线和一特定方向之间在同一竖直面内的夹角。通常以水平方向或天顶方向作为特定方向。水平方向和目标间的夹角称为高度角。天顶方向和目标方向间的夹角称为天顶距。角度的度量常用60分制和弧度制。60分制即一周为360°,1°=60′,1′=60″。弧度制采用圆周角的2π分之一为1弧度。1弧度约等于57°17′45″。角度测量主要使用经纬仪。测角时安置经纬仪,使仪器中心与测站标志中心在同一铅垂线上,利用照准部上的水准器整平仪器后,进行水平角或竖直角观测。

观测两个方向之间的水平夹角采用测回法,对3个以上的方向采取方向观测法或全组合测角法。

第二节　施工测量的知识

一、建筑的定位与放线

进场后首先对施工图进行复核,以确保设计图纸的正确。其次,与甲方一道对现场的坐标点和水准点进行交接验收,发现误差过大时应与甲方或设计院共同商议处理方法,经确认后方可正式定位。

现场建立控制坐标网和水准点。现场平面控制网的测设方法在下文介绍。水准点由永久水准点引入,水准点应采取保护措施,确保水准点不被破坏。

工程定位后要经建设单位和规划部门验收合格后方可开始施工。

根据工程的平面形状,建立平面控制网及高程控制网。

所谓控制网是由一定等级(满足一定精度要求)的控制点所组成的相邻点互相通视并构成一定图形的测量网。平面控制网是建筑物定位的基本依据。

建筑物平面控制网是建筑物定位和施工放线的基本依据,它是场区内的二级平面控制。

建筑物平面控制网的图形,可以是一字形基线(两个控制点组成的)、十字形控制网或平行于建筑物外廓轴线的其他图形。

高程控制网是建筑场区内地上、地下建(构)筑物高程测设和传递的基本依据。

高程控制网布点的密度应恰当,一般每幢楼房应设置1～2个点,主要建筑物应设置3个点。其测量方法可采用水准测量和光电测距中的三角高程测量方法。

根据工程的平面形状，可以采用矩形控制网、多边形现场控制网。

二、墙体、地面、顶棚装饰施工测量

(一)测量准备工作

1. 人员配备。

为保证测量工作的准确无误，测量工作一般每组由 2 名测量人员组成，其中放线员 1 名，放线工 1 名，全部人员必须具备相应的经验、能力，能胜任本工作。

2. 仪器配备。

经纬仪、水准仪、激光铅垂仪、5～7 m 盒尺、墨斗、铅笔等。

3. 技术准备。

(1)了解设计意图，熟悉图纸；

(2)对图纸上所有尺寸及主要建筑物的相互关系进行校核；

(3)核对装修与水电设备等图纸是否一致；

(4)核对图上的平面和高程坐标与现场是否相符，对所用的测量控制点及其成果进行检查和校测，无误后方可作为装修控制引线；

(5)验算有关的测量数据。

(二)施工方法及技术措施

1. 精确放线。

(1)放线项目包括：在地坪放样确定后，应于施工范围内设置标准水平线，同时完成地坪高程差校对、墙面龙骨定位线及天花板高程弹线作业，以提供施工人员作为地坪及立面施工的微调依据。

(2)根据总平面图纸进行计算、测定、编制坐标定位。

(3)在总平面中按功能要求分区域及平面轴线及结构几何尺寸定位。

(4)根据立面图的设计要求，采用水准仪标识、水平管定位法，标出各功能区域的实际标高定位。

(5)以立面图的分格及造型设计，在施工立面以实际发生的尺寸分配定位放线。

(6)对天花吊点进行精确放线，排列天花基础施工吊点、网格线。

(7)门边线、窗边线等处都弹出边线和所有待加工的内径控制线。

(8)施工人员于施工前，由施工技术人员现场进行技术交底，依据设计图纸用墨线画出装修物的位置，经技术人员勘查无误后，方可进行施工，一切尺寸准确性以图纸设计为准。

(9)完成完整的墙顶地装饰完成线。

2. 地面放线。

在房间的重点部位或地面面积较大的房间弹互相垂直的十字控制线，用以检查和控制石材板块的位置，十字线可以弹在地面上并引至墙面底部。在房间的墙四周弹出标高控制线和做出标高控制，注意检查与楼梯或有其他不同面层材料部位的标高交接和过渡。在地面弹出十字线后，并根据地面材料的规格在地面弹出分格线。

控制线：在房间内四周墙上弹好＋500 mm 水平线，石材与其他部位的做法交接标高控制点标识，地面的排板控制十字分格线。

3. 墙面放线。

(1)弹好水平标高线及中心线。

(2)根据给定的基准线按设计要求进行分格,弹出横竖龙骨位置。

(3)用 18#铁丝拉挂水平垂直控制线,并做好相邻墙面阴阳角转折兜方控制。在墙的上、下两侧及中部设置控制点。

(三)质量控制要点

1. 与图纸有关的洽商和设计变更中的尺寸变动部分及时向测量人员交底,测量过程中发现问题要及时反馈给相关部门。

2. 做好质量检查工作:每次放线前,均应仔细审图,放线时要有工长和技术员配合并检查工作,放线后由专职测量验线人员对测量成果进行自验。对于工程就位测设,建筑物控制轴线的校验、高程引测、非标准层标高引测等关键测量工序由相关责任部门负责校验。

3. 加强验线工作:坚持"三检制",每次放线均应进行验线,合格后方可施工。

4. 测量数据的记录与计算:记录数据原始真实、数字正确、内容完整、字体工整;计算依据正确、方法科学、计算有序、步步校核、结果可靠。

第三节　建筑变形观测的知识

一、建筑变形的概念

建筑变形是指建筑的地基、基础、上部结构及其场地受各种作用力而产生的形状或位置变化现象。

建筑物的变形包括三个方面:沉降、水平位移和倾斜。由于建筑物的重量,使地基受荷载而扰动,引起建筑物沉降;由于横向力作用于建筑物地基,使建筑物产生水平位移;建筑物在平面上不均匀沉降,使建筑物产生倾斜。此外,由于沉降与水平位移的共同作用达到一定程度,使建筑物产生裂缝,直至倒塌。

建筑变形观测是对建筑的地基、基础、上部结构及其场地受各种作用力而产生的形状或位置变化进行观测,并对观测结果进行处理和分析的工作。

下列建筑在施工和使用期间应进行变形测量:

地基基础设计等级为甲级的建筑;

复合地基或软弱地基上的设计等级为乙级的建筑;

加层、扩建建筑;

受邻近深基坑开挖施工影响或受场地地下水等环境因素变化影响的建筑;

需要积累经验或进行设计反分析的建筑。

二、建筑沉降观测、倾斜观测、裂缝观测、水平位移观测

(一)沉降观测

1. 建筑沉降观测可根据需要,分别或组合测定建筑场地沉降、基坑回弹、地基土分层沉降以及基

础和上部结构沉降。对于深基础建筑或高层、超高层建筑，沉降观测应从基础施工时开始。

2. 各类沉降观测的级别和精度要求，应视工程的规模、性质及沉降量的大小及速度确定。

3. 布设沉降观测点时，应结合建筑结构、形状和场地工程地质条件，并应顾及施工和建成后的使用方便。同时，点位应易于保存，标志应稳固美观。

（二）倾斜观测

1. 建筑主体倾斜观测应测定建筑顶部观测点相对于底部固定点或上层相对于下层观测点的倾斜度、倾斜方向及倾斜速率。刚性建筑的整体倾斜，可通过测量顶面或基础的差异沉降来间接确定。

2. 主体倾斜观测的周期可视倾斜速度每1～3个月观测一次。当遇基础附近因大量堆载或卸载、场地降雨长期积水等而导致倾斜速度加快时，应及时增加观测次数。倾斜观测应避开强日照和风荷载影响大的时间段。

3. 当从建筑或构件的外部观测主体倾斜时，宜选用下列经纬仪观测法：(1)投点法；(2)测水平角法；(3)前方交会法。

4. 当利用建筑或构件的顶部与底部之间的竖向通视条件进行主体倾斜观测时，宜选用下列观测方法：(1)激光铅垂仪观测法；(2)激光位移计自动记录法；(3)正、倒垂线法；(4)吊垂球法。

5. 当利用相对沉降量间接确定建筑整体倾斜时，可选用下列方法：(1)倾斜仪测记法；(2)测定基础沉降差法。

（三）裂缝观测

1. 裂缝观测应测定建筑上的裂缝分布位置和裂缝的走向、长度、宽度及其变化情况。

2. 一组应在裂缝的最宽处，另一组应在裂缝的末端。每组应使用2个对应的标志，分别设在裂缝的两侧。

3. 裂缝观测标志应具有可供量测的明晰端面或中心。长期观测时，可采用镶嵌或埋入墙面的金属标志、金属杆标志或楔形板标志；短期观测时，可采用油漆平行线标志或用建筑胶粘贴的金属片标志。当需要测出裂缝纵横向变化值时，可采用坐标方格网板标志。使用专用仪器设备观测的标志，可按具体要求另行设计。

4. 对于数量少、量测方便的裂缝，可根据标志形式的不同分别采用比例尺、小钢尺或游标卡尺等工具定期量出标志间距离求得裂缝变化值，或用方格网板定期读取“坐标差”计算裂缝变化值；对于大面积且不便于人工量测的众多裂缝宜采用交会测量或近景摄影测量方法；需要连续监测裂缝变化时，可采用测缝计或传感器自动测记方法观测。

5. 裂缝观测的周期应根据其裂缝变化速度而定。开始时可半月测一次，以后一月测一次。当发现裂缝加大时，应及时增加观测次数。

6. 裂缝观测中，裂缝宽度数据应量至0.1 mm，每次观测应绘出裂缝的位置、形态和尺寸，注明日期，并拍摄裂缝照片。

（四）水平位移观测

1. 建筑水平位移观测可根据需要，分别或组合测定建筑主体倾斜、水平位移、挠度和基坑壁侧向位移，并对建筑场地滑坡进行监测。

2. 水平位移观测应根据建筑的特点和施测要求做好观测方案的设计和技术准备工作，并取得委托方及有关人员的配合。

3. 水平位移观测的标志应根据不同建筑的特点进行设计。标志应牢固、适用、美观。若受条件限制或对于高耸建筑，也可选定变形体上特征明显的塔尖、避雷针、圆柱(球)体边缘等作为观测点。对于基坑等临时性结构或岩土体，标志应坚固、耐用，便于保护。

4.水平位移观测可根据现场作业条件和经济因素选用视准线法、测角交会法或方向差交会法、极坐标法、激光准直法、投点法、测小角法、测斜法、正倒垂线法、激光位移计自动测记法、GPS法、激光扫描法或近景摄影测量法等。

5.建筑水平位移观测点的位置应选在墙角、柱基及裂缝两边等处。标志可采用墙上标志，具体形式及其埋设应根据点位条件和观测要求确定。

思考题

1.常用测量仪器的基本构造及使用方法是什么？

2.如何进行建筑的定位与放线？

3.建筑变形观测的主要内容及观测方法有哪些？

参 考 文 献

[1] 全国一级建造师执业资格考试用书编书委员会.建筑工程管理与实务(第3版)[M].北京:中国建筑工业出版社,2011.

[2] 胡兴福,宋岩丽.材料员通用与基础知识[M].北京:中国建筑工业出版社,2013.

[3] 浙江省住房和城乡建设厅.DB33/T1077—2011 建筑装饰装修工程质量评价标准[S].杭州:浙江工商大学出版社,2011.

[4] 张芹.玻璃幕墙工程技术规程理解与应用[M].北京:中国建筑工业出版社,2004.